基礎物理学選書

26

連続体の力学

東京農工大学名誉教授
理学博士

佐野　理著

裳華房

編 集 趣 旨

長年，教師をやってみて，つくづく思うことであるが，物理学という学問は実にはいりにくい学問である．学問そのもののむつかしさ，奥の深さという点からいえば，どんなものでも同じであろうが，はじめて学ぼうとする者に対する“しきい”の高さという点では，これほど高い学問はそう沢山はないと思う．

しかし，それでも理工科方面の学生にとっては物理学は必須である．現代の自然科学を支えている基礎は物理学であり，またいろいろな方面での実験も物理学にたよらざるを得ないものが少なくないからである．

物理学では数学を道具として非常によく使うので，これからくるむつかしさももちろんある．しかしそれよりも，中にでてくる物理量が何をあらわすかを正確につかむことがむつかしく，その物理量の間の関係式が何を物語るか，真意を知ることがさらにむつかしい．そればかりではない．われわれの日常経験から得た知識だけではどうしても理解のでき兼ねるような実体をも対象として扱うので，ここが最大の難関となる．

学生諸君に口を酸っぱくして話しても一度や二度ではわかって貰えないし，わかったという学生諸君も，よくよく話し合ってみると，とんでもない誤解をしていることがある．

私達はさきに，大学理工科方面の学生のために“基礎物理学”という教科書（裳華房発行）を編集したが，その時にも以上の事をよく考えて書いたつもりである．しかし，頁数の制限もあり，教科書には先生の指導ということが当然期待できるので，説明なども，ほどほどに止めておいた．

今度，“基礎物理学選書”と銘打って発行することになった本シリーズは上記の“基礎物理学”の内容を20編以上に分けてくわしくしたものである．いずれの編でも説明は懇切丁寧を極めるということをモットーにし，先生の助けを借りずに自力で修得できる自学自習の書にしたいというのがわれわれの考えである．

各編とも執筆者には大学教育の経験者をお願いした上，これに少なくとも一人の査読者をつけるという編集方針をとった．執筆者はいずれも内容の完璧を願うために，どうしても内容が厳密になり，したがってむつかしくなり勝ちなものである．このことがかえって学生の勉学意欲を無くしてしまう原因になることが多い．査読者は常に大学初年級という読者の立場に立って，多少ともわかりにくく，程度の高すぎるところがあれば，原稿を書きなおして戴くという役目をもっている．こうしてでき上がった原稿も，さらに編集委員会が目を通すという．二段三段の構えで読者諸君に親しみ易く，面白い本にしようとした訳である．

私共は本選書が諸君のよき先生となり，またよき友人となって，基礎物理学の学習に役立ち，諸君の物理学に抱く深い興味の源泉となり得ればと，それを心から願っている．

編集委員長　　金　原　寿　郎

は し が き

水や空気，あるいは身近にある多くの物質は原子や分子の密な集合体である．それらの変形や流動といった巨視的な性質を論じるときには，個々の構成要素を塗りつぶし，空間がその平均的な物質で連続的に満たされているとみなす近似が有効である．これらの対象は目に見えるので，研究の歴史も古く，関連した書籍も数限りなくある．実は，本書の執筆依頼を受けたのは 15 年以上も前のことであったが，それが今日まで完成を見なかったのは，こうした状況において新たにまた 1 冊を加えることにためらいを禁じえなかったのがその最大の理由である．しかし，その後の理科離れや学習指導要領の改訂，大学の大衆化，大学でのカリキュラム改革等により，従来型の書物と現実とのギャップはますます広がり，両者の“橋渡し”をするような書物の必要性を強く感じるようになった．また，確かに古今東西の名著とよばれる書物には，内容が簡潔で美しい姿にまとめられているものが多いが，その完成された姿だけを見ていても，どうしてそうなったのか，他の可能性はないのか，などといった疑問を生じることが少なくない．特に，初学者にとってこのような傾向は強いと思われる．これらの多くは，他のやり方をいろいろ試した後に初めて納得できるものであり，いわば試行錯誤の蓄積が各人の知的レベルを高め，やがては“直感”として連想できる段階に至るのではないかと思う．

本書ではこれらの点を考慮し，具体的な例に則して納得した上で内容を一般化するというプロセスにこだわった．また，この学問がどのようなところに役立っているかを理解してもらうために，多くの応用例をかなり単純化して論じた．そのために他書に見られるようなスマートさや厳密性をある程度犠牲にせざるをえなかったところもあるが，本質的なところはくり返し丁寧に説明したつもりである．ところで，連続体近似の考え方そのものは，対象を構成する要素の大きさに依らず適用できる．そのためミクロな集団からマクロな集団まで，時間・空間スケールを変えるだけで等身大の現象と同様に論じることができる．これは連続体近似の醍醐味の一つでもある．したがって，ここで登場した基礎概念や解析に必要な数学的手段は，他のさまざまな分野の研究における直感的イメージ作りにも役立つはずであるし，また役立てて欲しい．さらに，この本を読み進むうちに，人類の築いてきた試行錯誤の産物や多くの経験則，自然界に存在するものの形や運動形態など身近なものの多くが，実は学問的に問い詰めていったときの到達点でもあったということを再発見していただければ幸いである．

本書の執筆にあたり，高見穎郎先生には丁寧に原稿に目を通していただき，貴重な御意見をいただいた．また，筆者が今日あるのは今井 功，橋本英典両先生に流体力学の魅力とその基礎を教えていただいたおかげであり，深く感謝申し上げる次第である．裳華房の真喜屋実孜氏には，本書の企画から完成まで大変息の長い御支援をいただき，また，いろいろ面倒な注文にも対応していただいた．篤く御礼申し上げる．

2000年3月

佐　野　　理

目　　次

1. 弾性体の変形

2. 弾性体の静力学

3. 弾性体を伝わる波

4. 応力とひずみ

5. 弾性体の運動方程式

6. 流体の変形と運動

7. 流体力学の基礎方程式

8. 非圧縮粘性流体の力学

9. 非粘性流体の力学

余　　談

1 弾性体の変形

多数の原子・分子の集団的な運動を扱う重要な方法の一つに連続体近似がある．そこで，まず連続体近似について述べ，その代表例である弾性体を考えていく．弾性とは，力を加えれば変形し，その力をとり除けば元の状態にもどる性質をいう．力の加え方によって伸縮，膨張・圧縮，ずれという3つの典型的な変形の型に分けられるので，この章では，まずこれらの一つ一つについて説明し，また変形相互の関係を述べる．これは後の章で扱う弾性体の棒のねじれや曲げ，弾性体を伝わる種々の波，さらには流体の変形の速さなどを理解する基礎になる部分である．

§1.1 連続体

(1) 連続体とは

質点系の力学では，ニュートンの運動方程式を基礎にして考える．3次元の空間では，1個の質点の位置が3つの座標変数で表されるので，N 個の自由な質点に対しては $3N$ 個のニュートンの運動方程式を連立させる．このうち解析的に解けるものは N が2以下の場合と $N = 3$ の中の特別な場合とだけであって，$N = 3$ の一般的な場合や $N > 3$ の質点系は数値シミュレーションにより調べられているにとどまる．数値計算によって多数の粒子の動きを直接調べる方向の研究（これは**分子動力学**とよばれる分野である）は計算機の記憶容量の拡大と計算の高速化によって飛躍的に進んできてはいるが，N と

しては高々 10^5 が現状のようである．もちろん結晶のように粒子が周期的に配列している場合は別の取扱いが有用となる．くわしくは**格子振動**の力学などを参照されたい．

ところで，われわれの周りにある固体では，その物質を構成する原子や分子の間の距離は 10 Å ($= 10^{-9}$ m) 程度であるから，仮に一辺の長さ l が 1 mm の立方体をとってみても，その中には 10^{18} 個($l = 1\ \mu$m としても 10^9 個) もの多数の粒子が含まれている．また，標準状態 (0°C，1 気圧) の気体の体積は 22.4l であるから，$l = 1$ mm の立方体中には約 3×10^{16} 個 ($l = 1\ \mu$m では約 3×10^7 個) もの気体分子が含まれている．このように比較的小さな領域をとったとしても，そこで取扱わなければならない粒子の数は途方もなく大きい．一方，そのような対象に対してわれわれの知りたい物理量，たとえば，密度，速度，圧力，温度など，はある空間的なスケール L にわたっての平均量であることが多い．このような場合には，仮に個々の構成要素のもつ情報を克明に計算したとしても，その大部分の情報は不必要となるばかりでなく，かえって全体的な描像に対する見通しを悪くする危険すらある．

では，どの程度の範囲内で平均をとったらよいであろうか．例として水や空気などの密度 ρ を考えてみよう．これらの物質では，L の値を 1 mm，0.5 mm，0.25 mm，… と半分にしていっても，ρ はほとんど変化しないであろう．しかし，この操作を次々とくり返していくと，やがて L が分子間距離の程度になったところで ρ にばらつきが起こるに違いない (1-1 図)．なぜなら，L が分子間距離程度になると，平均をとる領域の選び方により内部に含まれる粒子の数が変動し，それが ρ の値を変動させる

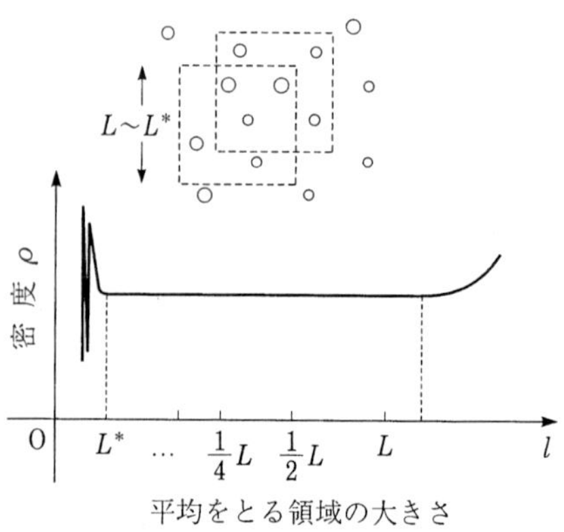

1-1図　領域の大きさと平均値

からである．この L の大きさ L^* は固体では数10 Å，気体では分子の平均自由行程 l_m（標準状態で 640 Å）の数倍程度，液体ではその中間の数100 Å 程度と考えてよい．

このように，取扱う長さが L^* より十分大きい場合には，領域の分割をくり返し行っても分割された領域内にはまだ十分多くの分子が含まれ，そこでの平均値が急激に変化することはない．そこで，本来は離散的に分布している質点の集合を適当な領域 V 内でぬりつぶし，V 内ではその平均の値をもった媒質が連続的に分布していると仮定すると，このような媒質では，上に述べた分割の操作を無限に小さな領域に至るまでくり返すことが可能となる．これは数学で定義されている連続性の概念であり，このように理想化した媒質を**連続体**とよぶ．われわれは L^* より大きい領域での平均量を議論するという限界を知ったうえで，この連続性の仮定が実用上満たされていると考えて話を進めていく．（同様の仮定を時間的なスケールに対しても行えば，原子や分子が互いに衝突を十分行った結果の平均的な運動について時間微分が可能となる．したがって，平均自由行程を進むのに要する時間 T^* より十分長い時間間隔で運動を眺めなければならないことになる．たとえば標準状態の気体で T^* は 10^{-10} 秒程度と非常に短い．）

「質点の力学」では，地球のように大きな物体でも太陽の周りの軌道を調べるうえでは質点としての取扱いが有効であり，また弾丸のように小さな物体でも空気中での正確な軌道を計算するにはその大きさ，形，回転の影響などを考えにいれなければならないことを学んだ．これと同じように，連続体の仮定が満たされるかどうかは，媒質を構成する要素の大きさには必ずしも関係しない．たとえば，個々の星は大きく，また星と星の間は希薄で何光年も離れているが，銀河系のような非常に多くの星の集団全体を扱う問題では，着目しているスケールの中に十分多くの星が含まれているから，これを一種の連続体とみなすことができる．他方，血液のように通常は連続体とみなせる液体も，末梢血管まで流れていくと血液を構成する血球の大きさが血管径と同程度になり，血液を単純な連続媒質とみなすことは不適切になる．このように連続体とは実在の媒質からの抽象概念であるから，同じ媒質であっても着目する現象によって取扱いの異なることがあることを忘れてはならない．

(2) 弾性体と流体

バネやゴムのように，力を加えると変形し，その力をとり除くと元の状態にもどる性質をもっている物質を**弾性体** (elastic body) という．漢語の「弾」は弓や琴の弦をハジク，鉄砲の弾を発射する，あるいはハネカエスというような運動の意があり，英語の elasticity は「元にもどる」という意味のギリシャ語 $\varepsilon\lambda\alpha\upsilon\nu\omega$ から派生したといわれている．

これに対して，水や空気のように自由に形を変えて流れる (flow) ことのできる物質を**流体** (fluid) という．漢語の「流」や英語の "flu-" は水の流れるような なめらかな動き (流れ作業，流暢な fluent)，転じて定まりがないこと (流浪，流れ者，新内流し，流転 flux，変動 fluctuate)，目の前から遠いところへ行ってしまうこと (流出 efflux，島流し，台所の流し)，あるいは物事の広くゆきわたること (流布，流言，流行，インフルエンザ influenza，影響 influence)，流れた道筋 (流派，流儀) など多くの使われ方がなされているが，これも流体のもっているつかみどころのない豊かな性質のあらわれであろう．鴨長明の有名な下り「ゆく河の流れは絶えずして，しかももとの水にあらず ……」(「方丈記」，13 世紀) は流体の継続的な移動や伝達をよく言い当てたものといえよう．

固体・液体・気体などはその物質を構成する原子や分子の集合状態の違いで区別した分類であり，力学的な性質の違いで分けたものが**剛体，弾性体，流体** —— その他に，流体と弾性体の両方の性質をもつ**粘弾性体**，変形が元にもどらない**塑性体**のようなさまざまな中間物質がある (1-2 図参照) —— である．応力やひずみの関係を用いたくわしい説明は後

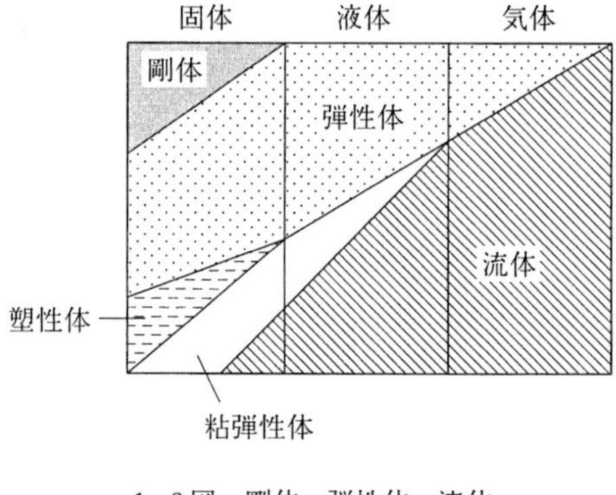

1-2図　剛体・弾性体・流体

に§4.3や§7.1に述べる．

さて，弾性体や流体の区別も絶対的なものではなく，考えている時間スケールに依存する．たとえば，マグマや氷河などの固体も長い時間スケールで考えれば流体とみなしてよい．逆に，気体や液体のような流体の中に，物体が高速度で突入するような場合（高飛び込みやスペースシャトルの大気圏突入を思い浮かべてみよ！）は，流体といえども弾性体や剛体に近い硬い物質に匹敵するのである．

§1.2　弾性体の変形

弾性体の変形を特徴づける伸縮，圧縮・膨張，ずれについて以下で調べてみよう．

(1)　伸び縮み

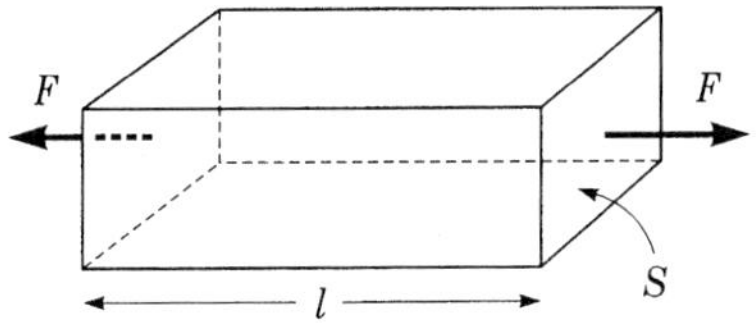

1-3図　弾性体の棒の伸び縮み

1-3図に示したような長さ l，断面積 S の直方体をした弾性体の両端に力 F を加えた結果，力の方向に長さ Δl だけ伸びが生じたとしよう．伸びといっても，長さ 1 cm の弾性体が 1 mm 伸びる場合とレールのように長さ 1 km もある弾性体が 1 mm 伸びる場合とでは，内部に生じるいろいろな変化の程度は異なる．また加える力についても，それが直径 1 mm の針金に対してであるか直径 10 cm もある太いロープに対してであるかによって，伸びる長さが異なるのは当然であろう．そこでこれらの曖昧さを避けるために伸びの割合 $\Delta l/l$ と単位面積当りの力 F/S を比較することにする．この単位面積当りの力を**応力**とよび，考えている面に垂直な向きをもつ応力を特に**法線応力**とよぶ．

さて，伸びの割合はそれが小さいときは法線応力に比例することが実験的に知られている．すなわち

$$\frac{\Delta l}{l} = \frac{1}{E}\frac{F}{S} \qquad \text{あるいは} \qquad \frac{F}{S} = E\frac{\Delta l}{l} \tag{1.1}$$

これは**フックの法則**を拡張したものである．比例係数 E は**ヤング率**とよば

れ，物質に固有な定数である．

［**問題 1**］ 弾性体の例としてよく知られているものに つるまきバネがある．自然長 l のバネを Δl だけ伸ばすのに必要な力を F とすると，$F=k\Delta l$ と表される．k はバネ定数とよばれる定数である．バネを弾性体の棒(長さ l，断面積 S，ヤング率 E)と考え，(1.1) 式と比較せよ．次に，k の S，l 依存性を考慮して，バネ定数 k_1，k_2 の 2 つのバネを並列あるいは直列につないだ系の合成バネ定数 k_p，k_s を求めよ．

いくつかの弾性体のヤング率を 1 - 1 表に示す．

1 - 1 表　いろいろな物質の弾性定数

物質名	ヤング率 E [Pa]	ポアソン比 σ (無次元)	体積弾性率 K [Pa]	ずれ弾性率 G [Pa]
弾性ゴム	$1.5\sim5.0\times10^6$	$0.46\sim0.49$	$(0.6\sim8.3)\times10^6$	$(0.5\sim1.5)\times10^6$
ポリエチレン	7.6×10^8	0.458	3.0×10^9	2.6×10^8
アルミニウム	7.03×10^{10}	0.345	7.55×10^{10}	2.61×10^{10}
金	7.8×10^{10}	0.44	2.17×10^{11}	2.7×10^{10}
銅	1.298×10^{11}	0.343	1.378×10^{11}	4.83×10^{10}
鋼鉄	$2.01\sim2.16\times10^{11}$	$0.28\sim0.30$	$1.65\sim1.70\times10^{11}$	$7.8\sim8.4\times10^{10}$
ダイヤモンド	—	—	6.3×10^{11}	—

（注） 単位 Pa（パスカル）は N/m^2 である．データは主として「理科年表」による．

余　談

鉄より強い（？）クモの糸

多くの物質において応力と伸びの割合は 1 - 4 図に示したような依存性を示す．これを**応力 - ひずみ曲線**という．フックの法則で表されるような比例関係が成立するのは $\Delta l/l$ あるいは F/S の比較的小さな範囲内 OP(直線 a)に限られる．図の PE 部分のように応力とひずみが比例していなくても，応力をとり除いたときに元の状態にもどるならば弾性の領域内であり，応力をとり除いたときにもはや元の状態にもどれなくなるような限界 E を**弾性限界**とよぶ．弾性

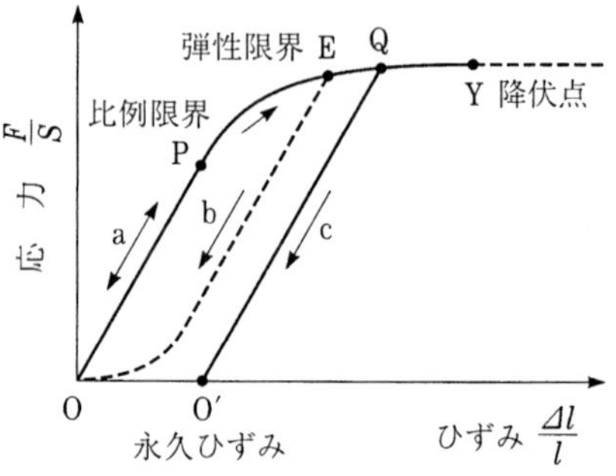

1 - 4 図　応力 - ひずみ曲線の一例

限界内にあっても応力-ひずみ曲線の上昇曲線と下降曲線が一致しないで輪を描くことがある（1-4図の曲線 a + b）．この現象を**弾性ヒステリシス**とよぶ．弾性限界を超えると，応力を減少させてもはじめの曲線 a や b には従わず，QO′ のような別の経路 c をたどって**永久ひずみ** OO′ を残す（このような性質を**塑性**とよぶ）．弾性限界を超えてさらに応力を増していくと，物体の内部にすべりを生じ，応力はほとんど変化させなくても ひずみ が急激に増大するような状態に達する．このような状態の始まる点 Y を**降伏点**とよぶ．降伏点を超えてさらに応力を増していくと弾性体はやがて破断する．このときの応力を**破壊強さ**（あるいは**引張り強さ**）とよぶ．

上で述べた引張強さは，亜鉛で 1.1〜1.5 × 10⁸[Pa]，鋳銅で 1.2〜1.7 × 10⁸[Pa]，鋳鉄で 1.0〜2.3 × 10⁸[Pa]，カシ，チーク，ブナなどの堅木で 0.6〜1.1 × 10⁸[Pa] である．これに対してクモの糸では 1.8 × 10⁸[Pa]，絹糸では 2.6 × 10⁸[Pa] であるから，引張りに対して後者がいかに丈夫であるかがうかがい知れる．もっともこれは単位断面積当りの力に対してであり，金属や木材では断面積を大きくするのは容易であるが，クモの糸や絹糸ではこれがむずかしいこと，また金属でも成形工程によってより一層強いものができることなどを考えれば，単純には比較できない．

（2） ポアソン比

直方体の弾性体の両端に力を加えて引き伸ばしたときに，一般には力と垂直な方向にも変形が生じる．1-5図のような一辺の長さ l，w，h の直方体（h は紙面に垂直な方向）の一辺 l を Δl だけ引き伸ばしたときの w，h の変化をそれぞれ Δw，Δh とすると，伸びの割合 $\Delta w/w$，$\Delta h/h$ は通常 $\Delta l/l$ に比例する．すなわち

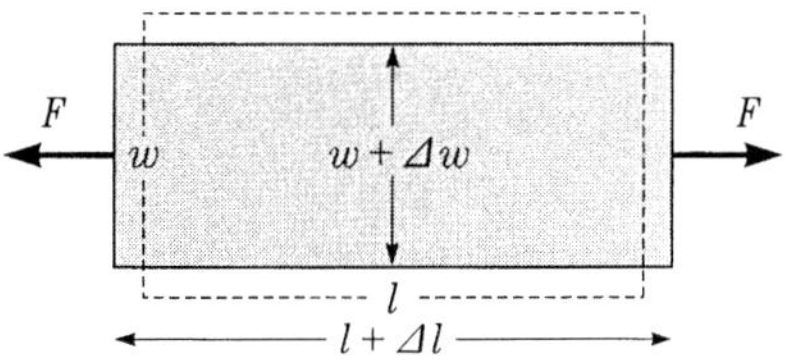

1-5図 直方体の引き伸ばし

$$\frac{\Delta w}{w} = \frac{\Delta h}{h} = -\sigma\frac{\Delta l}{l} \tag{1.2}$$

上式に現れた比例定数 σ は**ポアソン比**とよばれ，物質に固有な無次元の定

数である．1-1表にσの値も示してあるが，たとえば鋼鉄のような硬い金属で0.3，金や鉛のような柔らかい金属で0.45程度，またゴムで0.48程度である（$\sigma < 1/2$であることは後節§1.2の(4)で述べる）．

(3) 圧縮・膨張

体積Vの弾性体に一様な圧力pを加えたとき，体積がわずかに変化して$V + \varDelta V$になったとしよう．このときにも体積変化の割合と圧力p（これは法線応力）の間には比例関係が成り立つことが知られている．すなわち

$$\frac{\varDelta V}{V} = -\kappa p \qquad \text{あるいは} \qquad p = -K\frac{\varDelta V}{V} \tag{1.3}$$

ここでκは**圧縮率**，$K(=1/\kappa)$は**体積弾性率**とよばれる物質定数である．(1.3)の関係は，気体の場合の**ボイルの法則**の一般化でもある．体積弾性率は前述のヤング率Eやポアソン比σを用いて表すことができる．

(4) KとEの関係

1-6図(a)に示したような長さl，w，hの直方体のすべての面に圧力pがはたらき，体積が$V(=lwh)$から$V + \varDelta V$に変化したとしよう．このとき(1.3)式から

$$\frac{\varDelta V}{V} = -\frac{p}{K} \tag{1.4}$$

ところで，弾性体のこの体積変化は図(b)～(d)に示したような3つの変形の重ね合せの結果とも考えられる．ただし，図(b)，(c)，(d)はそれぞれ1，2，3の各方向（図を参照）にだけ圧力がはたらいている場合の変形を考えたものである．

図(b)，(c)，(d)のそれぞれの場合の変形に対して添字1，2，3をつけて区別すると

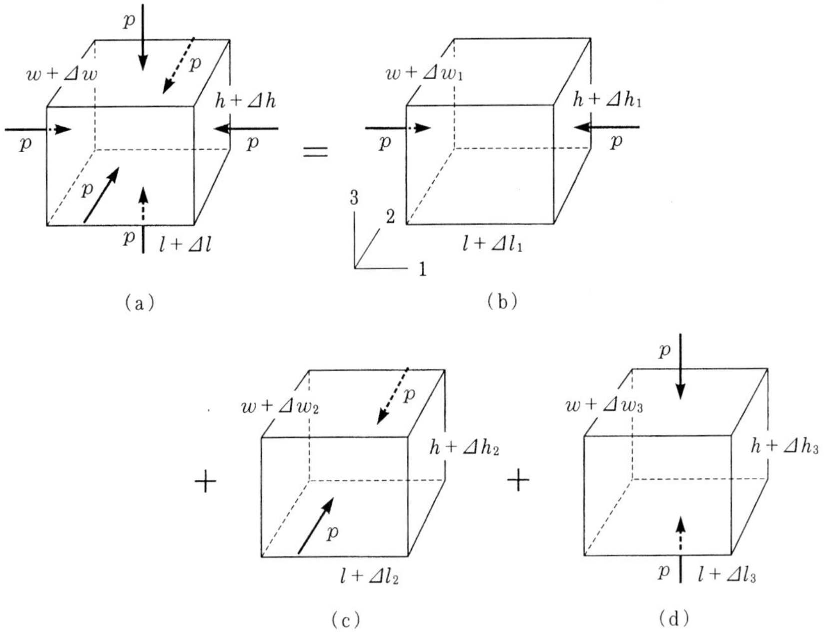

1-6図　微小変形の重ね合せ

$$
\left.
\begin{array}{lll}
\quad\text{(b)} & \quad\text{(c)} & \quad\text{(d)} \\
\dfrac{\Delta l_1}{l} = -\dfrac{p}{E}, & \dfrac{\Delta w_2}{w} = -\dfrac{p}{E}, & \dfrac{\Delta h_3}{h} = -\dfrac{p}{E} \\
\dfrac{\Delta w_1}{w} = -\sigma\dfrac{\Delta l_1}{l} = \dfrac{\sigma p}{E}, & \dfrac{\Delta l_2}{l} = -\sigma\dfrac{\Delta w_2}{w} = \dfrac{\sigma p}{E}, & \dfrac{\Delta l_3}{l} = -\sigma\dfrac{\Delta h_3}{h} = \dfrac{\sigma p}{E} \\
\dfrac{\Delta h_1}{h} = -\sigma\dfrac{\Delta l_1}{l} = \dfrac{\sigma p}{E}, & \dfrac{\Delta h_2}{h} = -\sigma\dfrac{\Delta w_2}{w} = \dfrac{\sigma p}{E}, & \dfrac{\Delta w_3}{w} = -\sigma\dfrac{\Delta h_3}{h} = \dfrac{\sigma p}{E}
\end{array}
\right\}
\tag{1.5}
$$

となるので，1，2，3の各方向に対する伸びは全体で $\Delta l = \Delta l_1 + \Delta l_2 + \Delta l_3$，$\Delta w = \Delta w_1 + \Delta w_2 + \Delta w_3$，$\Delta h = \Delta h_1 + \Delta h_2 + \Delta h_3$，したがって，伸びの割合は

$$\frac{\Delta l}{l} = \frac{\Delta w}{w} = \frac{\Delta h}{h} = -\frac{(1-2\sigma)p}{E} \tag{1.6}$$

となる．体積変化率は

$$\frac{\Delta V}{V}=\frac{(l+\Delta l)(w+\Delta w)(h+\Delta h)-lwh}{lwh}$$

$$\approx\frac{\Delta l}{l}+\frac{\Delta w}{w}+\frac{\Delta h}{h}=-\frac{3(1-2\sigma)p}{E} \qquad (1.7)$$

であるから，(1.4) 式と比較することにより

$$K=\frac{E}{3(1-2\sigma)} \qquad (1.8)$$

を得る．通常 K や E は正であるから，(1.8) から $\sigma<1/2$ となる．

［**問題 2**］ 1-1 表の E，σ，K について (1.8) 式の成立することを確かめよ．

（5） ず　れ

1-7 図に示したような直方体の下面を固定し，上面に対して面に平行な力 F を加えると，上下の面が平行にずれるような変形が起こる．この変形を**ずれ**とよぶ．体積は変化しない．面にはたらく力の大きさは単位面積当り $f=F/S$（S は上面の面積）で，方向は面に平行である．このような応力を**接線応力**あるいは**せん断応力**とよぶ．ずれの程度を量的に表すためには，1-7 図に示したように変形前に固定面に垂直であった辺 AB がずれによって傾いた角度 θ を用いるのが適切である．ずれが微小であれば（$\theta \ll 1$），この θ と f の間には比例関係が成り立ち

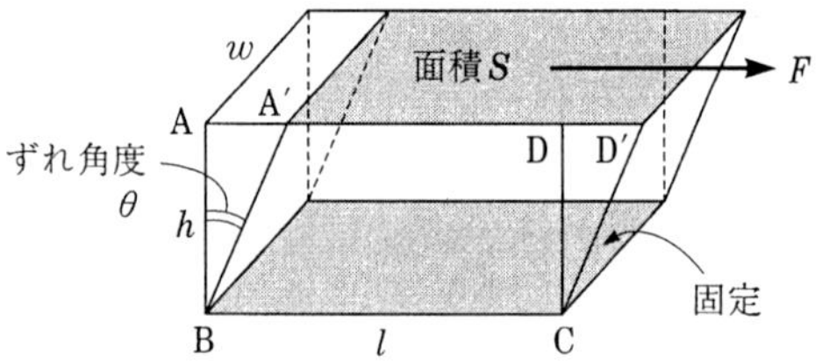

1-7 図　ずれ

$$\theta=\frac{f}{G} \qquad \text{あるいは} \qquad f=G\theta \qquad (1.9)$$

と表される．G を**ずれ弾性率**または**剛性率**とよぶ．G も物質定数であり，E や σ を用いて表すことができる．

（6）　G と E の関係

簡単のために 1-7 図で $h = l$ と仮定する．ずれ変形の前後での対角線の長さは 1-8 図(a) から明らかなように

$$\text{AC} = \text{BD} = \sqrt{2}\, l, \quad \begin{Bmatrix} \text{A}'\text{C} \\ \text{BD}' \end{Bmatrix} = \sqrt{l^2 + [(l(1 \mp \theta)]^2} \approx \sqrt{2}\, l \left(1 \mp \frac{1}{2}\theta\right)$$

であるから，対角線方向の伸びの割合は AC, BD 方向にそれぞれ

$$\frac{\text{A}'\text{C} - \text{AC}}{\text{AC}} = -\frac{\theta}{2}, \quad \frac{\text{BD}' - \text{BD}}{\text{BD}} = \frac{\theta}{2} \tag{1.10}$$

である．

1-8 図(a) では弾性体が不動であると仮定していたが，もし上面に応力がはたらいているだけであるとすると，これによって並進運動や回転運動が起こってしまう．そこで，いま考えている弾性体を静止させたままでずれ変形を起こさせるためには，図(b)のように，大きさが等しく向きが反対の接線

(a)

S_0　面 AN の面積 S_0
$\frac{F^*}{\sqrt{2}}$　$\frac{F^*}{\sqrt{2}}$
$\frac{F^*}{\sqrt{2}}$　$\frac{F^*}{\sqrt{2}}$　$F^* = fS_0$
$\sqrt{2}\,F^*$　面 KN の面積 $\sqrt{2}\,S_0$

∴ 面 KN にはたらく応力
$= \dfrac{\sqrt{2}\,F^*}{\sqrt{2}\,S_0} = \dfrac{F^*}{S_0} = f$（法線方向）

(c) 面 KN にはたらく力

(b) 純粋なずれ

1-8 図　純粋なずれによる内接四辺形の変形

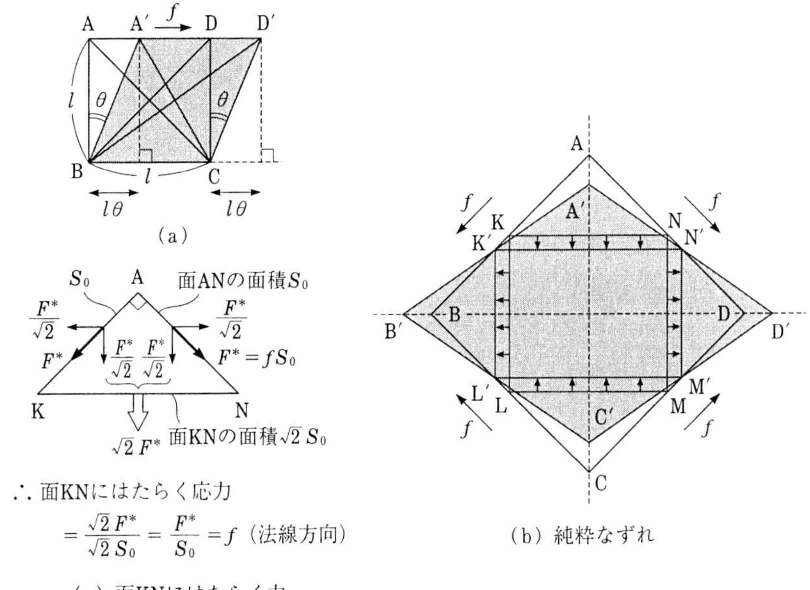

応力を互いに向かい合う面に加え，それと同時に隣合う面にはたらく力のモーメントが打ち消されるようにする必要がある．このような応力による変形を**純粋なずれ**とよぶ．

図(b) のように，正方形断面 ABCD をもつ弾性体に接線応力 $f = F/S$（S は辺 AB の長さと奥行きの積）がはたらき，純粋なずれ変形が起こったとする．この変形で各辺の中点を結ぶ四辺形は正方形 KLMN から長方形 K′L′M′N′ に変化する．面 KN や面 LM にはたらく応力は圧力 f であり，面 KL や面 MN にはたらく応力は張力 f である(図(b),(c) 参照)．これを考慮して AC 方向，BD 方向の伸縮の割合を計算してみよう．§1.2 の (4) で述べたのと同様に (次の [問題 3] も参照)，AC 方向，BD 方向にだけ法線応力 f がはたらいたと仮定すれば，

AC（または BD）方向の伸びの割合は $-\dfrac{f}{E}\left(\text{または}\ \dfrac{f}{E}\right)$,

その結果生じた BD (または AC) 方向の伸びの割合は $\dfrac{\sigma f}{E}\left(\text{または}\ -\dfrac{\sigma f}{E}\right)$

であるから，両者を重ね合わせると AC，BD 方向の伸びの割合はそれぞれ

$$-(1+\sigma)\frac{f}{E}, \qquad (1+\sigma)\frac{f}{E} \tag{1.11}$$

となる．

[**問題 3**]　応力 f が 1-9 図(a) のようにはたらいている．これを (b), (c) のように分解し，(1.11) を導け．

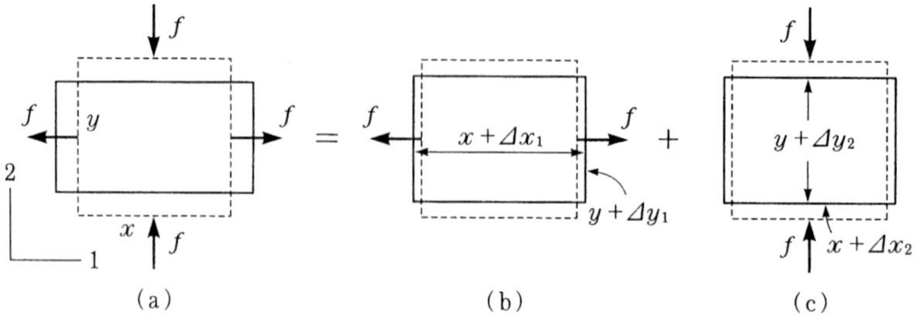

1-9 図

(1.11) 式を (1.9), (1.10) と比較して

$$G = \frac{E}{2(1+\sigma)} \tag{1.12}$$

を得る．通常 E, $G > 0$ であるから $\sigma > -1$. 前述の結果と合わせて

$$-1 < \sigma < \frac{1}{2} \tag{1.13}$$

となる．しかし，$\sigma < 0$ となる物質，すなわち，一つの方向に引き伸ばしたときにこれと垂直な方向にも広がるような物質は見つかっていないので，経験的には

$$0 \leqq \sigma < \frac{1}{2} \tag{1.13$'$}$$

と考えてよい．

[問題 4] 1-1 表の G, E, σ について (1.12) 式の成立することを確かめよ．

[問題 5] E, G, K, σ の間の次の関係式を導け．

	G, E	G, K	E, K	G, σ	E, σ	K, σ
$E=$		$\dfrac{9GK}{3K+G}$		$2(1+\sigma)G$		$3(1-2\sigma)K$
$G=$			$\dfrac{3EK}{9K-E}$		$\dfrac{E}{2(1+\sigma)}$	$\dfrac{3(1-2\sigma)K}{2(1+\sigma)}$
$K=$	$\dfrac{EG}{3(3G-E)}$			$\dfrac{2(1+\sigma)G}{3(1-2\sigma)}$	$\dfrac{E}{3(1-2\sigma)}$	
$\sigma=$	$\dfrac{E}{2G}-1$	$\dfrac{3K-2G}{2(3K+G)}$	$\dfrac{1}{2}\left(1-\dfrac{E}{3K}\right)$			

2　弾性体の静力学

前章で考察した応力-ひずみの基本的な関係を応用して，弾性体の ねじれ や曲げにおける力のつり合いの問題を考える．また，曲げや ねじれ に対する強度を最大限に生かす工夫について調べ，私達の知っている経験則や生物体に備わっている構造との比較も試みてみよう．この章での結果は次章の波動現象を理解するための第一歩でもある．

§2.1　棒のねじれ

（1）　円柱にはたらくトルクとねじれ

棒の ねじれ に対する強度の問題は，エンジンやモーターなどの駆動力を伝える軸をはじめとして，非常に多くの機械において登場する基本的な問題である．2-1図(a) に示したように，半径 R，長さ L の弾性体の円柱の下端を固定し，上端を角度 Φ だけねじる場合を考える．円柱内部における変形の様子を見るために，まず円柱内部の半径 $r \sim r + dr$ の薄い円筒状の殻を切り出す(図(b) 参照)．さらに，殻の周に沿う微小な長さ $ds(= r\,d\phi)$ の部分 ABCDHIJK を考えると，これは辺の長さが dr，ds，L の直方体で近似することができる．円筒状の殻がねじれるときには，この直方体の上面 ADKH に周方向の力 dF がはたらいた結果，直方体が AB の方向に対して角度 θ だけ傾いたと考えてよい．したがって，ねじれ角 Φ と直方体のひしゃげた角度 θ

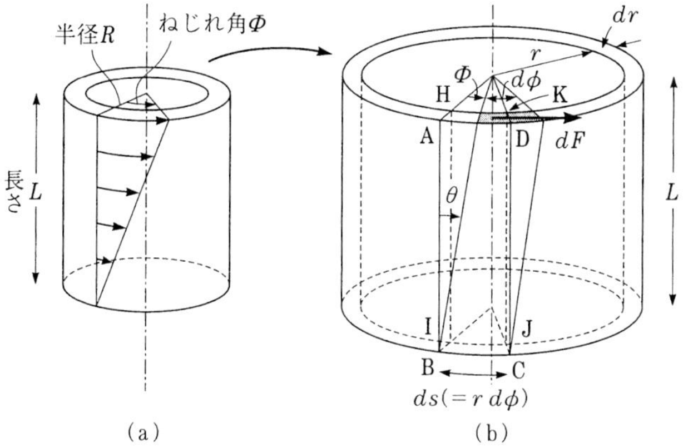

2-1図　円柱のねじれ

の間には

$$L\theta = r\Phi \qquad \text{すなわち} \qquad \theta = \frac{\Phi}{L}r \tag{2.1}$$

の関係がある.

ずれ弾性率を G とすれば，このずれを起こすために必要な力は接線応力 $f = G\theta$ であり，直方体の上面 ADKH 全体が受けている接線方向の力 dF は

$$dF = f\,dr\,ds = G\theta\,dr\,ds = \frac{G\Phi r}{L}dr\,ds = \frac{G\Phi r^2}{L}dr\,d\phi \tag{2.2}$$

となる．この力が円筒の中心軸の周りに作り出す力のモーメント $d\tau$ は

$$d\tau = r \times dF = \frac{G\Phi r^3}{L}dr\,d\phi \tag{2.3}$$

であるから，上式を円柱の断面全体にわたって積分すれば，円柱を角度 Φ だけねじるのに必要な力のモーメント（トルクともいう）τ が得られ，

$$\tau = \int_{(\text{円柱断面})} d\tau = \int_0^R dr \int_0^{2\pi} \frac{G\Phi r^3}{L}d\phi = \frac{2\pi G\Phi}{L}\int_0^R r^3\,dr = \frac{\pi G\Phi R^4}{2L} \tag{2.4}$$

となる.

(2) ねじれ秤り

弾性体の棒のねじれに要するモーメントが半径の4乗に比例するという上の結果は，半径を小さくすることによって非常に小さなモーメントの測定が可能であることを示唆している．これを利用したものがねじれ秤りである（2-2図）．実際にクーロンが電気力の逆2乗法則を発見したとき(1785年)，キャベンディッシュが万有引力の法則を確認したとき(1798年頃)，レベデフが光の圧力を測定したとき（1899年）などには，この方法が利用された．

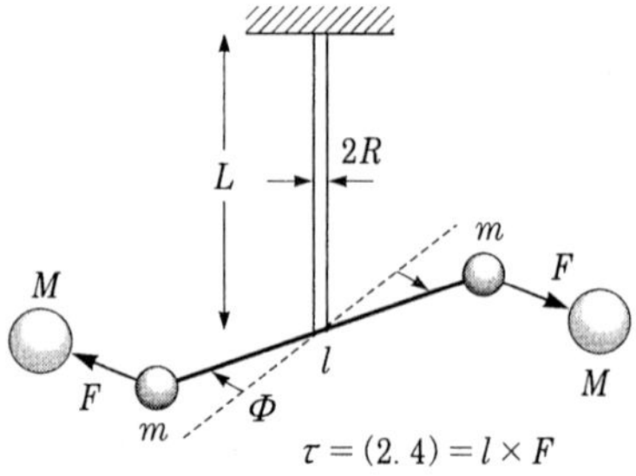

2-2図　ねじれ秤り

(3) ねじれ振動

2-3図のように，回転の**慣性モーメント** I（下の[注]も参照）の剛体が長さ l，半径 a の細い弾性体の糸に吊され，糸を軸として回転できるようになっているとする．ただし，糸の上端は壁に，下端は剛体に固定されている．いま水平面内で剛体をつり合いの位置から角度 ϕ_0 だけねじって静かに放したとすると，糸の弾性による復元力のために剛体は回転振動（ねじれ振動）を始める．剛体の回転運動の方程式は，一般に**オイラーの方程式**で与えられ，慣性主軸を軸とする回転については

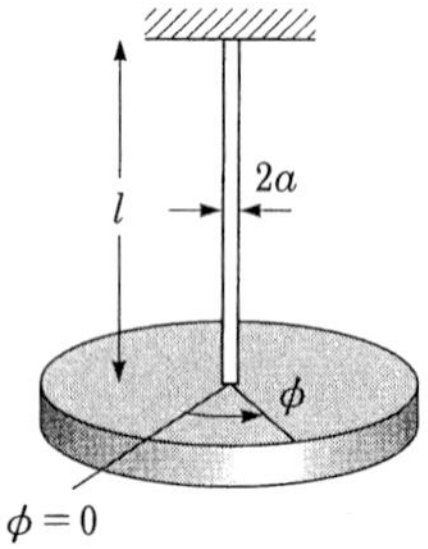

2-3図　ねじれ振動

$$I\frac{d\omega}{dt} = N \tag{2.5}$$

が成り立つ．ここで ω は回転の角速度，N は力のモーメントである．いまの例では ω や N は回転軸（糸）に平行な成分だけを考えればよいので

$$I\frac{d^2\phi}{dt^2} = -\frac{\pi G a^4}{2l}\phi \qquad \text{すなわち} \qquad \frac{d^2\phi}{dt^2} = -\Omega^2\phi, \qquad \Omega = \sqrt{\frac{\pi G a^4}{2Il}} \tag{2.6}$$

となる．ただし，ϕ はねじれの角度で，$\omega = d\phi/dt$ である．$t = 0$ で $\phi = \phi_0$, $d\phi/dt = 0$ として (2.6) 式を解けば

$$\phi = \phi_0 \cos \Omega t, \qquad \text{周期} \quad T = \frac{2\pi}{\Omega} = \sqrt{\frac{8\pi Il}{Ga^4}} \tag{2.7}$$

となる．この回転振動系は，ずれ弾性率 G を求めるときにも利用される．

［**問題 1**］ 糸の長さ l と半径 a, 剛体の慣性モーメント I がわかっているとき，ずれ弾性率 G を決定する方法を述べよ．

［**注**］ 剛体の回転の慣性モーメント

平板状の剛体がその面に垂直な軸 OO′ の周りに角速度 ω で回転をするときの回転運動について簡単にまとめておこう．2－4 図に示したように，位置 $\boldsymbol{r}$ にある微小な体積 dV の部分がもっている角運動量 $d\boldsymbol{L}$ は

$$d\boldsymbol{L} = \boldsymbol{r} \times (\rho\, dV)\,\boldsymbol{v}, \qquad \boldsymbol{v} = \boldsymbol{\omega} \times \boldsymbol{r}$$

である．向きは OO′ 軸方向 ($\boldsymbol{r} \times \boldsymbol{v} /\!/ \boldsymbol{\omega}$) なので，ここでは大きさについてだけ考えると

$$dL = r(\rho\, dV)\,v = \rho r^2 \omega\, dV$$

となる．ただし，$dL = |d\boldsymbol{L}|$, $r = |\boldsymbol{r}|$, $v = |\boldsymbol{v}| = \omega r$, $\omega = |\boldsymbol{\omega}|$ である．これを剛体全体にわたって積分すれば，全角運動量の大きさ L が得られ，

$$L = \int_{(\text{剛体全体})} \rho r^2 \omega\, dV = I\omega, \qquad I = \int_{(\text{剛体全体})} \rho r^2\, dV$$

となる．たとえば，半径 a, 厚さ h で密度一様な円板の中心軸の周りの慣性モーメントは

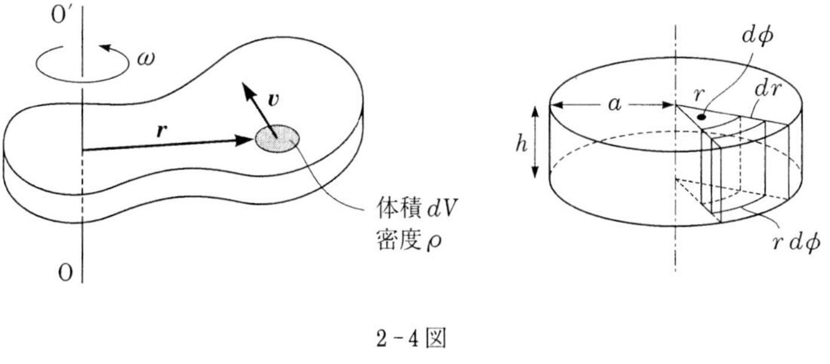

2－4 図

$$I = \int_0^a \int_0^{2\pi} \rho r^2 (h\,dr\ r\,d\phi) = \frac{1}{2} Ma^2$$

となる．ただし，$M = \pi a^2 h\rho$ は円板の質量である．

力のモーメントの大きさ N は

$$N = \int r \times dF = \int r \times \rho \dot{v}\,dV = \frac{dL}{dt} = I\frac{d\omega}{dt}$$

で与えられる．I は回転角速度の変化の起こりにくさを表すので，**(回転の)慣性モーメント**とよばれる．

§2.2　棒の曲げ

(1)　棒にはたらくモーメントと曲げ

2-5図(a)のように真直な弾性体の棒の両端に力のモーメントを加え，棒を平面内で曲げる場合を考えてみよう．棒は外側では引き伸ばされ内側では圧縮されるから，その中間に伸び縮みのない面が生じている．これを**中立面**とよぶ．太さや材質の一様な棒をわずかに曲げる場合には，曲げたあとの棒の形は円弧で近似できる．そこで，中立面の曲率半径を R，その面を基準として外側に測った高さを y として伸びの割合 $\Delta l/l$ を表すと

$$\frac{\Delta l}{l} = \frac{(R+y)\Theta - R\Theta}{R\Theta} = \frac{y}{R} \tag{2.8}$$

となる．ただし Θ は円弧状に曲がった棒の張る中心角である．したがって，

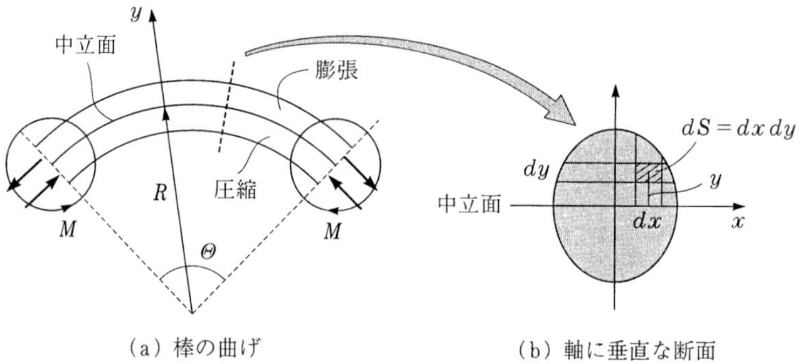

(a) 棒の曲げ　　(b) 軸に垂直な断面

2-5図

断面内の微小面要素 $dx\ dy$（図(b) の斜線部分）に垂直にはたらく応力 f は，ヤング率を E とすれば

$$f = E\frac{\Delta l}{l} = E\frac{y}{R} \tag{2.9}$$

と書くことができる．この力によって中立面の周りに生じているモーメント dM は

$$dM = y \times (f\ dx\ dy) = \frac{E}{R}y^2\ dx\ dy \tag{2.10}$$

となる．そこで，これを棒の断面全体にわたって積分すれば，棒を曲げるのに必要なモーメント M が得られ

$$M = \int dM = \frac{E}{R}\iint y^2\ dx\ dy = \frac{E}{R}I \tag{2.11}$$

となる．ここで I は断面の**幾何学的慣性モーメント**とよばれ

$$I = \iint_{(\text{断面全体})} y^2\ dx\ dy \tag{2.12}$$

と定義される．剛体の回転における慣性モーメント（§2.1 (3) の［注］を参照）とは次元も物理的な意味も異なるが，曲げにくさ（これも慣性の一種）を表すので，このような名前がつけられている．関係式 (2.11) は**ベルヌーイ - オイラーの法則**とよばれている．

（2） 断面の幾何学的慣性モーメントの例

（i） 長方形断面の場合

断面が 2 - 6 図(a) のような長方形の棒を面 AB や CD に平行な面内で曲げる場合には，中立面は明らかに辺 AB，CD の中点を結ぶ面である．長方形の縦横の長さを b，a とし，図のように xy 軸をとれば

$$I = \int_{-a/2}^{a/2} dx \int_{-b/2}^{b/2} y^2\ dy = \frac{ab^3}{12} \tag{2.13}$$

となる(板の厚みの 3 乗に比例する！)．これと垂直な方向に曲げる場合には a と b の役割を入れ換えればよい．

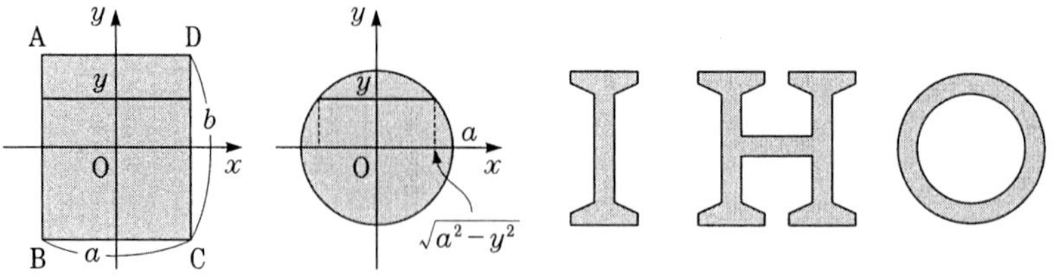

（a）角柱　（b）円柱　（c）Iビーム　（d）Hビーム　（e）中空円筒

2-6図

（ii）　円形断面の場合

図(b) のような半径 a の円柱の棒に対しては

$$I = \frac{\pi a^4}{4} \tag{2.14}$$

である．

［**問題 2**］（2.14）式を導け．

（iii）　I ビームや H ビーム

一定量の物質を用いて，曲げに対してもっとも強い棒を作るためにはどのような断面形にすればよいであろうか．それには(2.12) 式で定義される慣性モーメント I を大きくすればよい．これは中立面から遠い場所に多くの物質を分布させることによって実現される．この発想から生まれたものが図(c)，(d)に示したＩビーム(梁)やＨビームである．これらは鉄道のレールや建築資材としてよく見かけるものである．また，曲げの方向に対して特定の方向性をもたせずに慣性モーメントを大きくしたものが図 (e) の中空円筒である．ただし，もし同じ太さの円柱（中がつまっているもの）と中空円筒とを比較するならば，前者の方が曲げに対して強いことは言うまでもない．

余　談

生物の知っていた弾性体力学

生物はいま述べてきたような知識を経験的にもっていたと思われる．たとえば，アシやムギや竹など多くの植物の茎，あるいは鳥の羽毛の軸や多くの鳥の骨，また昆虫の足や甲殻類の足や体などは中空円筒である．中空とは言っても，ときには力学的な構造にはほとんど影響のない発泡体や柔らかい組織がつまっていることもある．また，竹の節に代表されるように，ある間隔をおいて，つぶれを防ぐための隔壁が設けられているものもある（§4.4参照）．さらにくわしく見ると，シダ植物や種子植物の茎・葉・根には維管束とよばれる固い繊維が外縁近くに配置されている．これにいたっては鉄筋コンクリートによるビルディングをも連想させられて興味深いものがある．これらのさまざまな工夫はいずれも限られた材料を用いてもっとも強くて軽い構造体を目指した結果であろう．

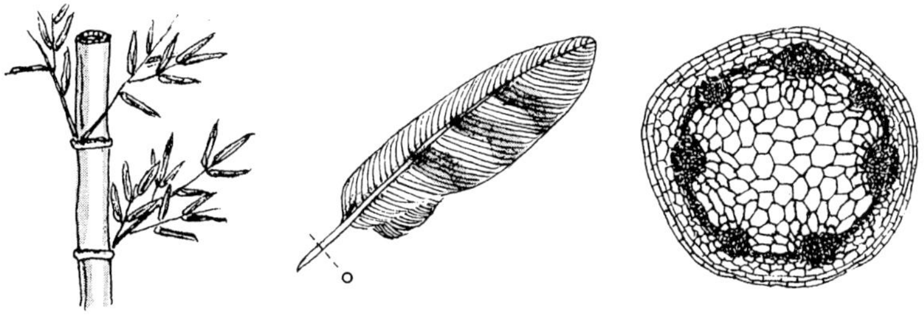

タ　ケ　　　羽　毛　　　ホウセンカの維管束

2-7図

（3） 梁の近似理論

長さ L の薄い板の一端を固定し，他端に力 F を板の面に垂直にかける問題を考えてみよう．2-8図のように，はじめに板を支えておいた水平面内に x 軸を，これと垂直に鉛直下向きに z 軸を選ぶ．力を加えた結果，梁が半径 R の円弧状に曲がったとすると，R と梁の形 $z=u(x)$ との間には

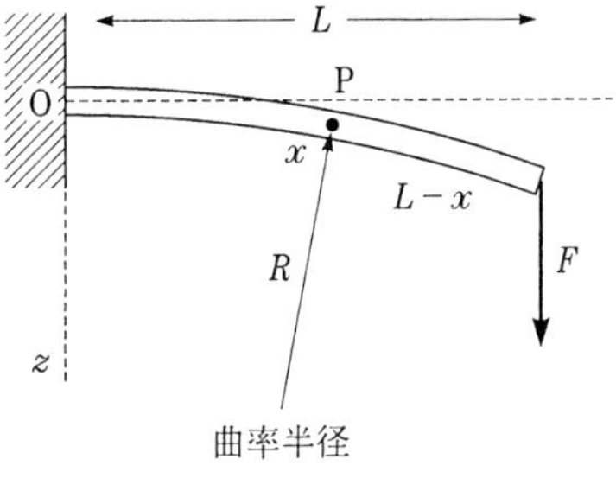

2-8図　梁(片持ち梁)の変形

$$\frac{1}{R}=\frac{u''}{(1+u'^2)^{3/2}}\approx u''(x) \tag{2.15}$$

の関係がある．板の自重を無視すれば，固定端から距離 x の点 P では力 F により $(L-x)F$ のモーメントが時計回りにはたらき，これと梁による曲げのモーメント EI/R とがつり合うから

$$(L-x)F=EIu''(x) \tag{2.16}$$

が成り立つ．固定端 $x=0$ で $u=0$，$u'=0$ として上の方程式を解くと

$$u=\frac{F}{EI}\left(\frac{Lx^2}{2}-\frac{x^3}{6}\right) \tag{2.17}$$

を得る．特に梁の先端の変位は

$$z=u(L)=\frac{FL^3}{3EI} \tag{2.18}$$

となる．

［**例題 1**］ 上の結果を利用して，2-9 図のように弾性体の薄い板の先に質量 m の質点のついた**逆立ち振子**の振動の周期 T を求めよ．ただし，板の質量や空気との摩擦などは無視してよい．

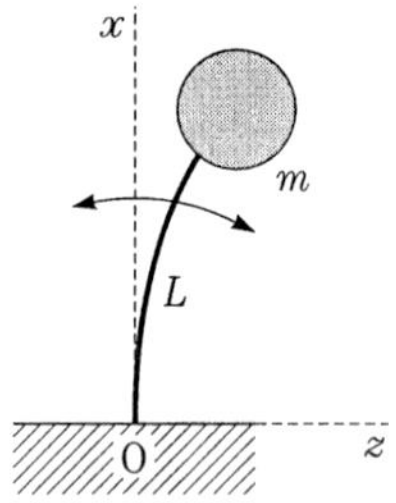

2-9 図　逆立ち振子（倒立振子）

［**略解**］ 質点の変位が z のときの復元力は (2.18) から $-3EIz/L^3$ で与えられる．したがって，質点の運動方程式は

$$m\frac{d^2z}{dt^2}=-\frac{3EI}{L^3}z$$

となる．これは単振動型の方程式で，解は

$$z=z_0\cos(\Omega t-\delta), \qquad T=\frac{2\pi}{\Omega}$$

である．ただし $\Omega=\sqrt{3EI/mL^3}$．

［**問題 3**］ 2-8 図と同様に一端が水平に固定された板がある．板は長さ L，ヤング率 E，断面の幾何学的慣性モーメントが I で，単位長さ当りの密度 σ_0 は一定

とする．板が自重で変形するときの形を求めよ．

梁は支え方によっていろいろな型に分類される．2 - 8 図や 2 - 10 図(a) は一端が固定され他端は自由なもので，片持ち梁（カンティレバー）とよぶ．ほかに，(b) のように両端とも固定されているものを固定梁，両端が支点の上に乗せてあるものを単純梁 (c)，両端が支点の外に出ているものを突出梁 (d)，(e) のように 3 つ以上の支点で支えられているものを連続梁とよぶ．

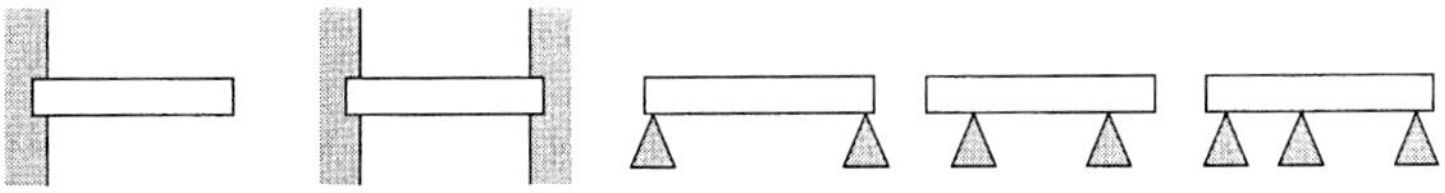

2 - 10 図　いろいろな梁

［**例題 2**］　単純梁（支持点の間隔 L，単位長さ当りの密度 σ_0）の自重による変形を求めよ．

［**略解**］　2 - 11 図のように座標系や文字を選んでおく．点 P（水平座標 x）における曲げのモーメント $M(x)$ は，その右側の斜線部の重量 $\sigma_0(L-x)g$ がおよぼす時計回りのモーメント（力は斜線部の重心 G にはたらくと考えてよい）と，支持点 A における力 $(1/2)\sigma_0 Lg$（これは全重量の半分）による反時計回りのモーメントの和に等しいから

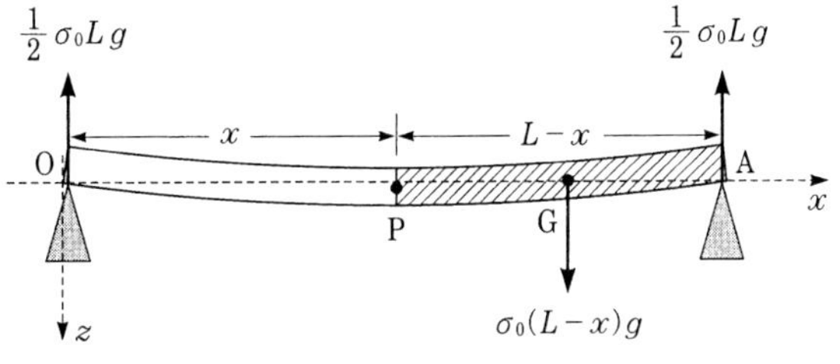

2 - 11 図　単純梁の変形

$$M(x) = (L-x)\times\left(\frac{1}{2}\sigma_0 Lg\right) - \left(\frac{L-x}{2}\right)\times(\sigma_0(L-x)g)$$

$$= \frac{\sigma_0 g}{2}x(L-x) = -EI\frac{d^2u}{dx^2}$$

これを積分し，$x=0$，L で $u=0$ とすれば

$$u=\sigma_0 g\frac{x^4-2Lx^3+L^3x}{24EI} \tag{2.19}$$

を得る．梁の中央で，変位は最大になり，

$$u_{\max}=u\left(\frac{L}{2}\right)=\frac{5\sigma_0 gL^4}{384EI} \tag{2.20}$$

大きさと質量のわかっている弾性体の梁では，$u_{\max}$ の測定から，ヤング率 E を求めることができる．

余　談

橋のかたち

前節では長さが L で太さの一様な梁の変形を考察した．それによると，梁の一端から距離 x の点にはたらく曲げのモーメント M は

$$M=\begin{cases}(L-x)F & \text{片持ち梁の先端に荷重したとき（自重は無視）}\\ \dfrac{1}{2}\sigma_0 g(L-x)^2 & \text{片持ち梁に自重があるとき}\\ \dfrac{1}{2}\sigma_0 gx(L-x) & \text{単純梁に自重があるとき}\end{cases} \tag{2.21}$$

などのように表された．2－12図(a)～(c) を参照．これからわかるように，最大の曲げモーメントがはたらいている面（図で矢印 ⇨ で示した面）で破断する危険がもっとも高い(**危険断面**という)．そこで，梁の太さを変化させて危険断面をなくすことを考えてみよう．梁の太さが位置 x によって変ると，モーメント M も x の関数になる．いま，図 (d)のように，密度 ρ と奥行き長さ w は一定であるが，太さが

$$h(x)=H\left(1-\frac{x}{L}\right)^n,\quad 0\leqq x\leqq L$$

のように変化するものとする．ここでは中立面を x 軸に一致させるために梁が上下対称であると仮定しておく．このとき，位置 x におけるモーメント M とその断面にはたらいている応力 f との間には，(2.9) (2.11)から $f=(M/I)y$ の関係がある．この応力 f が資材の強度の耐えうる限界 f_c 以下であれば安全である．くわしい計算は省略するが，n が 2 よりも大きいと $x=L$ の近くで f は発散し(したがって，破壊される)，n が 2 よりも小さいと $x=0$ の近くで崩壊す

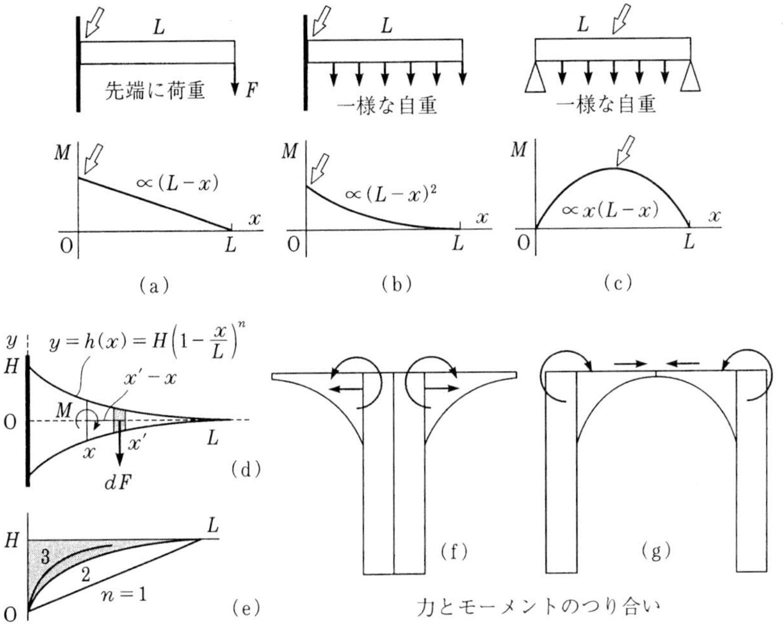

2－12図

る危険がある．もっとも効率のよい設計は $n = 2$ のときで，危険断面がない．この結果は，図 (d) の上半分あるいは下半分だけを考えたときにも同様に成り立つ．

つぎに，梁と支柱を合わせたものの力学的なつり合いを考えてみよう．まず，支柱にはたらく重力がつり合わなくてはならないが，これは地面や床が支えてくれるものとしよう．残るのはモーメントのつり合いである．これには図 (f) のように片持ち梁を背中合せにして左右対称にするか，図 (g) のように対称的に向かい合せればよい．前者のような構造ををいくつも並べれば長い橋ができる (2－13 図 (a)，(b) 参照)．また後者のような構造は**アーチ構造**とよばれ，車庫の屋根（図 (c)）から石造建築（図 (d)，(e)；アーチによって広い空間や窓ができた！）やダム (図 (f)；巨大な水の圧力を想像できるだろうか？)，あるいは橋やドーム型競技場の設計などにいたるまで，さまざまのスケールで応用されている．橋の形によく似た構造は，いくつかの 4 つ足動物においてもみられる．たとえば，馬の骨格（図 (g)）などでは，前足を支柱として両側に背骨の高さが橋の形 (a) のように厚みが変化している（もちろん，生体では靱帯や筋肉も考慮しなければならないが)．

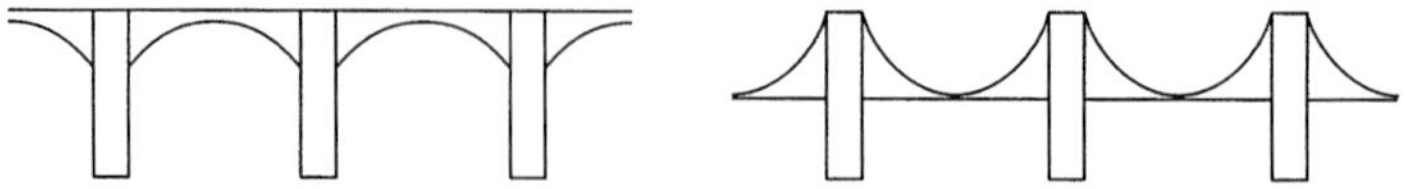

（a）橋の形

（b）ローマ時代の水道橋

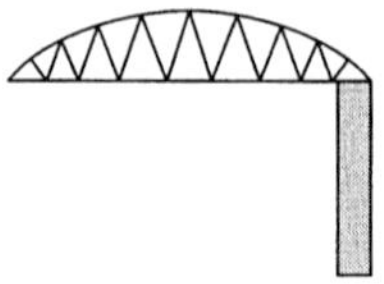

（c）車庫の屋根

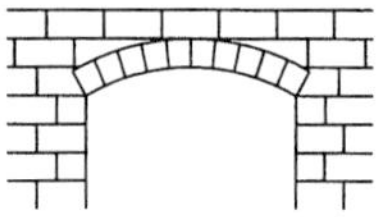

（d）門

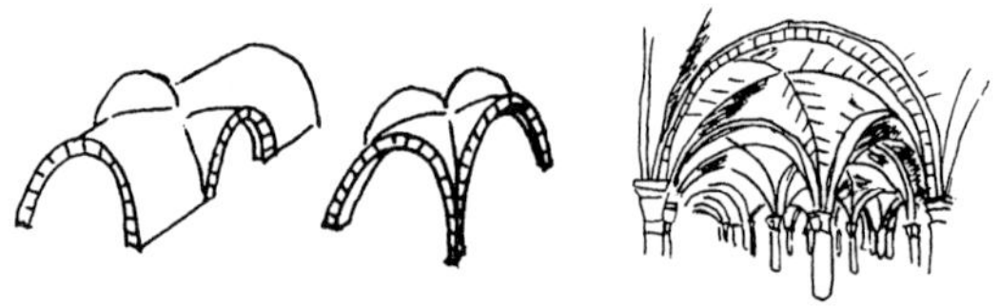

（e）アーチ型天井の変形（ロマネスク様式，ノルマン様式）

（f）アーチ式ダム

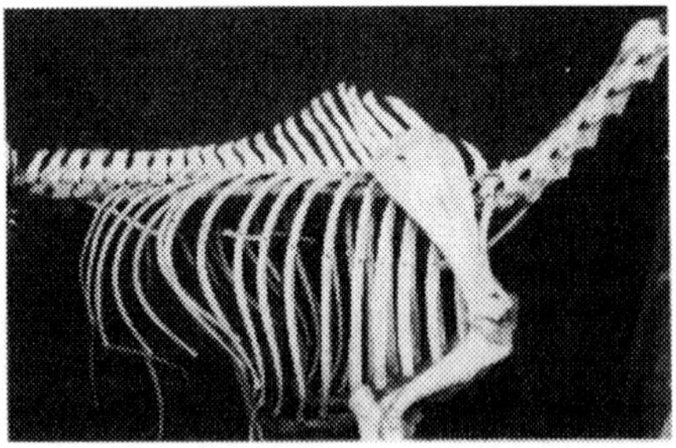

（g）馬の背骨

（h）トラス構造

2-13図　いろいろなアーチ

実際には上に述べたような外形をもった構造体の一部分をとり除いたものが使われることも多い．この場合は梁の中央部の比較的応力の小さい部分をとり除き，外枠の部分だけを残すのであるが，四角形の枠はずれに弱いので三角形を基本として網状に組み荷重を支えるようにする（図(h)）．これにより，強度は内部のつまったものと同程度に保ち，重量を減らすことができるので好都合である．三角形の頂点（結合点）で，鋼材や木材が自由に回転できるようにしておけば，これらの部材には曲げのモーメントははたらかない．このような構造は**トラス**とよばれており，鉄橋や航空機の構造を支える枠組に応用されている．ところで，ハゲタカのように大きな翼をもつ鳥の腕の骨格は中空の骨で構成された立体的なトラスになっており，強度を高める一方で軽量化がみごとに実現されている．これらも生物が長い進化の過程で獲得してきた弾性体力学の知識である．

§2.3 座　屈

真直な板の両端に，板に平行で互いに逆向きの力を加えて押していくと，力が小さいうちは板が長さ方向に圧縮されるだけであるが，力がある大きさを超えると突然2-14図のように たわみ を生じる．プラスチック製の定規や下敷などを両端から圧縮するときによく見かける現象で，これを**座屈**という．また，ロケットの打ち上げなどでも，ロケット本体の強度に比べて推力が大き過ぎると座屈を生じる危険がある．

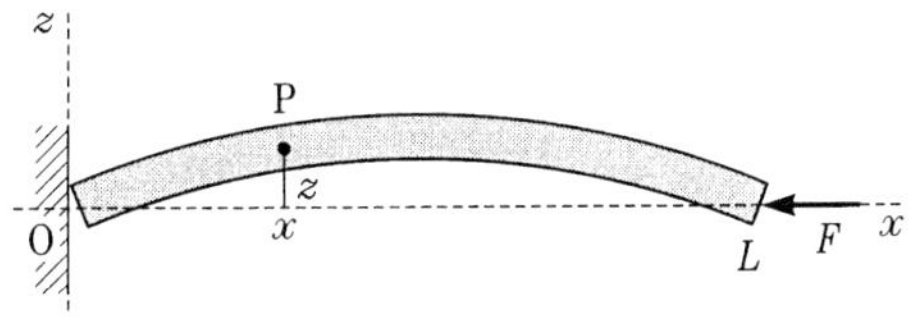

2-14図

梁の近似理論を用いてこの現象を考察してみよう．力の作用線に沿って x 軸を，またこの面からたわんだ距離を $z(x)$ とおく．図の点Pにおける曲げのモーメント M は $M = zF$ であるから，板の曲率半径を R とすれば

$$\frac{EI}{R} = zF \tag{2.22}$$

が成り立つ．I は板の断面の慣性モーメントである．板の変形が小さければ $1/R = -d^2z/dx^2$ と近似できるから（図の場合には上に凸，すなわち $d^2z/dx^2 < 0$ であることに注意），上式は

$$-EI\frac{d^2z}{dx^2}=Fz \tag{2.23}$$

となる．これはよく知られた単振動型の方程式で，$x=0,\ L$ で $z=0$ とすればその解は

$$z(x)=A\sin\left(\frac{n\pi x}{L}\right),\qquad F=\left(\frac{n\pi}{L}\right)^2 EI \tag{2.24}$$

となる．力の大きさ F と変位の振幅 A が無関係という結果は，一見したところわれわれの日常経験と矛盾するように思われるかもしれないが，これは曲げが小さいという仮定のうえに導かれたものであり，以下に述べる大変形の理論によってはじめてこの点は解決される．また，(2.24)の解のうち，実際には $n=1$ 以外の解は不安定であって，実現するのは困難である．力が $\pi^2EI/L^2(=F_1$；オイラー荷重とよばれる$)$より小さいうちはたわみを生じることなくただ圧縮が起こるだけであるが，加える力を増加してこの臨界値 F_1 に達すると，たわみのない解 $z=0$ と (2.24) の2つの解が可能となり，エネルギー（弾性エネルギー，あるいはこれと位置エネルギーとの和）の小さい方の解 (2.24) が選ばれることになる．このような**解の分岐現象**は多くの非線形現象にみられる．

余　談

棒の大変形 —— エラスティカ

これまでの議論では棒の変形が微小であると仮定していたが，そうではない一般の場合には (2.22) に対応する式を近似なしに解かなければならない．これを調べるには 2-15 図(a) のように新しい変数 $s,\ \theta$ を用いた方がよい．ただし，s は棒の一端Oから点 P_1 までの距離，θ は点 P_1 において接線が x 軸となす角度である．この座標系では $1/R=-d\theta/ds$ であるから（図から明らかに $d\theta/dx<0$ であるから $R>0$ とするためにマイナスの符号がつけてある），

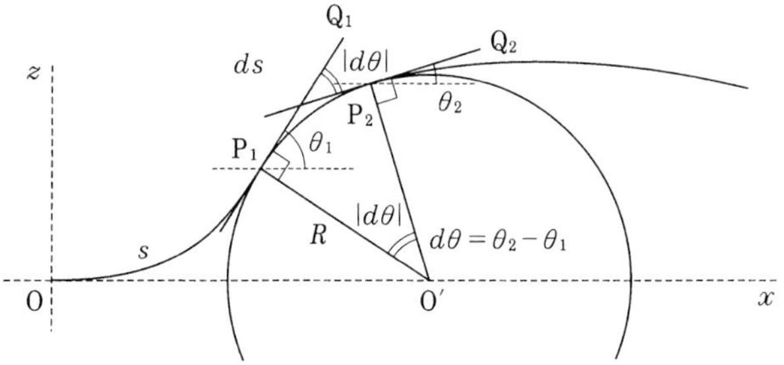

接線 P_1Q_1 と P_2Q_2 がそれぞれ x 軸となす角度の変化

$d\theta = \theta_2 - \theta_1$（上の図の場合は $d\theta < 0$）

これは，中心角 $P_1O'P_2$ に等しい

$$ds = \widehat{P_1P_2} = R|d\theta| = -R\,d\theta$$

$$\therefore\quad \frac{1}{R} = -\frac{d\theta}{ds}$$

（a）大変形の表現方法

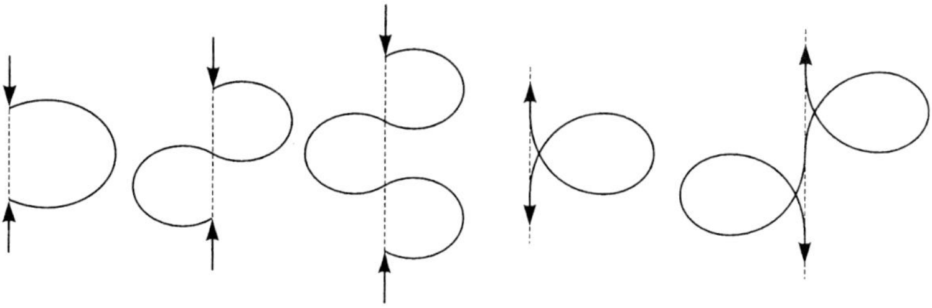

（b）エラスティカの曲線

2-15図　エラスティカ

(2.22) 式は

$$-EI\frac{d\theta}{ds} = zF$$

となる．両辺を s で微分し，$dz = \sin\theta\, ds$ を用いると

$$\frac{d^2\theta}{ds^2} = -\frac{F}{EI}\sin\theta \tag{2.25}$$

を得る．方程式 (2.25) は有限振幅の単振子の方程式と同じ型であり，解はヤコービの楕円関数を使って表される．この曲線は**エラスティカの曲線**として知られているものである．図 (b) にそのいくつかを示す．

3 弾性体を伝わる波

これまで扱ってきた変位は，主として一様で時間的にも変化しないものに限られていた．この章では弾性体の中で伸縮やずれに不均一な分布が生じたときに，それがどのように伝わっていくかを調べる．簡単のために1次元的な波について考察するが，これは応力と変位の局所的な関係を適用することにより理解される．これはまた次章以下で一般的な取扱いを進めるうえでの基礎となる．弾性体を伝わる波を調べると，いろいろな物性値が測定できる．たとえば，地震波から地球の内部構造が推定できるし，ミクロなスケールの測定では物質を構成する分子間の相互作用がわかる．空気中を伝わる音波はわれわれにもっとも身近な弾性波の伝播であるし，弾性体の振動は多くの楽器の発音のメカニズムとなっている．

§3.1 弾性体を伝わる縦波

(1) 固体中の縦波

3-1図(a)のように長さ l，断面積 S，ヤング率 E，密度 ρ の一様な直方体が x 軸方向に伸びを生じているとする．ただし，ここで考える伸びは§1.2 (1)で述べたような一様なものではなく，x 軸方向の位置や時間によって変化しているものとする．

まず，位置 x における伸びを $u(x, t)$ と書き，この位置で x 軸に垂直な面にはたらく力 $F(x, t)$ について考えてみよう．図(b)のように $x \sim x + \delta x$

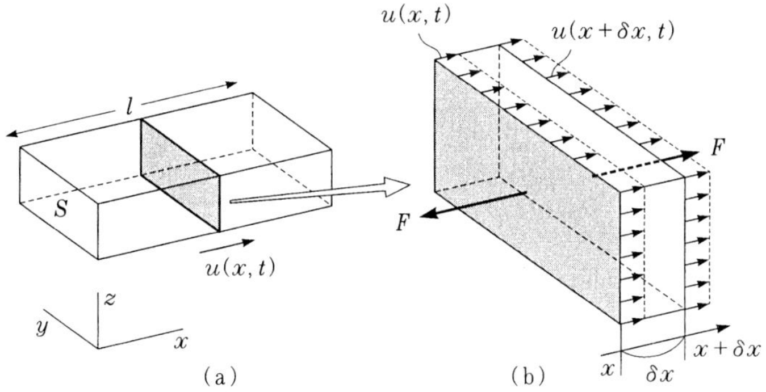

3-1図　断面にはたらく力

にある薄い弾性体の領域を考えると，この微小部分では伸びの割合が一様であると考えられるので，§1.2 (1) の結果を当てはめることができる．すなわち，位置 x および $x+\delta x$ における伸びはそれぞれ $u(x,t)$，$u(x+\delta x,t)$ であるから，はじめに長さが δx であった部分の長さは力 F によって引き伸ばされ

$$[x+\delta x+u(x+\delta x,t)]-[x+u(x,t)]$$
$$=\delta x+u(x+\delta x,t)-u(x,t)=\delta x+\frac{\partial u}{\partial x}\delta x+\cdots$$

となる．これに(1.1) 式を当てはめ $\delta x\to 0$ とすれば，局所的な伸びの割合は $\partial u/\partial x$ と書ける．したがって

$$F(x,t)=ES\frac{\partial u}{\partial x} \tag{3.1}$$

を得る．これが位置 x における断面にはたらく x 軸方向の力である．式(3.1) は (1.1) の拡張になっており，§1.2 (1) で考えたような一様な伸びでは $\partial u/\partial x=\varDelta l/l$ がどこでも一定，したがって，応力はどの横断面でも一定という特別な場合になっていた．

つぎに，3-2 図に示した長さ $\varDelta x$ の微小な弾性体領域を考え，運動の方程式を導こう．この部分は，体積が $S\,\varDelta x$ (したがって質量は $\rho S\,\varDelta x$)，加速度

が $\partial^2 u/\partial t^2$ である（加速度についてのさらにくわしい議論は§7.2を参照）．他方，この部分にはたらく力は，位置 $x + \varDelta x$ にある面にはたらく力 $F(x + \varDelta x, t)$ と位置 x にある面にはたらく力 $-F(x, t)$ の和であり，(3.1) を用いて

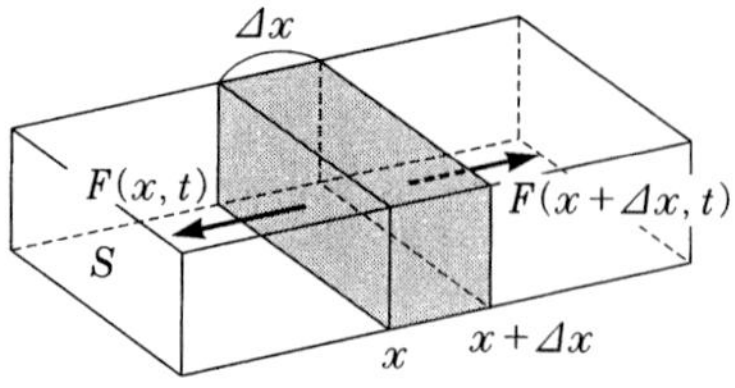

3-2図

$$F(x + \varDelta x, t) - F(x, t) = ES\left(\frac{\partial u(x + \varDelta x, t)}{\partial x} - \frac{\partial u(x, t)}{\partial x}\right)$$

$$= ES\frac{\partial^2 u}{\partial x^2}\varDelta x + \cdots \qquad (3.2)$$

と表される．したがって，運動方程式は

$$(\rho S\varDelta x)\frac{\partial^2 u(x, t)}{\partial t^2} = ES\frac{\partial^2 u(x, t)}{\partial x^2}\varDelta x + \cdots$$

両辺を $S\varDelta x$ で割り，$\varDelta x \to 0$ とすれば

$$\rho\frac{\partial^2 u}{\partial t^2} = E\frac{\partial^2 u}{\partial x^2} \qquad (3.3)$$

を得る．これはよく知られた**波動方程式**である．

式 (3.3) の解は，一般に

$$u = f(x - vt) \qquad \text{または} \qquad g(x + vt) \qquad (3.4)$$

$$\text{ただし} \qquad v = \sqrt{\frac{E}{\rho}} \qquad (3.5)$$

と表される．f，g は任意の関数である．

[問題 1] (3.4)，(3.5) 式が (3.3) 式の解になっていることを，実際に微分して確かめよ．

式 (3.4) の物理的な意味を簡単に調べてみよう．まず $u(x, t) = f(x - vt)$ を例にとる．$t = 0$ での変位は $f(x)\,(= u(x, 0))$ である（3-3図を参照）．$x = x_0$ における変位 $f(x_0)$ に着目し，$t = \varDelta t$ の後に x_0 から $\varDelta x = v\,\varDelta t$ だけ右に進んだ点 $x_0 + \varDelta x$ を考えると，この点での変位は $u(x_0 + \varDelta x, \varDelta t) =$

$f((x_0+\varDelta x)-v\varDelta t)=f(x_0)$

になっている．

つまり同じ大きさの変位を与える点が時間 $\varDelta t$ の後に $\varDelta x = v\,\varDelta t$ だけ右に移動したことになる．したがって，変位の伝わる速度は v に等しい．同様にして $g(x+vt)$ は x の負の方向に速度 v で進む変位を表す．(3.2)～(3.5)で述べてきた波のように，変位の方向とその伝わる方向が一致する波のことを**縦波**という．

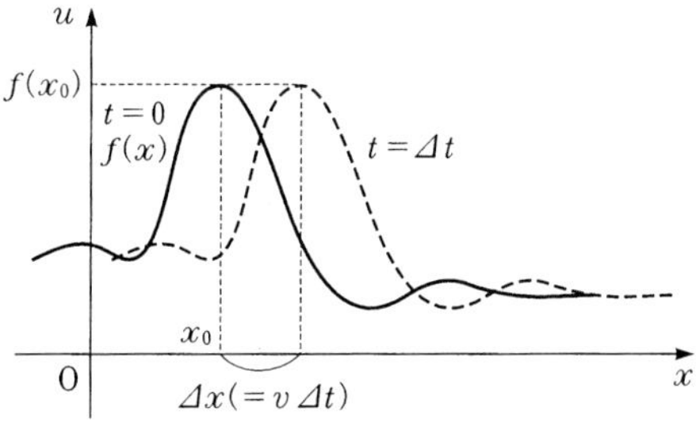

3-3図　進行波

［**問題 2**］　(3.5) 式を用いて鋼鉄中を伝わる縦波の速さを計算せよ．

(2)　液体や気体の中の縦波

3-4図のような柱状の液体や気体を考え，圧力による体積変化を調べよう．(液体や気体が柱状の領域に制限されていなくても，波が1次元的に伝わっていく場合，すなわち**平面波**であれば，ここでの議論はそのまま当てはめることができる.) 点 x における x 方向の変位を $u(x,t)$，圧力を $p(x,t)$ とすると，位置 x での局所的な体積変化率は

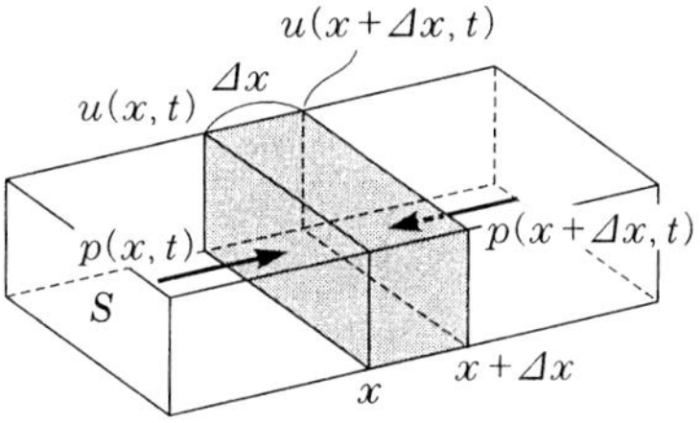

3-4図　気柱や液柱を伝わる縦波

$$\lim_{\delta x\to 0}\frac{[u(x+\delta x,t)-u(x,t)]S}{\delta x\,S}=\frac{\partial u(x,t)}{\partial x}$$

であるから，(1.3) により

$$-p(x,t)=K\frac{\partial u(x,t)}{\partial x} \tag{3.6}$$

を得る．これは (3.1) でヤング率 E を体積弾性率 K で置き換えたものに相

当する．したがって，前節と同様にして波動方程式

$$\rho\frac{\partial^2 u}{\partial t^2} = K\frac{\partial^2 u}{\partial x^2} \tag{3.7}$$

が得られる．変位の伝わる速度 v は

$$v = \sqrt{\frac{K}{\rho}} \tag{3.8}$$

である．これも縦波である．

［**問題 3**］（3.8）式を用いて水中で縦波の伝わる速度を計算せよ．

（3） 気体の断熱変化と音速

気体中の縦波（音波）の伝搬速度は（3.8）式のようにも書けるが，気体は一般に密度や体積弾性率が圧力や温度によって大きく変化するので，別の表現を用いた方が便利なことが少なくない．

気体中の振動においては各部分の膨張圧縮は速やかに行われるので，これらの変化は断熱的に起こっていると考えてよい．したがって

$$pV^{\gamma} = 一定 \tag{3.9}$$

が成立する．ここで γ =（定圧比熱 C_p）/（定積比熱 C_V）は気体の**比熱比**とよばれ，空気のように二原子分子を主成分とする気体ではほぼ 1.4 に等しい．（3.9）から

$$\Delta p = -\gamma p\frac{\Delta V}{V} \tag{3.10}$$

が得られるから，（1.3）と比較すれば体積弾性率 K は γp に等しいことがわかる．これを（3.8）に代入すれば

$$v = \sqrt{\frac{\gamma p}{\rho}} \tag{3.11}$$

となる．根号内の分子・分母に気体 1 モル当りの体積 V を掛ければ（3.11）はさらに

$$v = \sqrt{\frac{\gamma p V}{\rho V}} = \sqrt{\frac{\gamma R T}{M}} \tag{3.12}$$

と書ける．ここで M は気体の分子量，$R = 8.3145$[J/mol K] は気体定数，T は絶対温度である．これはまた摂氏温度 $T' = T - T_0$ ($T_0 = 273.16$ 度) を用いて

$$v = \sqrt{\frac{\gamma R T_0}{M}}\left(1 + \frac{T'}{T_0}\right)^{1/2} = \sqrt{\frac{\gamma R T_0}{M}}\left(1 + \frac{T'}{2T_0} + \cdots\cdots\right) \tag{3.13}$$

とも書ける．空気の比熱比を 1.401 として 1 気圧の空気中で縦波（音波）の伝わる速度を計算すると

$$v = 331.45 + 0.607T' \quad [\mathrm{m/s}] \tag{3.14}$$

（4） クントの実験

クントは以下に述べるような方法で固体の棒のヤング率を測定した（1866 年)．3 - 5 図に示したように，弾性体の棒 AB の中点 C を万力などで固定し，一端 A を松ヤニの粉をまぶした布などでこすって，棒に縦波を発生させる．棒の他端 B にはコルク栓がつけてあり，この部分はガラス管の中で移動ができる．B 点を移動してガラス管内で音波が共鳴するように調節する．共鳴が起こると，鋭い共鳴音と同時にガラス管内に封入してある粉末（コルク粉末など）の帯の太さが周期的に変化する．管の端 D は閉じていても開いていてもよいが，そのどちらかによって共鳴時にできる定在波の位置は異なる．*

共鳴音の一番低い音に対する弾性体中の縦波は，図中の点線で示したように $L = \lambda/2$ (λ は波長) を満たす．縦波の伝わる速さは $v = \sqrt{E/\rho} = \lambda f$ (f は振動数) であるから，$f = \sqrt{E/\rho}/\lambda$．一方，ガラス管内の空気柱で生じた音波

---

* さらにくわしく見ると，この帯の中にさらに狭い間隔の縞模様が見られる．これは実験をしたことのある者ならば必ず目にとまる整然としたパターンであるが，その発生機構は長い間なぞであった．最近の研究によると，粉のような粒状の媒質の薄い層に振動を与えると，層内に発生した周期的な圧力変動により，ある条件下では密度（したがって粒子）の濃淡分布が規則的に現れることわかってきた．クントの実験に現れた縞模様もこれが原因と思われるが，この微細構造そのものはヤング率の測定に直接関係するわけではない．

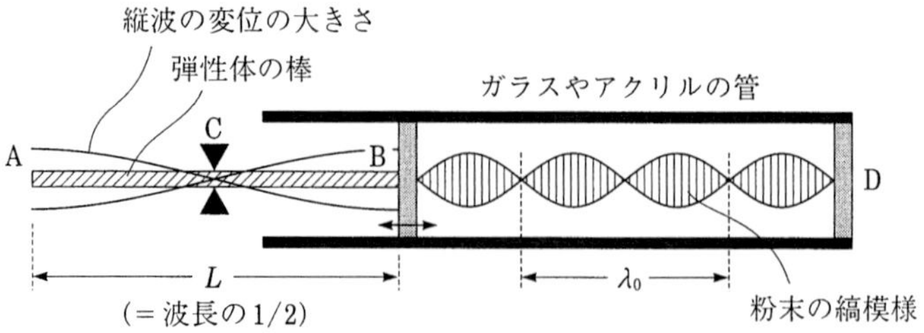

3-5図　クントの実験（平面図）

の波長 λ_0 は実測により，またそのときの気温がわかれば (3.14) から音速 v_0 が計算できる．振動数 f は空気柱と弾性体棒の双方に共通であるから $f = v_0/\lambda_0$．両者から f を消去して $E = \rho(2Lv_0/\lambda_0)^2$ を得る．

§3.2　弾性体を伝わる横波

(1)　ねじれ波

§2.1で棒の ねじれ を議論したときには，棒の下端から上端まで一様な ずれ を仮定していた．ここでは，ずれが3-6図(a)のように円柱の軸方向の座標 z と時間 t に依存して変化している場合にはどうなるかを考えよう．この場合にも局所的に見れば回転のモーメント τ が (2.4) の形に書けるはずである．そこで，(2.4) 式の Φ/L の代りに $\partial\Phi/\partial z$ を使って

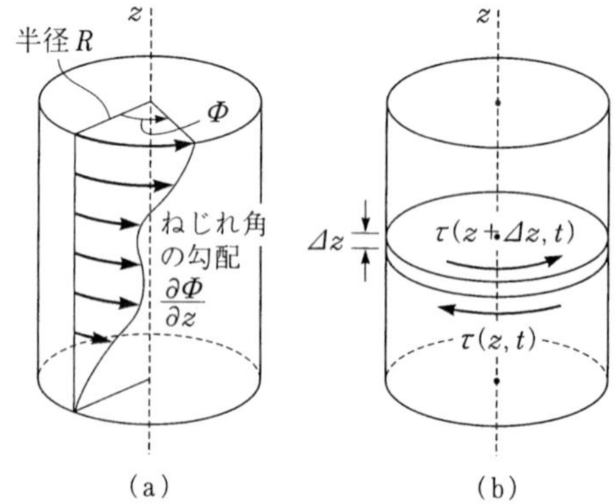

3-6図

$$\tau(z) = \frac{\pi G R^4}{2}\frac{\partial\Phi}{\partial z} \qquad (3.15)$$

を得る．ただし，円柱の半径を R，ねじれの角度を $\Phi(z, t)$，ずれ弾性率を G とした．

弾性体の棒の ずれ の伝搬を考えるために，図(b) のような厚さ Δz の薄い円板部分の回転運動を考える．この円板の回転の慣性モーメント I はこの部分の質量 $\Delta m = \pi R^2(\Delta z)\rho$ を用いて $I = (1/2)(\Delta m)R^2$ であり（§2.1(3) の [注]を参照），円板にはたらく正味の回転のモーメント N は $\tau(z + \Delta z, t) - \tau(z, t)$ である．したがって，z 軸の周りの回転運動に対するオイラーの方程式 $I(\partial^2\Phi/\partial t^2) = N(z, t)$ は

$$\begin{aligned}\frac{1}{2}(\pi R^2 \Delta z\, \rho) R^2 \frac{\partial^2 \Phi}{\partial t^2} &= \tau(z + \Delta z, t) - \tau(z, t) \\ &= \frac{1}{2}\pi G R^4 \left(\frac{\partial \Phi(z + \Delta z, t)}{\partial z} - \frac{\partial \Phi(z, t)}{\partial z} \right) \\ &= \frac{1}{2}\pi G R^4 \left(\frac{\partial^2 \Phi}{\partial z^2}\Delta z + \cdots \right)\end{aligned}$$

となる．最左辺と最右辺を約分し，$\Delta z \to 0$ とすれば

$$\rho \frac{\partial^2 \Phi}{\partial t^2} = G \frac{\partial^2 \Phi}{\partial z^2} \tag{3.16}$$

これも波動方程式であり，その一般解は

$$\Phi(z, t) = \{f(z - vt),\ g(z + vt)\} \tag{3.17}$$

$$v = \sqrt{\frac{G}{\rho}} \tag{3.18}$$

である．これは，ねじれの生じている方向（円周方向）と ねじれ角の非一様性が伝わっていく方向（円柱軸方向）とが直交しているので**横波**の一種である．物理的なイメージに基づいて**ねじれ波**とよぶこともある．ねじれ波の伝わる速さは円柱の半径には依存しない．

［**問題 4**］　ヤング率 E，ずれ弾性率 G の円柱状弾性体を伝わる 1 次元的な縦波の速度 (3.5) と横波の速度 (3.18) を比較し，両者の比 $v_{縦波}/v_{横波}$ がポアソン比 σ の値によりどのような範囲内にあるか述べよ．

（2） 曲げの波

自然な状態では真直ぐであった細い弾性体の棒や板（断面積 S は一様とする）にゆるやかで非一様な曲がりが生じているとする．棒や板に沿って測った任意の位置 x にある断面にはたらくモーメントを $M(x, t)$ と表すと，3-7図(a)のアミカケをした微小部分 δx にはたらく正味のモーメントは

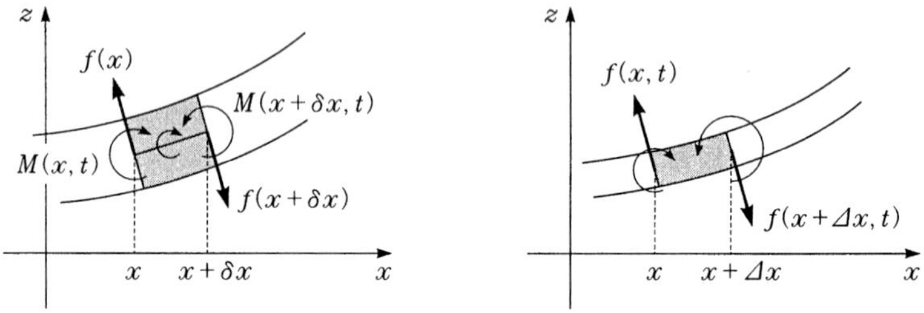

（a）接線応力 f とモーメント M　　　（b）板の振動

3-7図

$$M(x + \delta x, t) - M(x, t) \approx \frac{\partial M}{\partial x}\delta x$$

である．これはアミカケ部の両端面にはたらく接線応力 f を用いて $\delta x \times (fS)$ とも表される．したがって，$\delta x \to 0$ として，接線応力とモーメントの間の局所的な次の関係式を得る．

$$f(x) = \frac{1}{S}\frac{\partial M}{\partial x} \tag{3.19}$$

さて，図(b)の $\varDelta x$ 部分の運動を考えてみよう．この場合には§2.2で述べたような一様な曲げとは異なり，板の微小部分 $\varDelta x$ の両端面にはたらく応力 $f(x)$ と $f(x + \varDelta x)$ は大きさも向きも異なるであろう．しかし，変形がゆるやかであればこれらの応力はほぼ反平行とみなせるから，z 方向の並進運動の運動方程式は，

$$\rho(S\,\varDelta x)\frac{\partial^2 z}{\partial t^2} = -f(x + \varDelta x, t)S + f(x, t)S \approx -\frac{\partial f}{\partial x}\varDelta x\, S \tag{3.20}$$

となる．ただし ρ は弾性体の密度．これに (3.19)，および (2.11)，(2.15) から導かれる関係

$$M(x, t) = \frac{EI}{R(x, t)} \approx EI\frac{\partial^2 z(x, t)}{\partial x^2} \tag{3.21}$$

を代入すると

$$\rho S\frac{\partial^2 z}{\partial t^2} = -S\frac{\partial f}{\partial x} = -\frac{\partial^2 M}{\partial x^2} = -EI\frac{\partial^4 z}{\partial x^4} \tag{3.22}$$

が導かれる．これが**曲げの波**を表す方程式である．

方程式 (3.22) において $v = \sqrt{E/\rho}$，$\kappa = \sqrt{I/S}$ とおくと

$$\frac{\partial^2 z}{\partial t^2} + \kappa^2 v^2 \frac{\partial^4 z}{\partial x^4} = 0 \tag{3.23}$$

あるいは，これを分解して

$$\left(\frac{\partial}{\partial t} - i\kappa v\frac{\partial^2}{\partial x^2}\right)z(x, t) = 0 \tag{3.24 a}$$

または

$$\left(\frac{\partial}{\partial t} + i\kappa v\frac{\partial^2}{\partial x^2}\right)z(x, t) = 0 \tag{3.24 b}$$

が得られる．これは量子力学でよく知られた**シュレーディンガー方程式**と同じ形である．(3.23) の解のうち，調和振動型の解は

$$z(x, t) = X(x)\cos(\omega t + \phi) \tag{3.25}$$

と仮定することにより求められる．ただし X は

$$\kappa^2 v^2 X^{(\mathrm{iv})} - \omega^2 X = 0$$

を満たし，一般解は

$$\left.\begin{array}{c} X(x) = A\sin\alpha x + B\cos\alpha x + C\sinh\alpha x + D\cosh\alpha x \\ \left(A, B, C, D \text{ は定数，} \alpha = \sqrt{\dfrac{\omega}{\kappa v}}\right) \end{array}\right\} \tag{3.26}$$

で与えられる．

弾性体の変形と波（まとめ）

一様な変位	非一様な変位 （局所的な関係）	変位の伝播
伸　縮 張力　$\dfrac{F}{S}=E\dfrac{\Delta l}{l}$ 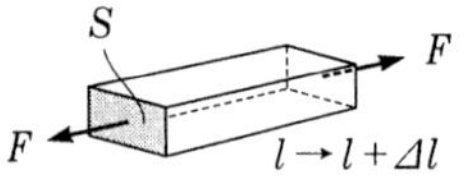 ポアソン比 σ	$f=\dfrac{F}{S}=E\dfrac{\partial u}{\partial x}$ 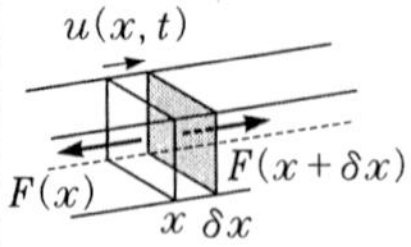	$(\rho S\Delta x)\dfrac{\partial^2 u}{\partial t^2}=F(x+\Delta x,t)-F(x,t)$ $=\dfrac{\partial F}{\partial x}\Delta x+\cdots=ES\dfrac{\partial^2 u}{\partial x^2}\Delta x+\cdots$ $\therefore\ \rho\dfrac{\partial^2 u}{\partial t^2}=E\dfrac{\partial^2 u}{\partial x^2}$
膨張・圧縮 圧力　$p=-K\dfrac{\Delta V}{V}$ 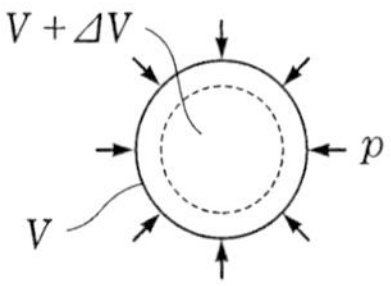	1次元 $p=-K\dfrac{\partial u}{\partial x}$ 3次元 $p=-K\,\mathrm{div}\,\boldsymbol{u}$	$\rho\dfrac{\partial^2 u}{\partial t^2}=K\dfrac{\partial^2 u}{\partial x^2}$ $\rho\dfrac{\partial^2 \boldsymbol{u}}{\partial t^2}=K\Delta\boldsymbol{u}$
ず　れ $\dfrac{F}{S}=G\dfrac{\Delta u}{h}$ $\therefore\ f=G\theta$ 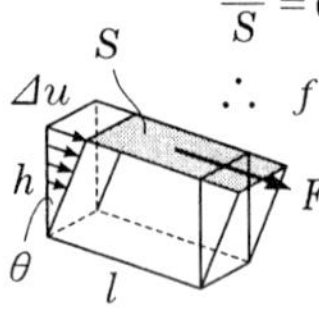	$f=G\dfrac{\partial u}{\partial z}$ 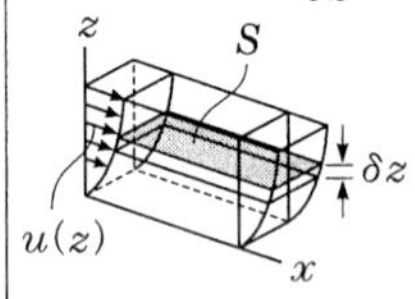	$(\rho S\Delta z)\dfrac{\partial^2 u}{\partial t^2}=Sf(z+\Delta z,t)-Sf(z,t)$ $=S\dfrac{\partial f}{\partial z}\Delta z+\cdots=SG\dfrac{\partial^2 u}{\partial z^2}\Delta z+\cdots$ $\therefore\ \rho\dfrac{\partial^2 u}{\partial t^2}=G\dfrac{\partial^2 u}{\partial z^2}$
棒のねじれ（円柱） 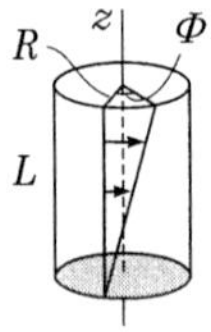 トルク $\tau=\dfrac{\pi GR^4\Phi}{2L}$	$\tau=\dfrac{\pi GR^4}{2}\dfrac{\partial\Phi}{\partial z}$ 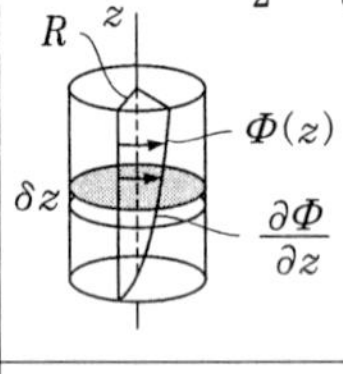	$I\dfrac{\partial^2\Phi}{\partial t^2}=\tau(z+\Delta z,t)-\tau(z,t)$ $=\dfrac{\pi GR^4}{2}\dfrac{\partial^2\Phi}{\partial z^2}\Delta z+\cdots$ $\therefore\ \rho\dfrac{\partial^2\Phi}{\partial t^2}=G\dfrac{\partial^2\Phi}{\partial z^2}$ $\left(I=\dfrac{1}{2}\Delta MR^2=\dfrac{1}{2}\rho\pi R^4\Delta z\right)$
板や棒の曲げ $\dfrac{\Delta l}{l}\to\dfrac{\zeta}{R}$，$f=\dfrac{E\zeta}{R}$ モーメント $M=\int_S\zeta\times f\,dS=\dfrac{EI}{R}$ $I=\int_S\zeta^2\,dS$ 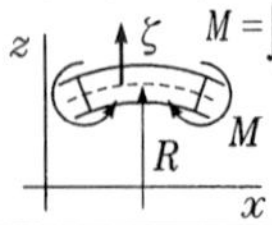	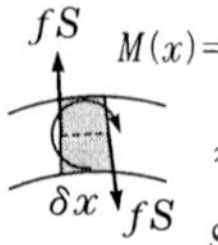 $M(x)=\dfrac{-EIz''(x)}{(1+z'^2)^{3/2}}$ $\approx -EI\dfrac{\partial^2 z}{\partial x^2}$ S：横断面積 $\delta M=\dfrac{\partial M}{\partial x}\delta x=\delta x\times fS$ $\therefore f=\dfrac{1}{S}\dfrac{\partial M}{\partial x}\approx-\dfrac{EI}{S}\dfrac{\partial^3 z}{\partial x^3}$	$(\rho S\Delta x)\dfrac{\partial^2 z}{\partial t^2}=Sf(x+\Delta x,t)-Sf(x,t)$ 横断面積 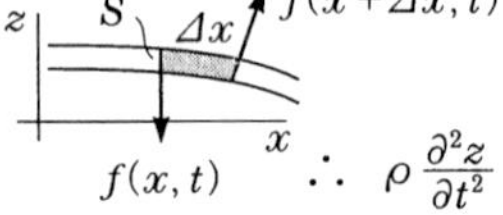 $\therefore\ \rho\dfrac{\partial^2 z}{\partial t^2}=-\dfrac{EI}{S}\dfrac{\partial^4 z}{\partial x^4}$

§3.3　弾性体の境界条件

これまでの議論から明らかになった境界条件について，ここでまとめておこう．境界には3-8図のような3種類の異なったタイプのものがある．

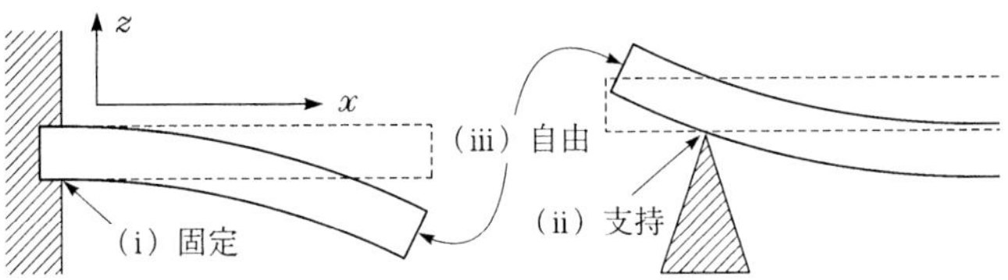

3-8図　いろいろな境界条件

この図のように変形前の梁に沿って x 軸，これに垂直で変位の生じる方向に z 軸を選んでおく．それぞれに対応した条件の数学的な表現は

(i)　固定：端の位置 z と傾き $\dfrac{\partial z}{\partial x}$ を与える，

(ii)　支持：端の位置 z を与え，モーメント $M=0\left(すなわち\ \dfrac{\partial^2 z}{\partial x^2}=0\right)$ とする，

(iii)　自由：モーメント $M=0\left(すなわち\ \dfrac{\partial^2 z}{\partial x^2}=0\right)$ および応力 $f=0$ $\left(すなわち\ \dfrac{\partial^3 z}{\partial x^3}=0\right)$ とする，

となる．

[問題5]　ハーモニカや音叉など，弾性体の曲げ振動を利用した楽器は少なくない．ハーモニカでは，3-9図(a)のように一端は固定，他端は自由である．(3.26)式に上記の

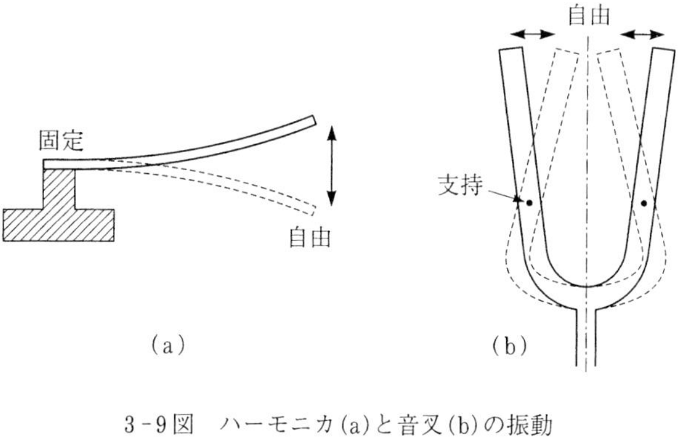

3-9図　ハーモニカ(a)と音叉(b)の振動

境界条件を当てはめ，定数 A，B，C，D を決定せよ．棒の長さは l としてよい．

余　談

ヴァイオリンの音響学

ヴァイオリンの音の発生はその表板と裏板の振動にあることはよく知られている．ところで，過去何世紀かの間に，美しい音色で聴衆を魅了する名器が少なからず生み出されてきた．ストラディヴァリ，グァルネリ，…… などなど．物理学や音響学の未発達の時代に，これらの名高いヴァイオリン製作者たちが経験をたよりに到達した名器の秘密は何であろうか．これはいまだに大問題ではあるが，近代の科学的方法を駆使してその謎を垣間見ることはできよう．良い楽器を複製しようとするときに，幾何学的に同じものをつくるだけではなく，材質のもつ振動特性を考慮しなければならないことは想像に難くあるまい．

板の振動の様子は，前問で議論した１次元的な振動に比べてはるかに複雑であるが，これを見るうまい方法がある．これは**クラドニの方法**（18 世紀）とよばれているもので，調べようとする板を水平に置き，その上に細粉をまき，板を振動させるだけでよい．板がある特定の振動数（固有振動数）に対して共鳴すると，板には定在波が立つ．このとき，定在波の腹の所は激しく振動するので細粉は はじき飛ばされ，振動のない節のところには粉が集まるので，節の模様が肉眼で一目で観察できるのである．下図はこのようにして得られた固有モードの一例である．

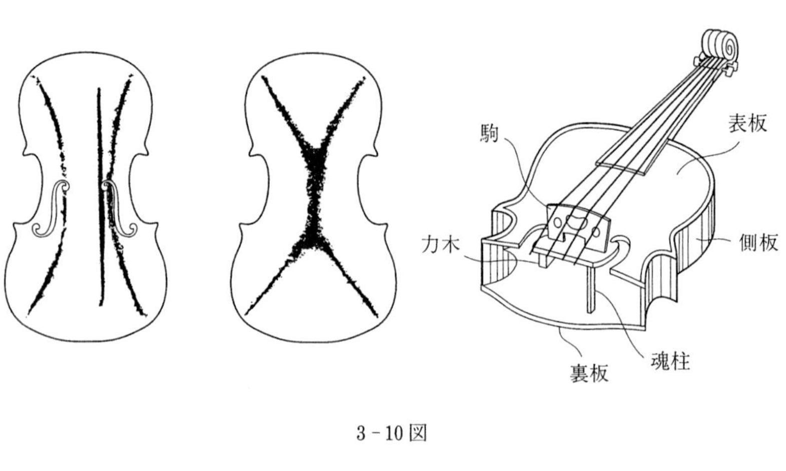

3 - 10 図

ヴァイオリンの音色は，板の木目に平行な方向と垂直な方向のそれぞれのヤング率やずれ弾性率，エネルギーを消耗させる内部摩擦（ダンピング），密度，木の中を伝わる音速，など多くの物理量が関与している．また部品としての裏板，表板の特性がわかっても，それらを側板にニカワで接着し，ニスで塗装すると振動の特性は複雑に変化してしまう．また裏表2枚の板は魂柱で連結され，互いに影響し合う．さらに材質（木，ニカワ，ニスなど）の経時変化，湿度や温度の影響，など，すべてを理解し最適の状態に製作・調整することは至難の技と言えそうである．

4 応力とひずみ

この章では，これまでに断片的に登場してきた応力やひずみを一般的に表現する方法であるテンソルについて述べる．テンソルは応力の一種である張力(tension)を表現するために導入されたものであり，後者を学ぶことから逆にテンソルの概念をつかんで欲しい．

§4.1 応力の表現

単位面積当りにはたらく力を応力とよび，そのうち面に垂直な応力を**法線応力**，面に平行な応力を**接線応力**（あるいは**せん断応力**）とよぶことはすでに述べた．一般に応力を指定するには面についての情報と，その面にはたらく力の大きさや向きについて（すなわちベクトル量として）の情報の両方が必要である．そこでこれらを正確かつ簡潔に表現する方法を考えよう．

まず，4-1図のように直方体の微小な弾性体領域を考え，辺に平行に x, y, z 軸を選び，x 軸に垂直な面 ABCD にはたらく応力を $\boldsymbol{p}_x$ のように添字 x をつけて区別する．応力 $\boldsymbol{p}_x$ はベクトル量であるから，x, y, z 方向の 3 成分 $(p_x)_x$, $(p_y)_x$, $(p_z)_x$ をもっている．こ

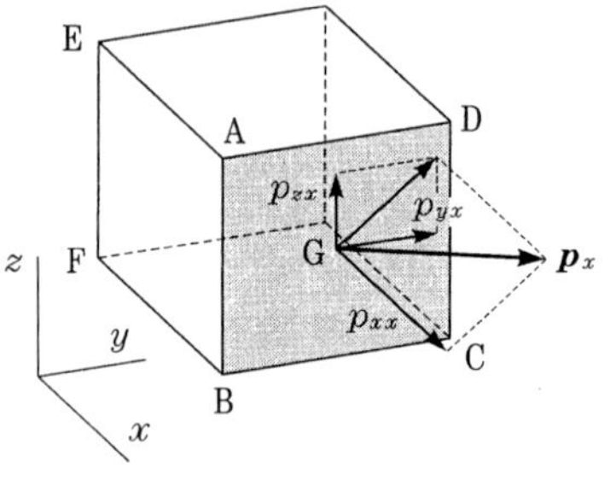

4-1図　微小な面ABCDにはたらく応力

れらをそれぞれ p_{xx}, p_{yx}, p_{zx} と表記する．他の面についても同様である．この表現によれば p_{xx}, p_{yy}, p_{zz} は法線応力を，p_{xy}, p_{xz}, p_{yx}, p_{yz}, p_{zx}, p_{zy} は接線応力を表す．応力 $\boldsymbol{p}_x$ をベクトルの成分で表すには $\boldsymbol{p}_x = (p_{xx}, p_{yx}, p_{zx})^T$ とすればよい．ここで上つき添字 T は一般に転置行列を表し，ここでは縦に成分を並べた列ベクトルを表す．

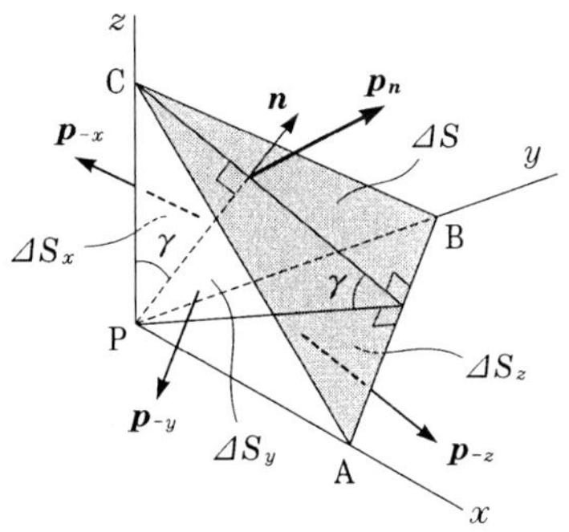

4－2図 微小な四面体PABCにはたらく応力

つぎに勝手な向きをもつ面にはたらく応力について考えよう．一般に曲面がどんなに複雑であっても，それが連続であれば局所的には平面の接合によって限りなく正確に近似していくことができるし，さらに平面は三角形の接合で表現できるから，この平面上の微小三角形 △ABC と xyz 座標面で作られる四面体 PABC が基本要素と考えられる(4－2図参照)．面 ABC の面積を ΔS, 外向き法線を $\boldsymbol{n}$, これにはたらく応力を $\boldsymbol{p}_n$, 面 PBC, 面 PAC, 面 PAB の面積をそれぞれ ΔS_x, ΔS_y, ΔS_z, これらにはたらく応力をそれぞれ $\boldsymbol{p}_{-x}$, $\boldsymbol{p}_{-y}$, $\boldsymbol{p}_{-z}$ と書く（外向き法線の方向がそれぞれ $-x$, $-y$, $-z$ の方向であることに注意)．さて，この微小な四面体にはたらく力のつり合いを考えてみよう．力としてはいままで述べてきた応力のような面積に比例する力（面積力）のほかに，重力のような体積に比例する力（体積力）も考慮しなければならないが，四面体の一辺の長さを ε の程度とすると，体積力は ε^3, 面積力は ε^2 に比例するから，$\varepsilon \to 0$ で前者は後者に比べて無視できる.* したがって，微小な四面体における力のつり合いは

$$\boldsymbol{p}_n \Delta S + \boldsymbol{p}_{-x} \Delta S_x + \boldsymbol{p}_{-y} \Delta S_y + \boldsymbol{p}_{-z} \Delta S_z = 0 \qquad (4.1)$$

---

* イモの葉に乗っている露の場合に，小さな露ほど丸くなるのは重力に比べて表面張力（面積力の1つ）が勝ってくるからである．

で与えられる．ここで単位ベクトル $\boldsymbol{n}$ と x, y, z 軸との間の角度をそれぞれ α, β, γ と置くと，$\boldsymbol{n} = (\cos\alpha, \cos\beta, \cos\gamma)^T = (l, m, n)^T$ と表され，l, m, n はベクトル $\boldsymbol{n}$ の方向余弦とよばれる．これを用いると

$$\left.\begin{aligned} \Delta S_x &= \Delta S\cos\alpha = l\Delta S \\ \Delta S_y &= \Delta S\cos\beta = m\Delta S \\ \Delta S_z &= \Delta S\cos\gamma = n\Delta S \end{aligned}\right\} \tag{4.2}$$

と書ける(4-2図では ΔS_z と ΔS の関係が図解されている)．また，作用・反作用の法則から

$$\boldsymbol{p}_{-x} = -\boldsymbol{p}_x, \quad \boldsymbol{p}_{-y} = -\boldsymbol{p}_y, \quad \boldsymbol{p}_{-z} = -\boldsymbol{p}_z \tag{4.3}$$

が成り立つ．したがって，(4.1) 式は

$$\boldsymbol{p}_n = l\boldsymbol{p}_x + m\boldsymbol{p}_y + n\boldsymbol{p}_z = (\boldsymbol{p}_x, \boldsymbol{p}_y, \boldsymbol{p}_z)\cdot\boldsymbol{n} = \mathsf{P}\cdot\boldsymbol{n} \tag{4.4}$$

と書ける．ここで

$$\mathsf{P} = (\boldsymbol{p}_x, \boldsymbol{p}_y, \boldsymbol{p}_z) = \begin{pmatrix} p_{xx} & p_{xy} & p_{xz} \\ p_{yx} & p_{yy} & p_{yz} \\ p_{zx} & p_{zy} & p_{zz} \end{pmatrix} \tag{4.5}$$

という量は，面の向きと力の向きの2つを指定してはじめて確定するもので，(4.4) 式のようにベクトルとのスカラー積をとったときに別のベクトルを作る．このようなものを (2階の) テンソルとよぶ．特に (4.5) は応力を表すので**応力テンソル**とよばれている．

［**注**］ (4.5) のテンソルは

$$\mathsf{P} = p_{xx}\boldsymbol{e}_x\boldsymbol{e}_x + p_{xy}\boldsymbol{e}_x\boldsymbol{e}_y + p_{xz}\boldsymbol{e}_x\boldsymbol{e}_z + \cdots + p_{zz}\boldsymbol{e}_z\boldsymbol{e}_z \tag{4.5$'$}$$

と表記されることもある．このように単位ベクトルを2つ並記して成分の位置づけを表す方法をダイアディックとよぶ．

(4.4)の関係は一点とみなせるような無限に小さな四面体 PABC について成立するから，考えている点を通る3つの基準軸を法線方向とする面にはたらく応力の成分をあらかじめ求めておけば,「その点において勝手な向きをもつ微小な面にはたらく応力」が得られることになる．

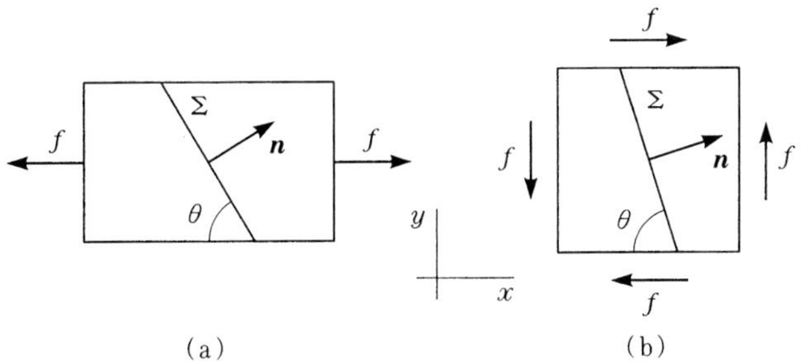

4-3図

［**例題1**］ 4-3図(a), (b)のように無限小の直方体に応力 f がはたらいているとする(図では奥行き方向は示していない). それぞれの場合について応力テンソル, および面 Σ にはたらく応力 $\boldsymbol{p}_n$ を書け.

［**略解**］ (a), (b) それぞれの場合に $P^{(a)}=\begin{pmatrix} f & 0 & 0 \\ 0 & 0 & 0 \\ 0 & 0 & 0 \end{pmatrix}$, $P^{(b)}=\begin{pmatrix} 0 & f & 0 \\ f & 0 & 0 \\ 0 & 0 & 0 \end{pmatrix}$, $\boldsymbol{n}=\begin{pmatrix} \sin\theta \\ \cos\theta \\ 0 \end{pmatrix}$ となっている $\left(\alpha=\dfrac{\pi}{2}-\theta,\ \beta=\theta,\ \gamma=\dfrac{\pi}{2}\right)$. これを (4.4) 式に代入すればよい. したがって, (a) では $\boldsymbol{p}_n=(f\sin\theta,\ 0,\ 0)^T$, (b) では $\boldsymbol{p}_n=(f\cos\theta,\ f\sin\theta,\ 0)^T$ となる.

余　談

応力の可視化

複雑な形の弾性体の内部に生じている応力を計算するのは一般にむずかしい

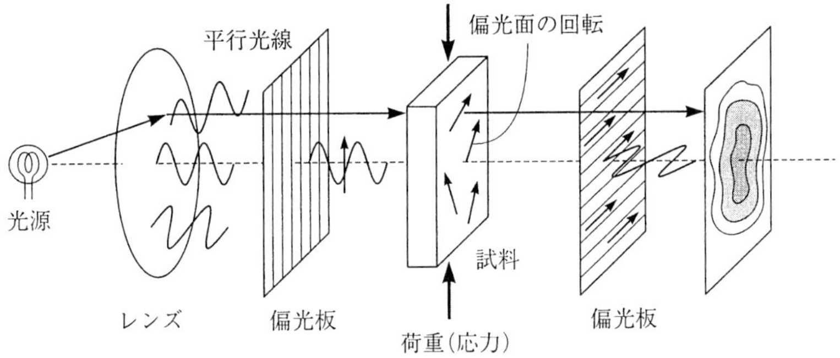

4-4図

が，2次元的な問題の場合にはこれを実験的に調べるうまい方法がある．これは，ガラスやプラスチックのような透明な弾性体に応力を与え，偏光板によって振動面をそろえた光を入射させると，透過光の偏光面が応力の大きさに比例して回転する現象（**光弾性**）を利用する．4-4図はその可視化法の原理を示したもので，透過光をさらにもう1枚の偏光板を通して観測すると偏光角の大きさ（したがって応力の等高線）に応じた縞模様が見られる．

まだ建築物の構造に関する理論のなかった700年も昔の中世ヨーロッパでいくつもの巨大なゴシック様式の教会が建立され，いまなお私達にその安定した美しい姿を楽しませてくれる．天にそびえる高い尖塔や高い天井，一段と大きく効果的なステンドグラス．これらの構造体の自重や風圧を支えるためのさまざまな工夫——尖塔の天井ボールトやアーチ・リブ，大会堂を支えるために外側につっかえ棒のように出ているフライング・バットレス（飛梁）など——はおそらく試行錯誤の末に生み出されたものであろう（4-5図参照）．

今日の私達はさまざまなモデル実験や数値計算を用いて建築物の各部にはたらく応力の分布を調べ，設計に応用することが可能になってきた．

パリのノートルダム寺院

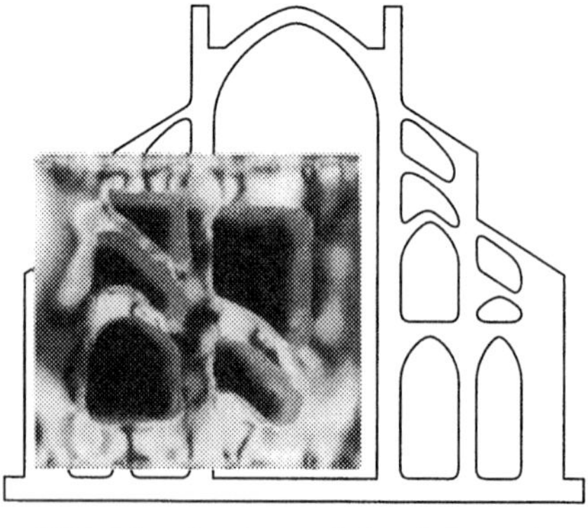

縦断面内の柱にかかる応力の等高線分布

4-5図

§4.2 ひずみ

(1) ひずみテンソル

弾性体中の近接した2点 $\boldsymbol{r}$, $\boldsymbol{r}' = \boldsymbol{r} + \delta\boldsymbol{r}$ における変位をそれぞれ $\boldsymbol{u}$, $\boldsymbol{u}'$ と書く．もし $\boldsymbol{u}$ と $\boldsymbol{u}'$ が等しくなければ弾性体中で局所的なひずみ $\delta\boldsymbol{u} = \boldsymbol{u}' - \boldsymbol{u}$ が生じていることになる（$\boldsymbol{u}' = \boldsymbol{u}$ であれば平行移動が起こっただけであって，ひずみは生じていない）．この相対的な変位 $\delta\boldsymbol{u} = (\delta u, \delta v, \delta w)$ と2点間の距離 $\delta\boldsymbol{r} = (\delta x, \delta y, \delta z)$ の関係を調べてみよう．変位は場所の連続関数と考えてよいから，$\boldsymbol{u}' = \boldsymbol{u}(\boldsymbol{r} + \delta\boldsymbol{r})$ である．これを $|\delta\boldsymbol{r}| \ll |\boldsymbol{r}|$ としてテイラー展開すると，たとえば x 成分について

$$u' = u(x + \delta x, y + \delta y, z + \delta z)$$
$$= u(x, y, z) + \frac{\partial u}{\partial x}\delta x + \frac{\partial u}{\partial y}\delta y + \frac{\partial u}{\partial z}\delta z + \cdots$$

したがって

$$\delta u = u' - u = \frac{\partial u}{\partial x}\delta x + \frac{\partial u}{\partial y}\delta y + \frac{\partial u}{\partial z}\delta z \tag{4.6}$$

となる．他の成分も同様であるから

$$\begin{pmatrix} \delta u \\ \delta v \\ \delta w \end{pmatrix} = \begin{pmatrix} \dfrac{\partial u}{\partial x} & \dfrac{\partial u}{\partial y} & \dfrac{\partial u}{\partial z} \\ \dfrac{\partial v}{\partial x} & \dfrac{\partial v}{\partial y} & \dfrac{\partial v}{\partial z} \\ \dfrac{\partial w}{\partial x} & \dfrac{\partial w}{\partial y} & \dfrac{\partial w}{\partial z} \end{pmatrix} \begin{pmatrix} \delta x \\ \delta y \\ \delta z \end{pmatrix} \qquad \text{すなわち} \qquad \delta\boldsymbol{u} = \mathsf{D}\cdot\delta\boldsymbol{r} \tag{4.7}$$

と表される．(4.7) 式に現れた2階のテンソル D は**相対変位テンソル**とよばれている．

つぎにテンソル D を対称テンソル E と反対称テンソル $\boldsymbol{\Omega}$ に分離してみよう*：

---

* テンソル D の成分を d_{ij} と表すとき，対称テンソルとは成分が $d_{ij} = d_{ji}$ であるようなもの，反対称テンソルとは $d_{ij} = -d_{ji}$ であるようなものをいう．

$$D = \frac{1}{2}(D + D^T) + \frac{1}{2}(D - D^T) = E + \boldsymbol{\Omega} \qquad (4.8)$$

$$\text{ただし} \quad E = \frac{1}{2}(D + D^T), \qquad \boldsymbol{\Omega} = \frac{1}{2}(D - D^T)$$

ここで D^T は D の転置行列である．E の成分を書き下すと

$$E = \begin{pmatrix} e_{xx} & e_{xy} & e_{xz} \\ e_{yx} & e_{yy} & e_{yz} \\ e_{zx} & e_{zy} & e_{zz} \end{pmatrix}$$

$$= \begin{pmatrix} \dfrac{\partial u}{\partial x} & \dfrac{1}{2}\left(\dfrac{\partial u}{\partial y} + \dfrac{\partial v}{\partial x}\right) & \dfrac{1}{2}\left(\dfrac{\partial u}{\partial z} + \dfrac{\partial w}{\partial x}\right) \\ \dfrac{1}{2}\left(\dfrac{\partial v}{\partial x} + \dfrac{\partial u}{\partial y}\right) & \dfrac{\partial v}{\partial y} & \dfrac{1}{2}\left(\dfrac{\partial v}{\partial z} + \dfrac{\partial w}{\partial y}\right) \\ \dfrac{1}{2}\left(\dfrac{\partial w}{\partial x} + \dfrac{\partial u}{\partial z}\right) & \dfrac{1}{2}\left(\dfrac{\partial w}{\partial y} + \dfrac{\partial v}{\partial z}\right) & \dfrac{\partial w}{\partial z} \end{pmatrix} \qquad (4.9)$$

となる．ここで (x, y, z) を (x_1, x_2, x_3)，(u, v, w) を (u_1, u_2, u_3) と書き直すと，E の成分 $e_{ij}(i, j = x, y, z)$ は一般に

$$e_{ij} = \frac{1}{2}\left(\frac{\partial u_i}{\partial x_j} + \frac{\partial u_j}{\partial x_i}\right) \qquad (4.10)$$

のように表現できる．定義により，E は対称テンソルである．すなわち

$$e_{ij} = e_{ji} \qquad (4.11)$$

の関係がある．次節で示すように E は弾性体中における ひずみ を表すので，**ひずみテンソル**とよばれている．これに対して反対称部分 $\boldsymbol{\Omega}$ は

$$\boldsymbol{\Omega} = \begin{pmatrix} 0 & \dfrac{1}{2}\left(\dfrac{\partial u}{\partial y} - \dfrac{\partial v}{\partial x}\right) & \dfrac{1}{2}\left(\dfrac{\partial u}{\partial z} - \dfrac{\partial w}{\partial x}\right) \\ \dfrac{1}{2}\left(\dfrac{\partial v}{\partial x} - \dfrac{\partial u}{\partial y}\right) & 0 & \dfrac{1}{2}\left(\dfrac{\partial v}{\partial z} - \dfrac{\partial w}{\partial y}\right) \\ \dfrac{1}{2}\left(\dfrac{\partial w}{\partial x} - \dfrac{\partial u}{\partial z}\right) & \dfrac{1}{2}\left(\dfrac{\partial w}{\partial y} - \dfrac{\partial v}{\partial z}\right) & 0 \end{pmatrix}$$

$$= \begin{pmatrix} 0 & -\zeta & \eta \\ \zeta & 0 & -\xi \\ -\eta & \xi & 0 \end{pmatrix} \qquad (4.12)$$

と表される．$\boldsymbol{\Omega}$ はまた 3 つの成分 ξ，η，ζ だけで表され，ベクトル解析で知

られている**回転**の演算（rot あるいは ∇ ×）とは

$$(\xi, \eta, \zeta) = \frac{1}{2}\mathrm{rot}\,\boldsymbol{u} \qquad \text{あるいは} \qquad \frac{1}{2}\nabla \times \boldsymbol{u} \tag{4.13}$$

の関係がある．

（2） *E*，*Ω* の物理的解釈

（i） e_{xx} の意味

まず e_{xx} だけが 0 でない場合に変位 $\delta\boldsymbol{u} = E\cdot\delta\boldsymbol{r}$ を考察する．成分に分けて書くと

$$\delta u = e_{xx}\delta x, \qquad \delta v = \delta w = 0 \tag{4.14}$$

である．これは 4-6 図(a) に示したように x 方向の伸びを表し，e_{xx} は伸びの割合を示す．e_{yy}，e_{zz} も同様に，それぞれ y，z 方向の伸びの割合を示す．一般に，はじめに長さ δx，δy，δz であった直方体領域がそれぞれの方向に δu，δv，δw だけ伸びを生じたときの体積膨張率は

$$\begin{aligned}\frac{(\delta x + \delta u)(\delta y + \delta v)(\delta z + \delta w) - \delta x\delta y\delta z}{\delta x\delta y\delta z} &\approx \frac{\partial u}{\partial x} + \frac{\partial v}{\partial y} + \frac{\partial w}{\partial z} \\ &= \mathrm{div}\,\boldsymbol{u} \\ &= e_{xx} + e_{yy} + e_{zz} \end{aligned} \tag{4.15}$$

である．最右辺はテンソル E の対角成分の和 Trace(E) に等しい．また，div $\boldsymbol{u}$ はベクトル解析でよく知られた**発散**（∇·$\boldsymbol{u}$ とも書く）である．

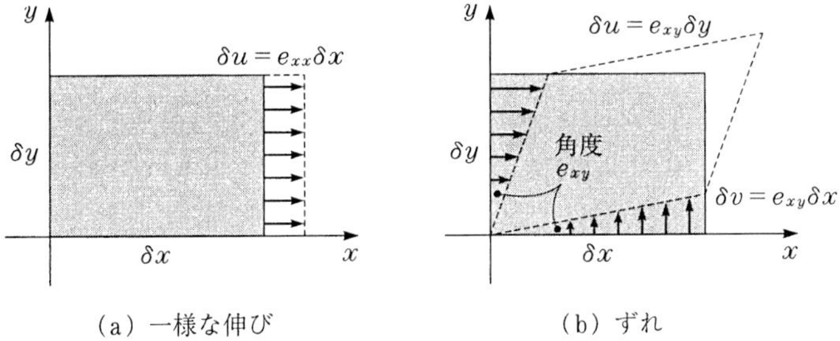

4-6 図

（ii）　$e_{xy}(=e_{yx})$ の意味

つぎに，e_{xy} だけが 0 でないとして変位 $\delta\boldsymbol{u}=\mathsf{E}\cdot\delta\boldsymbol{r}$ を成分で表示すると

$$\delta u=e_{xy}\,\delta y, \quad \delta v=e_{xy}\,\delta x, \quad \delta w=0 \tag{4.16}$$

となる．これは 4-6 図(b) に示したように xy 面内での純粋な ずれ を表す．e_{xy} は xy 面内で長方形の各辺がひしゃげた角度である．同様にして，e_{yz}，e_{zx} はそれぞれ yz 面内，xz 面内の純粋な ずれ を表す．

（iii）　ζ の意味

最後に ζ だけが 0 でない場合について変位 $\delta\boldsymbol{u}=\boldsymbol{\Omega}\cdot\delta\boldsymbol{r}$ を書いてみよう：

$$\delta u=-\zeta\,\delta y, \quad \delta v=\zeta\,\delta x, \quad \delta w=0 \tag{4.17}$$

これは 4-7 図(a) に示したように，z 軸の周りの**剛体回転**を表す．ζ はその回転角である．同様にして ξ，η はそれぞれ x 軸，y 軸の周りの剛体回転を表し，その回転角がそれぞれ ξ，η である．剛体回転においては任意に選んだ 2 点の相対位置は変化しない．

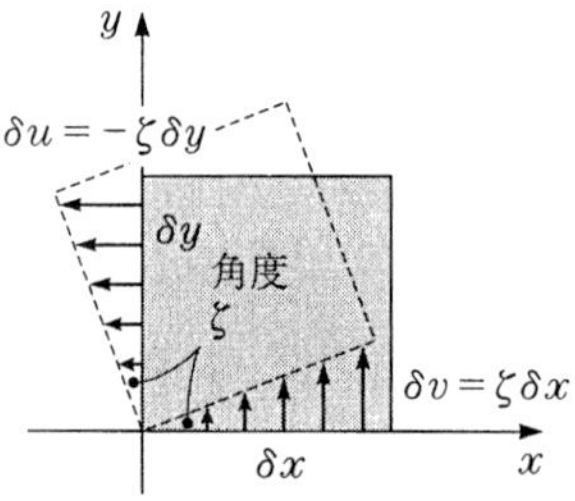

（a）剛体回転

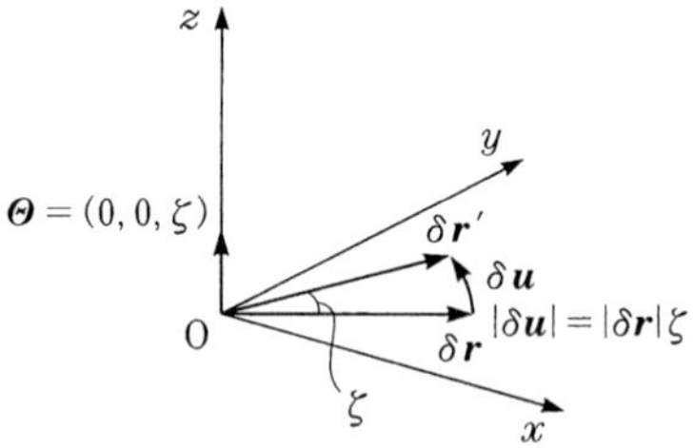

（b）

4-7 図

［**問題 1**］（4.12）式で定義される反対称テンソル $\boldsymbol{\Omega}$ と，その成分で定義されるベクトル $\boldsymbol{\Theta}=(\xi,\eta,\zeta)$ とは

$$\delta\boldsymbol{u}=\boldsymbol{\Omega}\cdot\delta\boldsymbol{r}=\boldsymbol{\Theta}\times\delta\boldsymbol{r} \tag{4.18}$$

の関係にあることを計算で確かめよ．特に 4-7 図(b) の場合に，(4.18) 式が z 軸の周りの角度 $|\boldsymbol{\Theta}|=\zeta$ の剛体回転を表すことを図の上でも確かめよ．

§4.3 ひずみと応力

バネ定数 k のバネに力 F がはたらくと長さ x の伸び(ひずみ)が生じ，これらの間には $F=kx$ の関係があった(フックの法則)．§2.1や§3.1ではこれを弾性体の棒の一様な伸びについて拡張し $f=E\,\partial u/\partial x$ の関係を得たが，ここではこれをさらに一般化してみよう．

(1) 弾性テンソル

弾性体に応力がはたらくと ひずみ が生じ，また逆に ひずみ が生じるとそこに応力が発生する．すなわち，応力 $\boldsymbol{P}$(成分を p_{ij} と書く．第1の添字 i は力の方向，第2の添字 j は面の法線方向を表すものと約束している)は，ひずみの関数と考えられる．前節で述べた相対変位テンソル $\boldsymbol{D}$ のうち，$\boldsymbol{\Omega}$ の方は剛体回転を表すので，応力には寄与しないことに注意．したがって，これを数式で表せば，$i,\ j=1,\ 2,\ 3$ に対して

$$p_{ij}=f_{ij}(e_{11},\,e_{12},\,\cdots,\,e_{33})\,[=f_{ij}(e_{kl})\ \text{と略記}] \tag{4.19}$$

となる．

［**例題 2**］ 弾性体の棒の一様な伸びの場合の関係 $f=E\,\partial u/\partial x$ を p_{ij}，e_{kl} を用いて表すと $p_{xx}=Ee_{xx}$ または $p_{11}=Ee_{11}$ となっている．

関数 f_{ij} は弾性体の性質や変形の程度に依存し，一般には複雑であるが，ここでは話を簡単にするために2つの仮定を置く．その第1は，ひずみ e_{kl} が微小という仮定である．そこで，f_{ij} を $e_{kl}=0$(ひずみのない状態)の周りでテイラー級数に展開する：

$$p_{ij}=f_{ij}(0)+\sum_{k,l=1}^{3}\left(\frac{\partial f_{ij}}{\partial e_{kl}}\right)_{e_{kl}=0}e_{kl}+\cdots\cdots \tag{4.20}$$

ひずみのない状態では応力がはたらかないと仮定しているので $f_{ij}(0)=0$ であり，e_{kl} の2次以上の微小量を無視すれば

$$p_{ij} = \sum_{k,l=1}^{3} C_{ijkl}e_{kl} = C_{ijkl}e_{kl} \tag{4.21}$$

となる．ここで，同じ添字がくり返して使われているときは，この添字について可能なすべての値（いまの場合には，$k, l = 1, 2, 3$）を与え，それらについて和をとるものと約束し，今後は (4.21) 式の最右辺のように Σ の記号を省略する（**総和規則**）．C_{ijkl} は物質に固有な 4 階のテンソルで**弾性テンソル**とよばれている．

［**例題 3**］　スカラー積 $\boldsymbol{a}\cdot\boldsymbol{b}$ および発散 div $\boldsymbol{u}$ を総和規則を用いて表せ．

［**解**］　$\boldsymbol{a} = (a_x, a_y, a_z) = (a_1, a_2, a_3)$ などと表すと

$$\boldsymbol{a}\cdot\boldsymbol{b} = a_x b_x + a_y b_y + a_z b_z = a_1 b_1 + a_2 b_2 + a_3 b_3 = \sum_{i=1}^{3} a_i b_i \rightarrow a_i b_i$$

同様に $\boldsymbol{u} = (u, v, w) = (u_x, u_y, u_z) = (u_1, u_2, u_3)$，$(x, y, z) = (x_1, x_2, x_3)$ などと表すと

$$\mathrm{div}\,\boldsymbol{u} = \frac{\partial u_x}{\partial x} + \frac{\partial u_y}{\partial y} + \frac{\partial u_z}{\partial z} = \sum_{i=1}^{3} \frac{\partial u_i}{\partial x_i} \rightarrow \frac{\partial u_i}{\partial x_i}$$

となる．

第 2 の仮定として，弾性体が**等方的**，すなわち，力学的特性が座標系の向きに依存しないことを要求しよう．等方的な物質に対しては，弾性テンソルも等方的でなければならない．テンソル解析の一般論によると，4 階の等方性テンソルは $\delta_{ij}\delta_{kl}$，$\delta_{ik}\delta_{jl}$，$\delta_{il}\delta_{jk}$ の 3 種類だけであることが証明される（次ページの［注］を参照）．ただし δ_{ij} は**クロネッカーのデルタ**

$$\delta_{ij} = \begin{cases} 1 & (i = j \text{ のとき}) \\ 0 & (i \neq j \text{ のとき}) \end{cases} \tag{4.22}$$

である．したがって

$$C_{ijkl} = A\,\delta_{ij}\delta_{kl} + B\,\delta_{ik}\delta_{jl} + C\,\delta_{il}\delta_{jk} \qquad (A, B, C \text{ は定数}) \tag{4.23}$$

と書ける．(4.23) 式を (4.21) に代入すると

$$p_{ij} = (A\ \delta_{ij}\delta_{kl} + B\ \delta_{ik}\delta_{jl} + C\ \delta_{il}\delta_{jk})\, e_{kl}$$
$$= A\ e_{kk}\delta_{ij} + B\ e_{ij} + C\ e_{ji}$$
$$= A(\mathrm{div}\ \boldsymbol{u})\,\delta_{ij} + (B + C)\,e_{ij} \qquad (4.24)$$

となる．ただし，§4.2 で述べた結果：$e_{kk} = \mathrm{div}\ \boldsymbol{u}$，$e_{ij} = e_{ji}$ を用いた．通常はここに現れた定数 A，B，C の代りに $\lambda = A$，$\mu = (B + C)/2$ を用いて

$$p_{ij} = \lambda(\mathrm{div}\ \boldsymbol{u})\,\delta_{ij} + 2\mu\ e_{ij} \qquad (4.25)$$

という表現が用いられる．λ，μ を**ラメの弾性定数**とよぶ．等方性の仮定により，弾性テンソルは 2 つのパラメターだけで表現されたことになる．後に述べるように，$\lambda + (2/3)\mu$ は体積弾性率 K，μ は ずれ弾性率 G に等しい．

［注］　等方性テンソルについて

上で述べたように，一般に，座標系の選び方に依存しないようなテンソルを等方性テンソルとよぶ．スカラー量（これは **0 階のテンソル**）が等方的であることは明らかであろう．1 階のテンソル，すなわちベクトル量ではどうであろうか．1 つの直角座標系 (x, y, z) においてベクトル $\boldsymbol{v}$ が $\boldsymbol{v} = v_x\boldsymbol{e}_x + v_y\boldsymbol{e}_y + v_z\boldsymbol{e}_z$ と表されたとしよう（4 - 8 図(a)）．z 軸の周りに 180° 回転した新しい座標系では，$\boldsymbol{v} = -v_x\boldsymbol{e}_x - v_y\boldsymbol{e}_y + v_z\boldsymbol{e}_z$ となる(図(b))．これが元のベクトルと等しいためには，$v_x = v_y = 0$ でなければならない．同様にして x 軸，y 軸の周りの回転を考えることにより $v_x = v_y = v_z = 0$ となる．結局，**1 階の等方性テンソル**は **0** ベクトルということになる．ここではいくつかの軸の周りに 180° 回転するときの不変性から，上の結論を導いたが，逆に **0** ベクトルであれば，座標系の任意の回転に対してもその性質が変らないことは明らかであろう．

同様の議論により **2 階の等方性テンソル**はクロネッカーのデルタ δ_{ij} であることが示される．すなわち，2 階のテンソル $\boldsymbol{T} = t_{xx}\boldsymbol{e}_x\boldsymbol{e}_x + t_{xy}\boldsymbol{e}_x\boldsymbol{e}_y + t_{xz}\boldsymbol{e}_x\boldsymbol{e}_z + \cdots +$

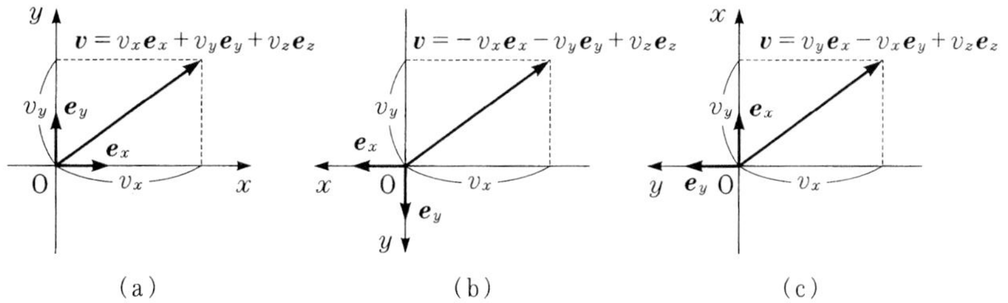

4 - 8 図　座標系の回転．(b) は z 軸の周りに 180° 回転；(c) は z 軸の周りに 90° 回転

$t_{zz}\boldsymbol{e}_z\boldsymbol{e}_z$ において，座標系を z 軸の周りに 180° 回転すると $\boldsymbol{e}_x \to -\boldsymbol{e}_x$，$\boldsymbol{e}_y \to -\boldsymbol{e}_y$ となるので，$T = t_{xx}\boldsymbol{e}_x\boldsymbol{e}_x + t_{xy}\boldsymbol{e}_x\boldsymbol{e}_y - t_{xz}\boldsymbol{e}_x\boldsymbol{e}_z + \cdots + t_{zz}\boldsymbol{e}_z\boldsymbol{e}_z$ となる。したがって，このテンソルが等方的であるためには $t_{xz} = t_{zx} = t_{yz} = t_{zy} = 0$。同様にして x 軸，y 軸の周りの回転を考えることにより $T = t_{xx}\boldsymbol{e}_x\boldsymbol{e}_x + t_{yy}\boldsymbol{e}_y\boldsymbol{e}_y + t_{zz}\boldsymbol{e}_z\boldsymbol{e}_z$ を得る．すなわち，1 つの添字が奇数回現れる成分はすべて 0 になる．つぎに，z 軸の周りの 90° 回転（図(c) 参照）により，$T = t_{xx}(-\boldsymbol{e}_y)(-\boldsymbol{e}_y) + t_{yy}\boldsymbol{e}_x\boldsymbol{e}_x + t_{zz}\boldsymbol{e}_z\boldsymbol{e}_z = t_{yy}\boldsymbol{e}_x\boldsymbol{e}_x + t_{xx}\boldsymbol{e}_y\boldsymbol{e}_y + t_{zz}\boldsymbol{e}_z\boldsymbol{e}_z$，これが $T = t_{xx}\boldsymbol{e}_x\boldsymbol{e}_x + t_{yy}\boldsymbol{e}_y\boldsymbol{e}_y + t_{zz}\boldsymbol{e}_z\boldsymbol{e}_z$ と等しいためには，$t_{xx} = t_{yy}$ でなければならない．同様にして，$t_{xx} = t_{yy} = t_{zz} = c$ が得られる（c はスカラー定数）．したがって，

$$T = c(\boldsymbol{e}_x\boldsymbol{e}_x + \boldsymbol{e}_y\boldsymbol{e}_y + \boldsymbol{e}_z\boldsymbol{e}_z) = c\begin{pmatrix}1 & 0 & 0\\ 0 & 1 & 0\\ 0 & 0 & 1\end{pmatrix} = cI = c\delta_{ij}$$

となる。上式の右辺の表現はすべて同じ意味である．これらが座標系の任意の回転に対して不変であることも一般に示される。

つぎに本節で問題となっている **4 階の等方性テンソル**（成分を C_{ijkl} とする）について考えてみよう．添字 i，j，k，l は独立に 1，2，3 をとるので，もし何の対称性もなければテンソルの成分は全部で $3^4 = 81$ 個ある．これらの成分は

（i） C_{xxxx} のように添字がすべて等しいもの（3 個）

（ii） C_{xxxy}，C_{xxyx}，C_{xyxx}，C_{yxxx} のように添字は 2 種類で，一方の添字が 3 回現れるもの
（添字の選び方が 6 通り × 選ばれた 4 つの添字についての並べ方が 4 通り ＝ 24 個）

（iii） C_{xxyy}，C_{xyxy}，C_{xyyx} のように 2 種類の添字が同数ずつ含まれるもの
（2 種類の添字の選び方が 3 通り × 並べ方が $4!/(2!2!)$ の 6 通り ＝ 18 個）

（iv） C_{xxyz}，C_{xxzy}；C_{xyzx}，C_{xyxz}；C_{xzyx}，C_{xzxy}；C_{yxxz}，C_{yxzx}；C_{yzxx}；C_{zxxy}，C_{zxyx}；C_{zyxx} のように 3 種類の添字がすべて現われるもの
（重複する 1 組の文字の選び方が 3 通り × 並べ方が $4!/2!$ の 12 通り ＝ 36 個）

のいずれかの型に分類される。等方性のテンソルでは，1 つの添字が奇数回現れる成分は 0 となるので，（ii）（iv）の型は考えなくてよい。また，x，y，z 方向の同等性から，（i）と（iii）の型は次のいずれかになる：

（a） $C_{xxxx} = C_{yyyy} = C_{zzzz}$

（b） $C_{xxyy} = C_{yyzz} = C_{zzxx} = C_{yyxx} = C_{zzyy} = C_{xxzz} \propto \delta_{ij}\delta_{kl}$

（c） $C_{xyxy} = \cdots \propto \delta_{ik}\delta_{jl}$

（d） $C_{xyyx} = \cdots \propto \delta_{il}\delta_{jk}$

したがって，4階の等方性のテンソルは $\delta_{ij}\delta_{kl}$，$\delta_{ik}\delta_{jl}$，$\delta_{il}\delta_{jk}$ のいずれかの型に表現できる（(a) は (b)，(c)，(d) の特別な場合と考えればよい）．

（2） 弾性エネルギー

バネ定数 k のバネを自然状態から長さ l だけ伸ばしたときに，バネに蓄えられるエネルギー W（これを**弾性エネルギー**とよぶ）は $\frac{1}{2}kl^2$ で与えられた．これは x だけ伸びているバネをさらに微小な長さ dx だけ伸ばすために必要な仕事 dW が

$$dW = (\text{力}) \times (\text{力の方向の変位}) = kx \times dx$$

であり，これを変位 x が0から l に達するまで積分して

$$W = \int_0^l kx\,dx = \frac{1}{2}kl^2 \tag{4.26}$$

となることによる．これをいまのような一般的な場合に拡張すれば，

$$dw = p_{ij}\,de_{ij} = C_{ijkl}e_{kl}de_{ij} = d\left(\frac{1}{2}C_{ijkl}e_{ij}e_{kl}\right)$$

であるから，単位体積当りの物質中に蓄えられる弾性エネルギー w は

$$w = \frac{1}{2}C_{ijkl}e_{ij}e_{kl} \tag{4.27}$$

したがって，物体を変形させる仕事は全体で

$$W = \int_V w\,dV = \int_V \frac{1}{2}C_{ijkl}e_{ij}e_{kl}\,dV \tag{4.28}$$

となる．

結晶はいくつかの対称性をもっているので，これによって C_{ijkl} の独立な係数の数を調べることもできる．結晶の対称性と独立な弾性定数の数については，他書に譲るが，たとえば三斜晶系では21個，単斜晶系では13個，斜方晶系では9個，正方晶系では6個，立方（等軸）晶系では3個，などとなっている．多くの工業用材料は多結晶体なので，本文で議論したように等方性物質とみなしてよい．

［**問題2**］

(1) ひずみテンソルの対称性，すなわち i と j，k と l の交換に対して w が不

変であることから，C_{ijkl} の独立な成分の数が 36 個であることを示せ．

(2) さらに，i と j の組と k と l の組を交換しても w が不変（すなわち $C_{ijkl} = C_{klij}$）であることにより，独立な成分の数が 21 になることを示せ．

(3) ラメの定数 λ, μ と K, G の関係

まず，弾性体に一様な圧力 $\varDelta p$ がかかった場合を考えると，応力テンソルは $p_{ij} = -(\varDelta p)\delta_{ij}$ であるから，(4.25) 式は

$$-(\varDelta p)\delta_{ij} = \lambda(\mathrm{div}\,\boldsymbol{u})\delta_{ij} + 2\mu\, e_{ij}$$

となる．ここで $j = i$ とし，i について 1 から 3 まで総和をとると

$$-3(\varDelta p) = 3\lambda(\mathrm{div}\,\boldsymbol{u}) + 2\mu\, e_{ii} \qquad (\because)\quad \delta_{ii} = 3$$

となるが，(4.15) 式から $e_{ii} = \mathrm{div}\,\boldsymbol{u} = \varDelta V/V$（体積変化率）であるから

$$-3(\varDelta p) = (3\lambda + 2\mu)\mathrm{div}\,\boldsymbol{u} = (3\lambda + 2\mu)\frac{\varDelta V}{V}$$

$$\therefore\quad \varDelta p = -\left(\lambda + \frac{2}{3}\mu\right)\frac{\varDelta V}{V}$$

を得る．これを (1.3) 式と比較すれば，体積弾性率 K との間に

$$K = \lambda + \frac{2}{3}\mu \qquad (4.29)$$

の関係が導かれる．

つぎに，4-9 図のように下面が固定された直方体の上面に応力 p_{12} がはたらいている場合を考えよう．直方体のひしゃげる角度を $\theta(\theta \ll 1)$ とすれば，変位は x_1 方向だけで $u_1 \approx \theta x_2$ であるから，

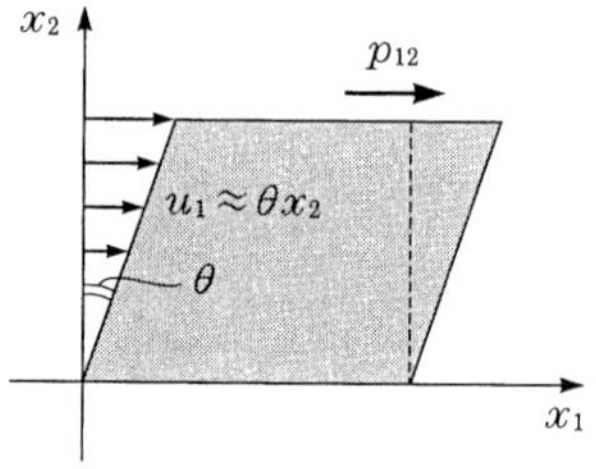

4-9 図　単純なずれ変形

$$e_{12} = \frac{1}{2}\left(\frac{\partial u_1}{\partial x_2} + \frac{\partial u_2}{\partial x_1}\right) = \frac{1}{2}\theta$$

$$\therefore\quad p_{12} = 2\mu e_{12} = \mu\theta$$

となる．これを (1.9) 式と比較すれば

$$\mu = G \tag{4.30}$$

を得る．

§4.4　応力によるひずみ

(4.25) 式は $\boldsymbol{u}$ や e_{ij} を与えたときの p_{ij} の表現であった．弾性体の問題では，これとは逆に応力がわかっているときに変位を知る必要がしばしば生じる．特別な場合については第1，2章でも考えたが，以下ではもう少し一般的にこの問題をみてみよう．

(1)　直方体の棒の引き伸ばし

まず，4-10図のように，真直ぐで一様な直方体の棒の両端に法線応力 f を加えて引き伸ばす場合を考えてみよう．棒に沿って x 軸を，これに垂直な面内に y, z 軸をとると，応力の成分のうち0でないものは $p_{xx} = f$ だけである．したがって，(4.25) 式から

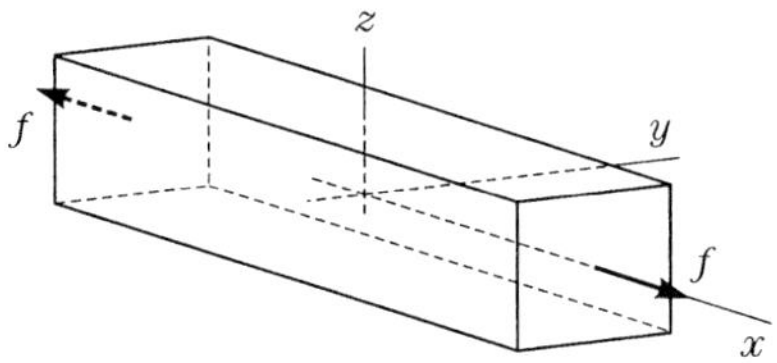

4-10図　直方体の棒の引き伸ばし

$$(\lambda + 2\mu)e_{xx} + \lambda(e_{yy} + e_{zz}) = f \tag{4.31 a}$$

$$(\lambda + 2\mu)e_{yy} + \lambda(e_{zz} + e_{xx}) = 0 \tag{4.31 b}$$

$$(\lambda + 2\mu)e_{zz} + \lambda(e_{xx} + e_{yy}) = 0 \tag{4.31 c}$$

$$e_{xy} = e_{yz} = e_{zx} = 0 \tag{4.31 d}$$

を得る．まず (4.31 a ～ c) を辺々加えて

$$(3\lambda + 2\mu)(e_{xx} + e_{yy} + e_{zz}) = f$$

これに $\lambda/(3\lambda + 2\mu)$ を掛けて (4.31 a ～ c) から引くと

$$e_{xx} = \frac{\lambda + \mu}{\mu(3\lambda + 2\mu)}f, \qquad e_{yy} = e_{zz} = -\frac{\lambda}{2\mu(3\lambda + 2\mu)}f$$

ところで，§1.2 (1)，(2) によれば，ヤング率 E とポアソン比 σ は

$$e_{xx}=\frac{f}{E},\qquad \frac{e_{yy}}{e_{xx}}=-\sigma$$

を満たすから，両者を比較して

$$E=\frac{\mu(3\lambda+2\mu)}{\lambda+\mu},\qquad \sigma=\frac{\lambda}{2(\lambda+\mu)} \tag{4.32}$$

の関係式が得られる．また，これを逆に解けば

$$\lambda=\frac{\sigma}{(1-2\sigma)(1+\sigma)}E,\qquad \mu=\frac{E}{2(1+\sigma)} \tag{4.33}$$

が得られる．これがヤング率 E やポアソン比 σ とラメの定数 λ，μ の関係である．(4.30)から $\mu=G$ であるから，ふたたび(1.12)の関係が得られた．

［**例題 4**］ 4-10 図のような直方体の弾性体において x 軸方向に圧縮や引き伸ばしを行うときに，もし x に垂直な方向 (y，z 方向) には変位が生じないように固定してあったとすると，x 方向に加える力と伸びの関係はどのようになるか．

［**解**］ $e_{xy}=e_{yz}=e_{zx}=0$ に加えて $e_{yy}=e_{zz}=0$ の条件を当てはめる．(4.31 a) と (4.33) を用いて

$$f=(\lambda+2\mu)e_{xx}=\frac{(1-\sigma)E}{(1-2\sigma)(1+\sigma)}e_{xx}=\tilde{E}\,e_{xx}$$

$$\therefore\quad \tilde{E}=\frac{(1-\sigma)E}{(1-2\sigma)(1+\sigma)}=\left[1+\frac{2\sigma^2}{(1-2\sigma)(1+\sigma)}\right]E \tag{4.34}$$

$\tilde{E}\geqq E$ であるから，これによって弾性体の強度が増す．弾性体の外周に強度の高いテープを巻いたり，竹の節のように長い棒の途中を何か所か固い物質で抑えて横に膨らむ（あるいはつぶれる）のを抑えることによって補強されるのは上に述べた理由による．また，中空円筒のように最外殻に強度の高い物質を配置すると，曲げに対しても強い構造になることはすでに述べた通りである(§2.2)．

(2) 応力によるひずみの表現

前の例を参考にして，応力が与えられたときに変位を与える一般的な関係

式を求めよう．出発点となるのは（4.25）式である．応力の対角成分は

$$p_{xx} = \lambda(\mathrm{div}\,\boldsymbol{u}) + 2\mu\, e_{xx} \tag{4.35 a}$$

$$p_{yy} = \lambda(\mathrm{div}\,\boldsymbol{u}) + 2\mu\, e_{yy} \tag{4.35 b}$$

$$p_{zz} = \lambda(\mathrm{div}\,\boldsymbol{u}) + 2\mu\, e_{zz} \tag{4.35 c}$$

であるから，辺々を加え，$e_{xx} + e_{yy} + e_{zz} = \mathrm{div}\,\boldsymbol{u}$ であることを使うと，

$$p_{xx} + p_{yy} + p_{zz} = 3\lambda(\mathrm{div}\,\boldsymbol{u}) + 2\mu(\mathrm{div}\,\boldsymbol{u}) = (3\lambda + 2\mu)(\mathrm{div}\,\boldsymbol{u})$$

これと（4.35 a）から $\mathrm{div}\,\boldsymbol{u}$ を消去すると

$$p_{xx} = \frac{\lambda}{3\lambda + 2\mu}(p_{xx} + p_{yy} + p_{zz}) + 2\mu\frac{\partial u}{\partial x}$$

これから

$$e_{xx} \equiv \frac{\partial u}{\partial x} = \frac{2(\lambda + \mu)p_{xx} - \lambda(p_{yy} + p_{zz})}{2\mu(3\lambda + 2\mu)} = \frac{p_{xx} - \sigma(p_{yy} + p_{zz})}{E} \tag{4.36 a}$$

を得る．ただし，(4.33) 式を使った．同様にして

$$e_{yy} \equiv \frac{\partial v}{\partial y} = \frac{p_{yy} - \sigma(p_{zz} + p_{xx})}{E} \tag{4.36 b}$$

$$e_{zz} \equiv \frac{\partial w}{\partial z} = \frac{p_{zz} - \sigma(p_{xx} + p_{yy})}{E} \tag{4.36 c}$$

となる．また，(4.25) 式の非対角成分から

$$p_{xy} = 2\mu\, e_{xy} = \mu\left(\frac{\partial u}{\partial y} + \frac{\partial v}{\partial x}\right)$$

$$\therefore\quad e_{xy} \equiv \frac{1}{2}\left(\frac{\partial u}{\partial y} + \frac{\partial v}{\partial x}\right) = \frac{p_{xy}}{2\mu} = \frac{1 + \sigma}{E}p_{xy} \tag{4.36 d}$$

同様に

$$e_{yz} \equiv \frac{1}{2}\left(\frac{\partial v}{\partial z} + \frac{\partial w}{\partial y}\right) = \frac{p_{yz}}{2\mu} = \frac{1 + \sigma}{E}p_{yz} \tag{4.36 e}$$

$$e_{zx} \equiv \frac{1}{2}\left(\frac{\partial w}{\partial x} + \frac{\partial u}{\partial z}\right) = \frac{p_{zx}}{2\mu} = \frac{1 + \sigma}{E}p_{zx} \tag{4.36 f}$$

を得る．(1.1)～(1.2) 式は (4.36 a ～ c) 式で $p_{xx} = f$，$p_{yy} = p_{zz} = 0$ という特別な場合になっていた．

(3) 一様な圧力による変形

一様な圧力がはたらいているときの弾性体の変形について考えてみよう．4-11図(a)のように弾性体の外部から一定の圧力pがはたらく場合は§1.2(3)で考察した．それによると，弾性体の境界面上で応力 $p_{ij} = -p\,\delta_{ij}$，また(1.3)式から $p = -K\,\mathrm{div}\,\boldsymbol{u} = -K\,e_{ii}$ である．ただし，Kは体積弾性率で，(4.29)式により $K = \lambda + (2/3)\mu$ である．これからただちに

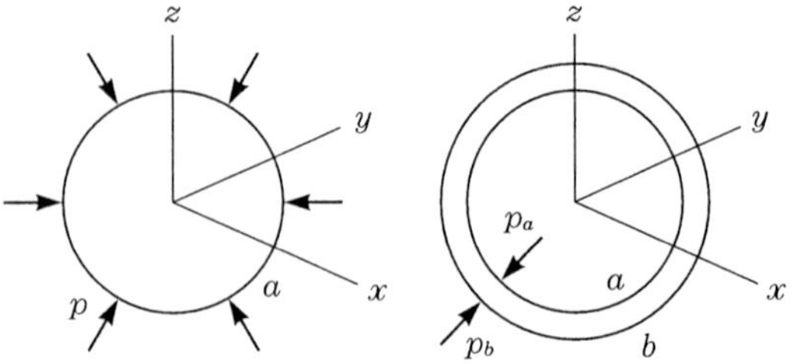

(a) 弾性球の変形　(b) 弾性球殻の変形

4-11図　一様な圧力による変形

$$e_{ii} = \mathrm{div}\,\boldsymbol{u} = -\frac{p}{K}\ (= 一定) \tag{4.37}$$

が得られる．つぎに，弾性体中の任意の点における変位$\boldsymbol{u}$を求めてみよう．

この問題は球対称なので，球座標系(r, θ, ϕ)で考える．すなわち，この座標系では変位は$\boldsymbol{u} = (u_r, 0, 0)$のように$r$成分だけであり，(4.37)式は

$$\frac{1}{r^2}\frac{d}{dr}(r^2 u_r) = -\frac{p}{K} \tag{4.38}$$

となる(付録B[2]を参照)．これを積分して

$$u_r = -\frac{p}{3K}r + \frac{C_1}{r^2} \qquad (ただし\ C_1\ は任意の積分定数)$$

を得る．球の中心$r = 0$では特異性がないから$C_1 = 0$，したがって

$$\boldsymbol{u} = -\frac{p}{3K}r\,\boldsymbol{e}_r \tag{4.39}$$

となる．

[問題3]　4-11図(b)のように半径a，$b\,(a < b)$の球殻があり，中心部の圧力がp_a，球殻外部の圧力がp_bであるときの変形を求めよ．(この問題は深海探査用の

潜水艇に高圧がかかっているときの変形の問題などに応用できる.)

余　談

骨の網状組織と圧力・張力線

§4.1節では,応力の可視化との関連で,等応力線の例を示したが,もう1つ,この節で計算したものよりもはるかに複雑な3次元の応力分布が一目でわかる例を紹介しよう. 4-12図はヒトの大腿骨頂部の縦断面を示したものである. 骨の内部には網状組織とよばれる組織があり,これが理論的に求められた応力の等高線(圧力線や張力線)に正確に一致するのである.

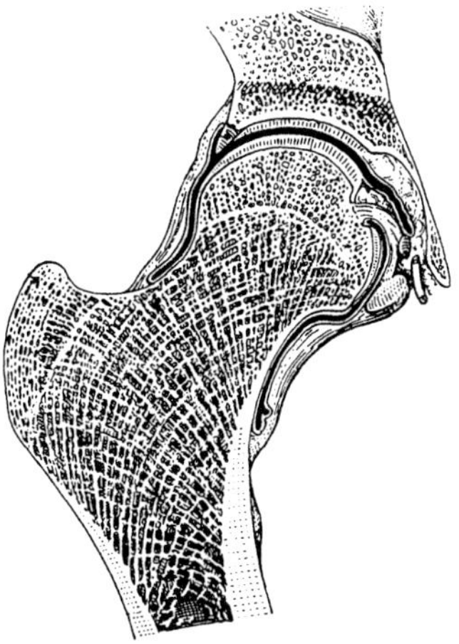

4-12図　大腿骨頂部の縦断面内の網状組織

このこと自体はかなり古くから知られていたようであるが,その原因についてイギリスの自然科学者ダルシー・トムソン(D'Arcy Thompson, 1860-1948)は次のように説明した. 彼によると,骨の成長過程においては,たとえ骨が一様で等方的に成長しようとしても,その方向が圧力線や張力線に一致しない場合には,せん断応力を受けて破壊されてしまい,その結果として圧力線や張力線に一致した組織が生き残るというのである. この説明は,骨に与える応力を変化させるとそれに応じた(理論的に予測されるような)網状組織が再形成されること,など多くの証拠に支持されているようである. これも一種の応力の可視化の例と言える.

5 弾性体の運動方程式

この章では空間的にも時間的にも変化する変位と応力の関係を決める方程式を導く．前章まで述べてきたことがらは，すべてこの基礎方程式の特別な場合として含まれる．特に，弾性体のつり合いや弾性波をとりあげ，それらが物理学だけでなく，ひろく工学や生物学，地球物理学などに応用されている実例についても述べる．

§5.1 微小変位理論

弾性体の内部で応力がつり合っていない場合には，変位が時間的にも空間的にも変化する．以下では変位 $\boldsymbol{u}$ が微小であると仮定して弾性体の運動方程式を導こう．

質点の力学では，着目している点にはたらく力とその質点がもっている運動量の時間変化を結びつけた（ニュートンの運動方程式）．しかし，連続体では面積力や体積力のような力を考える必要があるので，有限な大きさの領域に対してこれを考えていかなければならない．そこで，5-1図のように，弾性体中に閉曲面Sで囲まれた領域Vをとる．位置 $\boldsymbol{r}$ の近傍の微小な領域を dV とし，そこでの密度を $\rho(\boldsymbol{r})$ とす

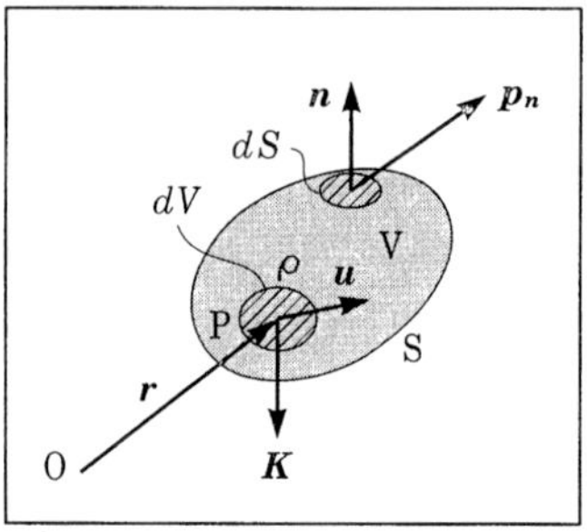

5-1図　弾性体の運動方程式

れば，微小領域内の弾性体の質量は $\rho\, dV$ である。単位質量当りの外力(体積力)を $\boldsymbol{K}(\boldsymbol{r})$ とすれば，領域 dV にはたらく外力は $(\rho\, dV)\boldsymbol{K}$，したがって，領域Vに対しては，これをV全体で積分したものになる。同様にして，応力 $\boldsymbol{p}_n$ により面S上の微小な面 dS にはたらく力は $\boldsymbol{p}_n\, dS$ であるから，領域Vに対してはこれをS全体で積分すればよい。また，領域全体の運動量の時間変化は 質量 × 加速度 $= (\rho\, dV)\,\partial^2\boldsymbol{u}/\partial t^2$ を領域Vで積分したものに等しい(変位が大きい場合には正しくない。これについては流体の場合(§7.2)にくわしく説明する。)．したがって

$$\int_V \rho \frac{\partial^2 \boldsymbol{u}}{\partial t^2} dV = \int_V \rho \boldsymbol{K}\, dV + \int_S \boldsymbol{p}_n\, dS \tag{5.1}$$

を得る。右辺第2項において応力の表現(4.4)を用い，またガウスの法則(付録A[3]参照) を適用して面積積分を体積積分に変えると

$$\int_S \boldsymbol{p}_n\, dS = \int_S \mathsf{P}\cdot\boldsymbol{n}\, dS = \int_V \mathrm{div}\,\mathsf{P}\, dV$$

成分表示では

$$= \int_S p_{ij} n_j\, dS = \int_V \frac{\partial}{\partial x_j} p_{ij}\, dV$$

となる。これを (5.1) 式に代入し

$$\rho \frac{\partial^2 \boldsymbol{u}}{\partial t^2} = \rho \boldsymbol{K} + \mathrm{div}\,\mathsf{P} \tag{5.2}$$

を得る．成分に分けて表示すると

$$\left.\begin{aligned}
\rho \frac{\partial^2 u}{\partial t^2} &= \frac{\partial p_{xx}}{\partial x} + \frac{\partial p_{xy}}{\partial y} + \frac{\partial p_{xz}}{\partial z} + \rho K_x \\
\rho \frac{\partial^2 v}{\partial t^2} &= \frac{\partial p_{yx}}{\partial x} + \frac{\partial p_{yy}}{\partial y} + \frac{\partial p_{yz}}{\partial z} + \rho K_y \\
\rho \frac{\partial^2 w}{\partial t^2} &= \frac{\partial p_{zx}}{\partial x} + \frac{\partial p_{zy}}{\partial y} + \frac{\partial p_{zz}}{\partial z} + \rho K_z
\end{aligned}\right\} \tag{5.3}$$

となる。もし変位が時間的に変化しなければ (5.3) 式の左辺は0となり，これらは応力 p_{ij} と外力 $\boldsymbol{K}$ の関係を与える式となる (→ 静力学の問題)。

さて，一様で等方的なフック弾性体では (4.25) 式が成立するから

$$(\mathrm{div}\, P)_i = \frac{\partial}{\partial x_j} p_{ij} = \frac{\partial}{\partial x_j}[\lambda(\mathrm{div}\, \boldsymbol{u})\delta_{ij} + 2\mu\, e_{ij}]$$

であるが，ここで上式の右辺第 2 項は

$$\frac{\partial}{\partial x_j}\left[\mu\left(\frac{\partial u_i}{\partial x_j} + \frac{\partial u_j}{\partial x_i}\right)\right] = \mu\left[\frac{\partial^2 u_i}{\partial x_j^{\,2}} + \frac{\partial}{\partial x_i}\left(\frac{\partial u_j}{\partial x_j}\right)\right] = \mu[\Delta \boldsymbol{u} + \nabla(\mathrm{div}\, \boldsymbol{u})]_i$$

と計算されるから*

$$\mathrm{div}\, P = (\lambda + \mu)\nabla(\mathrm{div}\, \boldsymbol{u}) + \mu\,\Delta \boldsymbol{u}$$

したがって，(5.2) は

$$\rho\frac{\partial^2 \boldsymbol{u}}{\partial t^2} = (\lambda + \mu)\nabla(\mathrm{div}\, \boldsymbol{u}) + \mu\,\Delta \boldsymbol{u} + \rho \boldsymbol{K} \qquad (5.4)$$

となる．これが弾性体の変位を決める基礎方程式であり，**ナヴィエの方程式**とよばれることもある．微小変位の理論では，方程式 (5.4) が線形であるから，解の重ね合せが可能である．

余　談

ナヴィエ (Louis Marie Henri Navier, 1785 - 1836)

フランスの工学者，物理学者．パリ理工科大学の出身で，土木技師となりセーヌ川の架橋などに参加し，のちにパリ理工科大学教授として解析学と力学を講義した．非圧縮粘性流体の運動方程式 (1823 年) や弾性体力学の仕事がある．特に後者には力と変位からの仕事の表現，変分法によるつり合いの式などが有名である．

---

* ラプラス演算子をベクトル量に作用させるときには注意が必要である．これはベクトル $\boldsymbol{u}$ を単位ベクトル $\boldsymbol{i}$, $\boldsymbol{j}$, $\boldsymbol{k}$ を用いて $\boldsymbol{u} = u\boldsymbol{i} + v\boldsymbol{j} + w\boldsymbol{k}$ などと表すとき，一般には $\boldsymbol{i}$, $\boldsymbol{j}$, $\boldsymbol{k}$ が空間の位置によって向きを変えるので，たとえば $\Delta(u\boldsymbol{i})$ では u だけでなく $\boldsymbol{i}$ の方にも演算が実行され，$\boldsymbol{j}$，$\boldsymbol{k}$ 方向への寄与がありうるし，また逆に，$\Delta(v\boldsymbol{j} + w\boldsymbol{k})$ の演算から $\boldsymbol{i}$ 方向の成分が現れることもあるからである．ただし，直角座標系では単位ベクトル $\boldsymbol{e}_x$，$\boldsymbol{e}_y$，$\boldsymbol{e}_z$ が定ベクトルなので，$\Delta \boldsymbol{u} = \Delta(u_x\boldsymbol{e}_x + u_y\boldsymbol{e}_y + u_z\boldsymbol{e}_z) = (\Delta u_x)\boldsymbol{e}_x + (\Delta u_y)\boldsymbol{e}_y + (\Delta u_z)\boldsymbol{e}_z$ の関係が成り立つ．そこで，(5.4) 式を一般の曲線座標系で表すときには，関係式：$\Delta \boldsymbol{u} = \mathrm{grad\,div}\, \boldsymbol{u} - \mathrm{rot\,rot}\, \boldsymbol{u}$(付録 A [2] 参照)を使って，

$$\rho\frac{\partial^2 \boldsymbol{u}}{\partial t^2} = (\lambda + 2\mu)\nabla(\mathrm{div}\, \boldsymbol{u}) - \mu\,\mathrm{rot\,rot}\, \boldsymbol{u} + \rho \boldsymbol{K} \qquad (5.5)$$

と表現しておくと誤解が生じにくい．

§5.2 弾性体の静力学（その2）

前節の特別な場合として，時間変化のない（すなわち，つり合いの）問題をいくつか考えてみよう．

（1） 重力による弾性球の変形

半径 a，密度 ρ（一様）の大きな弾性体の球が，自分自身のもっている重力（万有引力）によって変形し，つり合っている状態（$\partial/\partial t = 0$）を調べてみよう．球対称性から，この変形は半径方向（r 方向）だけである．また，この力による変形は，ねじれ（回転）をともなわない．そこで，基礎方程式は (5.5) 式で $\mathrm{rot}\,\boldsymbol{u} = \boldsymbol{0}$ とおいて

$$(\lambda + 2\mu)\nabla(\mathrm{div}\,\boldsymbol{u}) + \rho\boldsymbol{K} = \boldsymbol{0} \qquad (5.6)$$

となる．半径 $r(\leqq a)$ の球面上の重力加速度 g' は，

$$g' = \frac{r}{a}g \qquad (5.7)$$

である．ただし，半径 a の球面上における重力加速度を g とした．

［**問題 1**］ (5.7) 式を導け．

したがって，変位の r 成分 u_r は（$\mathrm{div}\,\boldsymbol{u}$ や ∇ の表現は付録 B 参照）

$$(\lambda + 2\mu)\frac{d}{dr}\left(\frac{1}{r^2}\frac{d}{dr}(r^2 u_r)\right) + \rho\left(-\frac{r}{a}g\right) = 0 \qquad (5.8)$$

を満たす．これを積分し，中心 $r = 0$ で変位が 0，および，半径 a の球面上で応力が 0 という条件を課すと半径方向の変位

$$u_r = \frac{\rho g}{10(\lambda + 2\mu)a}r\left(r^2 - \frac{5\lambda + 6\mu}{3\lambda + 2\mu}a^2\right)$$
$$= -\frac{(1-2\sigma)(3-\sigma)\rho g a^2}{10(1-\sigma)E}\frac{r}{a}\left(1 - \frac{1+\sigma}{3-\sigma}\frac{r^2}{a^2}\right) \qquad (5.9)$$

を得る．ただし，最右辺を導くときに (4.33) 式を用いた．

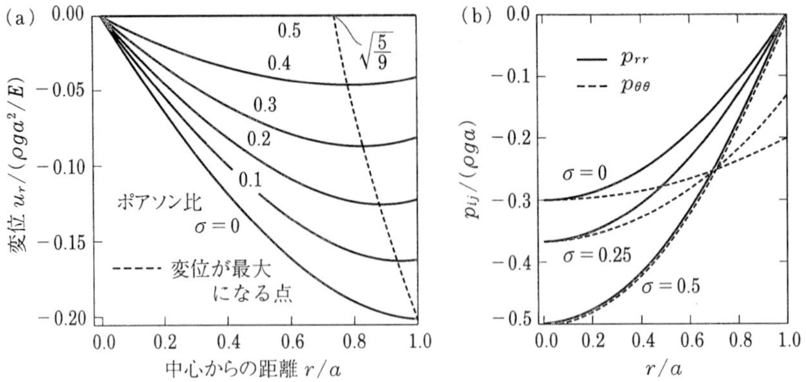

5-2図 自己重力による 変位(a)と応力(b)

変位の r, σ 依存性を 5-2 図 (a)に示す. $0 \leqq \sigma < 1/2$ であるから球は必ず収縮する. また, 変位の大きさが最大になる位置は球の内部にある. これに対して, 応力(圧力)は中心に向かって単調に増加する(図 (b) 参照)。

これらの結果は, たとえば地球の内部が殻構造をもつ可能性を示唆している. もっとも, ここでの取扱いは変位や応力の変化が十分小さい場合を仮定しているので, 定量的な議論をするにはもう少しくわしい計算が必要になることは言うまでもない.

[**問題 2**] 重力による弾性球の変形 (5.9) 式を導け. また, 球表面上での変位, 変位の大きさが最大になる位置, 応力分布などを求めよ.

(2) ねじりによる変形——サン・ブナンの問題

円柱を軸の周りにねじる問題はすでに §2.1 で扱った. これを一般化して, 一様な柱状物体の一端をねじったときの変形を考察しよう. 5-3 図のように, 高さ L の柱状物体を z 軸に沿って置き, これに垂直に x, y を選ぶ. いま下端に対して上端を角度 Θ だけねじったとする. この場合の変形は, 第1近似で考える限り, xy 面に平行な面の間のずれであり, 横断面の形はほとんど変らない. すなわち, 剛体回転的であり, 体積変化はない(div $\boldsymbol{u}=0$). し

したがって，変位を決める方程式は，(5.4) 式から

$$\mu\,\Delta \boldsymbol{u} + \rho \boldsymbol{K} = \boldsymbol{0} \qquad (5.10)$$

となる．

まず，任意の高さ z における ねじれ の角度 θ は

$$\theta = \frac{z}{L}\Theta \qquad (5.11)$$

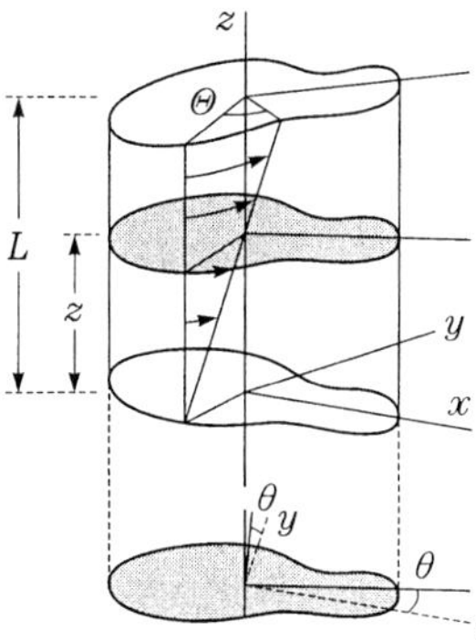

5-3図 柱状物体のねじり

したがって，xy 面内の変位は

$$u = -\,\theta y = -\frac{\Theta}{L}yz, \qquad v = \theta x = \frac{\Theta}{L}xz \qquad (5.12)$$

と表される((4.17) 式を参照)．これらを $\mathrm{div}\,\boldsymbol{u} = 0$ に代入すると，z 方向の変位 w は $\partial w/\partial z = 0$．したがって，$w$ は x，y だけの関数となる：

$$w = \phi(x, y) \qquad (5.13)$$

以上のように u，v，w を与えると，(5.10) 式の x, y 成分

$$\Delta u = -\frac{\rho}{\mu}K_x = 0, \qquad \Delta v = -\frac{\rho}{\mu}K_y = 0 \qquad (5.14)$$

は恒等的に満たされ，z 成分に対する方程式は

$$\Delta\phi(x, y) = 0 \qquad (5.15)$$

となる(z 軸の周りのトルクを与えているので $K_z = 0$ である)．つぎに境界条件について考えてみよう．物体の境界は自由な状態であるから，応力は 0 でなければならない．そこで，(5.12)，(5.13) 式から

$$p_{xx} = 2\mu\frac{\partial u}{\partial x} = 0, \qquad p_{yy} = p_{zz} = 0, \qquad p_{xy} = p_{yx} = \mu\left(\frac{\partial v}{\partial x} + \frac{\partial u}{\partial y}\right) = 0$$

$$p_{yz} = p_{zy} = \mu\left(\frac{\partial w}{\partial y} + \frac{\partial v}{\partial z}\right) = \mu\left(\frac{\partial \phi}{\partial y} + \frac{\Theta x}{L}\right),$$

$$p_{xz} = p_{zx} = \mu\left(\frac{\partial \phi}{\partial x} - \frac{\Theta y}{L}\right)$$

を考慮し，柱状物体の側面の法線ベクトル $\boldsymbol{n}$ と x，y 軸との角度を α，β とす

ると $\boldsymbol{n} = (\cos\alpha,\ \cos\beta,\ 0)$ であるから（5-4図参照），前述の条件は

$$\begin{aligned} \boldsymbol{p}_n &= P\cdot\boldsymbol{n} \\ &= (0, 0, p_{zx}\cos\alpha + p_{zy}\cos\beta) \\ &= \boldsymbol{0} \qquad (\text{物体表面上で}) \end{aligned} \tag{5.16}$$

となる．また，横断面内の微小線分を ds とすると

$$ds\cos\alpha = dy, \qquad ds\cos\beta = -\,dx \tag{5.17}$$

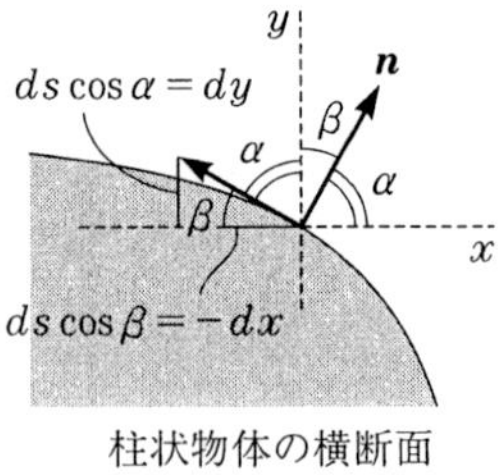

5-4図　柱状物体の横断面

であるから，(5.16) 式の z 成分は

$$\left(\frac{\partial\phi}{\partial x} - \frac{\Theta y}{L}\right)\frac{dy}{ds} - \left(\frac{\partial\phi}{\partial y} + \frac{\Theta x}{L}\right)\frac{dx}{ds} = 0 \qquad (\text{物体表面上で}) \tag{5.18}$$

となる．やや天下り的ではあるが，(5.18) 式を解くために

$$\frac{\partial\phi}{\partial x} = \frac{\partial\psi}{\partial y}, \qquad \frac{\partial\phi}{\partial y} = -\frac{\partial\psi}{\partial x} \tag{5.19}$$

を満たす関数 ψ を導入する（ϕ を考える代りに ψ を考えているだけである！）．(5.19) 式の左辺をそれぞれ y, x で微分したものは等しいから，ψ は

$$\Delta\psi = 0 \tag{5.20}$$

を満たし（すなわち ψ は調和関数），物体表面上で

$$\left(\frac{\partial\psi}{\partial y} - \frac{\Theta y}{L}\right)\frac{dy}{ds} + \left(\frac{\partial\psi}{\partial x} - \frac{\Theta x}{L}\right)\frac{dx}{ds} = 0$$

すなわち

$$\frac{d\psi}{ds} - \frac{\Theta}{2L}\frac{d}{ds}(x^2 + y^2) = 0$$

$$\therefore \quad \psi = \frac{\Theta}{2L}r^2 + k \qquad (k\ \text{は積分定数}) \tag{5.21}$$

となる．そこで，さらに

$$\Psi = \psi - \frac{\Theta}{2L}r^2 - k \tag{5.22}$$

の置き換えをすると，Ψ は

$$\Delta\Psi = -\frac{2\Theta}{L} \qquad \text{（領域内）} \qquad (5.23\,\mathrm{a})$$

$$\Psi = 0 \qquad \text{（物体表面上）} \qquad (5.23\,\mathrm{b})$$

を満たす．あとは，具体例について Ψ を，したがって ϕ を決定すればよい．

方程式 (5.23) は，後に述べるように（§6.3 (2) 参照），断面が一様な管内の粘性流体の流れ（ポアズイユの流れ）を決める方程式

$$\Delta w = -\frac{\delta p}{\mu L} \qquad \text{（流体領域内）} \qquad (5.24\,\mathrm{a})$$

$$w = 0 \qquad \text{（管壁面上）} \qquad (5.24\,\mathrm{b})$$

と同じ形をしている．ただし，w は管軸方向の流速成分，μ は粘性率，L は管の長さ，δp は管の両端の圧力差である（5-5図参照）．

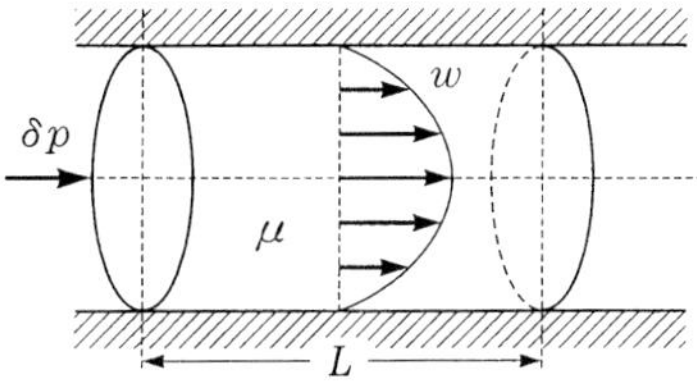

5-5図　ポアズイユ流

筒状のストローの先につけたセッケン膜の膨らみ w の形も同じ型の方程式にしたがう．膜内外の圧力差を δp，膜にはたらく張力の大きさを S として（セッケン膜では表裏2つの面が存在しているから，表面張力を T とすれば $S = 2T$ である），z 方向の力のつり合いを考えると

$$\delta p\,dx\,dy\cos\theta - \underbrace{S\,dy\sin\theta + S\,dy\sin\theta'}_{\text{（辺 AB，CD にはたらく張力の寄与）}} + \underbrace{\cdots\cdots}_{\text{（辺 BC，DA にはたらく張力の寄与）}} = 0 \qquad (5.25)$$

となる（5-6図参照）．$\theta \ll 1$ として

$$\cos\theta \approx 1, \qquad \sin\theta \approx \tan\theta \approx \left(\frac{\partial w}{\partial x}\right)_x, \qquad \sin\theta' \approx \tan\theta' \approx \left(\frac{\partial w}{\partial x}\right)_{x+dx}$$

と近似すると，----- 部は

$$S\,dy\left[\left(\frac{\partial w}{\partial x}\right)_{x+dx} - \left(\frac{\partial w}{\partial x}\right)_x\right] \approx S\,dx\,dy\frac{\partial^2 w}{\partial x^2}$$

となる．〰〰 部についても同様に近似し，(5.25) から次式を得る（プラント

ル，1903)：

$$\frac{\partial^2 w}{\partial x^2}+\frac{\partial^2 w}{\partial y^2}\equiv \Delta w=-\frac{\delta p}{S} \quad (5.26\,\mathrm{a})$$

境界上で

$$w=0 \quad (5.26\,\mathrm{b})$$

このように，いくつもの異なった問題が同一タイプの方程式に支配されることが示された．もしそれらのうちの一つの問題が解ければ他の問題も解けたことになる．このようにアナロジーの活用は物理学においてしばしば有効な手段となっている．一般に，「弾性体の棒の，軸の周りのねじれにおける変形」と，「同じ形の領域内に満たされた粘性流体の軸方向流れ」の間にはアナロジーのあることが証明される．これを**サン・ブナンの定理**とよぶ．

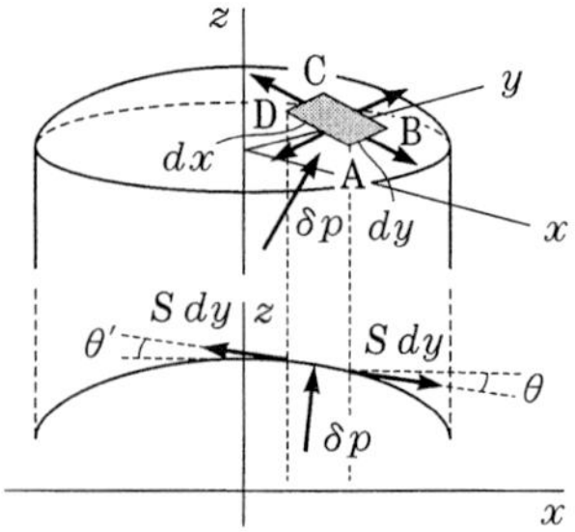

5－6図　膜のもりあがり

［**例題 1**］　半径 a の円柱のねじりについて論ぜよ．

［**解**］　式 (5.23 a) を円柱座標で表す（付録 B［1］）．xy 面内では等方的である（θ には依らない）から

$$\Delta\Psi=\frac{1}{r}\frac{d}{dr}\left(r\frac{d\Psi}{dr}\right)=-\frac{2\Theta}{L}$$

これを解いて，境界条件を使うと（もちろん変位は有限であることを考慮する）

$$\Psi=\frac{\Theta}{2L}(a^2-r^2) \qquad (5.27)$$

となる．(5.22) から $\psi=$ 一定，さらに (5.19) から $\phi=$ 一定 $(=0)$ を得る．円柱をねじっても自由端は平面のまま保たれる．

［**例題 2**］　一辺の長さ b の正三角柱のねじりについて論ぜよ．

［**解**］　これも前問と同様に (5.23) を解けばよい．

境界条件 (5.23 b) とラプラス演算子が x, y について 2 階の微分だけを含むこと，などを考慮して，めのこで解を求めてみよう．5－7 図のように正三角柱を置き，境界上で $\Psi=0$ とするために

$$\Psi = A\left(x + \frac{b}{2\sqrt{3}}\right)\left(x - \frac{b}{\sqrt{3}} + \sqrt{3}\,y\right) \times \left(x - \frac{b}{\sqrt{3}} - \sqrt{3}\,y\right) \tag{5.28}$$

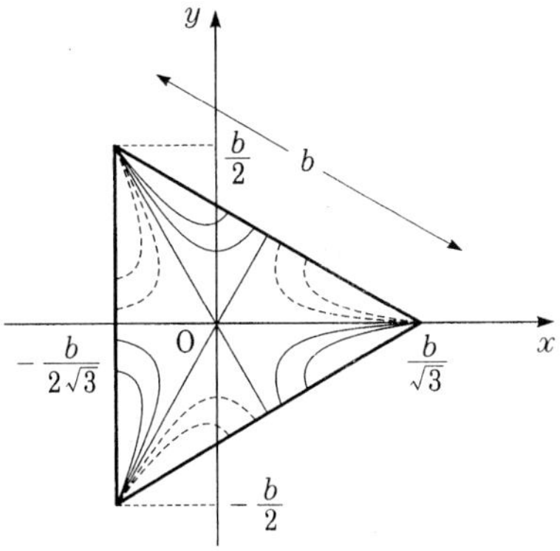

5 - 7 図　正三角柱のねじれによる湾曲

と仮定してみよう．これを (5.23 a) に代入すると $\Delta\Psi = -2\sqrt{3}\,Ab = -\dfrac{2\Theta}{L}$ であるから，$A = \dfrac{\Theta}{\sqrt{3}\,bL}$ と選べばよいことがわかる．これらを (5.22)，(5.19) に代入し，

$$\psi = A(x^3 - 3xy^2) + \text{定数}, \qquad \phi = A(y^3 - 3x^2y) + \text{定数}$$

を得る．2 次元の極座標系 (r, θ) では

$$\phi = -Ar^3 \sin 3\theta, \qquad \psi = Ar^3 \cos 3\theta$$

と表すこともできる．

5 - 7 図に z 方向の変位の等高線を示す．実線は平面より盛り上がり，鎖線はくぼむ部分を表す．A の符号により上の図と逆の凹凸も起こりうるが，60 度ごとに凹凸が交代するということは変らない．

［**注**］ いままで述べてきたことは，複素数の導入により簡潔に表現することができる．

(5.19) 式は複素関数論でよく知られている**コーシー - リーマンの関係式**である．ϕ，ψ は互いに共役な調和関数であり，$f = \phi + i\psi$ は $z = x + iy$ の解析関数である．ここで i は虚数単位 $(i^2 = -1)$．したがって，ねじりの問題は

$$\text{弾性体領域内で正則(微分可能)} \tag{5.29 a}$$

であり，

$$\text{境界上で}\quad \mathrm{Im}\, f(z) = \frac{\Theta}{2L} r^2 + C \qquad (C\text{ は定数}) \tag{5.29 b}$$

であるような $f(z)$ を求める問題に帰着される．ただし Im は虚数部を表す．

たとえば，(a)　円柱では $f(z) = 0$

(b)　楕円柱では $f(z) = ikz^2$　（［問題 3］参照）

(c)　正三角柱では $f(z) = ikz^3$

余　談

ツノのねじれ

ツノの堅い部分は生きた細胞の分泌物で作られたもので，それ自身は生命をもっているものではないが，一度作られた部分はそのまま残り，新しく作られた部分がその根元の部分につけ加わって成長していく．多くの動物のツノでは，常に自己相似な形を保つように成長するために，その形は(a)基本的には円錐状である．もしこの円錐のひとつの直径の両側で成長速度が異なれば，(b)のように平面的な**等角らせん**(数学的には $r = \exp(\kappa\theta)$ の型で表現される．これは逆に $\theta = k\log(r)$ とも書けるので**対数らせん**ともよばれる)になる．たとえばサイのツノ．このほかに歯，くちばし，爪，なども同類．これに対して，同時期に成長する場所の中で成長速度が異なる場合には一般に ねじれ を生じる．ある種のツノや巻貝(c)などのように断面が円形に近いものがその例である．もし断面が円形でないツノにねじれが生じると，その根元の部分は一平面上には乗らなくなる．図(d)はオオツノヒツジの例であるが，ツノの付け根付近での凹凸(e)は5－7図に示した三角柱のねじれによる湾曲とよく似たものとなっている（ウシのツノのように断面が円形に近いものではこのような湾曲は認められない)．

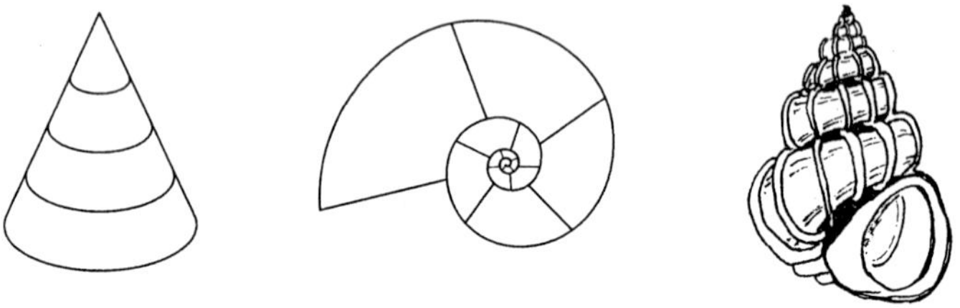

(a) 円錐型の成長　(b) 等角らせん(対数らせん)　(c) らせん的なねじれ

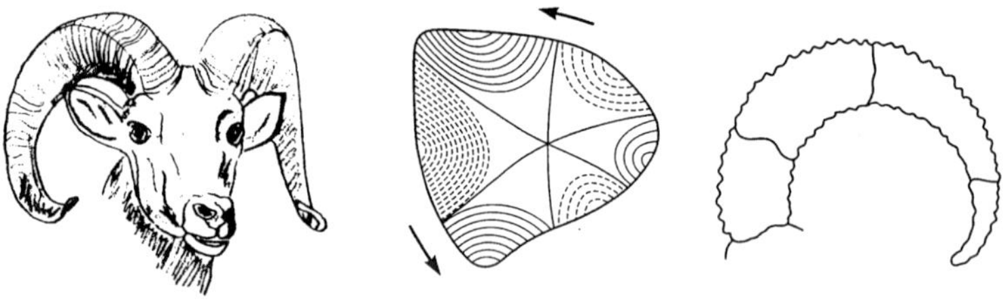

(d) オオツノヒツジのツノ　(e) 断面の湾曲

5－8図

［これから $\phi = k(y^3 - 3x^2y)$，　$\psi = k(x^3 - 3xy^2)$］

などが導かれる．

［**問題3**］ 長軸 a，短軸 b の楕円柱の ねじり による湾曲を求めよ．

§5.3 弾性体を伝わる波（その2）

弾性体を伝わる波についてはすでに第3章で述べた．そこでは1次元的な変位というもっとも簡単な場合について初等的な解説を試みた．ここでは弾性体の基礎方程式に基づいて，同様の問題をより一般的な立場から考察しよう．ただし，簡単のために外力 $\boldsymbol{K}$ はないと仮定する．

（1） 平面波

無限に広い弾性体の中で x 軸方向に伝わる平面波を考えてみよう．直角座標系 (x, y, z) を用い，変位ベクトルを $\boldsymbol{u} = (u, v, w)$ と表すと，yz 平面内では変位がどこでも一様であるから $\boldsymbol{u} = \boldsymbol{u}(x, t)$ であり，(5.4) 式は

$$\rho\frac{\partial^2 u}{\partial t^2} = (\lambda + 2\mu)\frac{\partial^2 u}{\partial x^2}, \qquad \rho\frac{\partial^2 v}{\partial t^2} = \mu\frac{\partial^2 v}{\partial x^2}, \qquad \rho\frac{\partial^2 w}{\partial t^2} = \mu\frac{\partial^2 w}{\partial x^2} \tag{5.30}$$

となる．これらはいずれも1次元の波動方程式であり，u は伝播速度が

$$c_l = \sqrt{\frac{\lambda + 2\mu}{\rho}} \tag{5.31}$$

の縦波（変位と伝播方向が平行な波）を，v や w は伝播速度が

$$c_t = \sqrt{\frac{\mu}{\rho}} \tag{5.32}$$

の横波（変位が伝播方向に垂直な波）を表す．

式 (4.33)，(4.30) を用いてラメの定数 λ, μ をヤング率 E，ずれ弾性率 G とポアソン比 σ で表すと

$$c_l = \sqrt{\frac{(1-\sigma)E}{(1-2\sigma)(1+\sigma)\rho}} = \sqrt{\frac{\tilde{E}}{\rho}}, \qquad c_t = \sqrt{\frac{G}{\rho}} \tag{5.33}$$

となる．ただし $\tilde{E}$ は弾性体の棒の横方向の変位を抑えた場合の1次元的な実効的ヤング率で，(4.34) 式ですでに求めたものである．yz 方向に体積変化をともなわない波の場合には，$\sigma = 0$ したがって $\tilde{E} = E$ であるから，$c_l = \sqrt{E/\rho}$ となり，(3.5) 式と一致する．また，ずれ変形では体積変化をともなっていないので c_t は (3.18) 式と一致する．

（2） 3次元の弾性波

ベクトル解析の一般論にしたがって，変位ベクトル $\boldsymbol{u}$ をつぎの2つの部分に分解して考えてみよう：

$$\boldsymbol{u} = \boldsymbol{u}_1 + \boldsymbol{u}_2 \qquad \text{ただし} \qquad \mathrm{div}\,\boldsymbol{u}_1 = 0, \qquad \mathrm{rot}\,\boldsymbol{u}_2 = 0 \tag{5.34}$$

これらを (5.4) に代入すると（$\boldsymbol{K} = 0$ とした）

$$\rho\frac{\partial^2}{\partial t^2}(\boldsymbol{u}_1 + \boldsymbol{u}_2) = (\lambda + \mu)\nabla(\mathrm{div}\,\boldsymbol{u}_2) + \mu\Delta(\boldsymbol{u}_1 + \boldsymbol{u}_2) \tag{5.35}$$

（i） 体積ひずみの波

まず，(5.35) 式の両辺に div を作用させると

$$\begin{aligned}\rho\frac{\partial^2}{\partial t^2}(\mathrm{div}\,\boldsymbol{u}_2) &= (\lambda + \mu)\Delta(\mathrm{div}\,\boldsymbol{u}_2) + \mu\Delta(\mathrm{div}\,\boldsymbol{u}_2) \\ &= (\lambda + 2\mu)\Delta(\mathrm{div}\,\boldsymbol{u}_2)\end{aligned} \tag{5.36}$$

を得る（ここで $\mathrm{div}\,\nabla = \Delta$ を用いた）．§4.2 で見たように $\mathrm{div}\,\boldsymbol{u}_2 = e_{kk}$ は体積膨張率を表すから，(5.36) 式，すなわち

$$\rho\frac{\partial^2}{\partial t^2}e_{kk} = (\lambda + 2\mu)\Delta e_{kk} \tag{5.37}$$

は**体積ひずみの波**を表す波動方程式となっている．これは縦波で，波の伝わる速度は $v = \sqrt{(\lambda + 2\mu)/\rho}$ である．

（ii） ねじれの波

次に，(5.35) 式の両辺に rot を作用させると

$$\rho\frac{\partial^2}{\partial t^2}(\mathrm{rot}\,\boldsymbol{u}_1) = \mu\Delta(\mathrm{rot}\,\boldsymbol{u}_1) \tag{5.38}$$

を得る(ここで $\mathrm{rot}\,\nabla = \mathbf{0}$ を用いた)．(4.13) 式で示したように，回転の角度 $\boldsymbol{\Omega} = (1/2)\mathrm{rot}\,\boldsymbol{u}_1$ であるから，(5.38) は

$$\rho \frac{\partial^2}{\partial t^2}\boldsymbol{\Omega} = \mu \Delta \boldsymbol{\Omega} \tag{5.39}$$

となる．これは**ねじれの波**または**微小回転の波**の伝播を表す波動方程式で，速度 $v = \sqrt{\mu/\rho}$ で伝わる横波を表す．

xy 面内でのねじれが z 軸方向に伝播する場合には，$\boldsymbol{\Omega} = (0, 0, \Omega)$ とおいて

$$\rho \frac{\partial^2 \Omega}{\partial t^2} = \mu \frac{\partial^2 \Omega}{\partial z^2}$$

を得る．これは(3.16) 式と一致する．(ただし，(4.30) 式で確かめた $\mu = G$ の結果を用いる．)

(3) 自由境界における反射

弾性体領域の広がりが有限であったり，弾性率の異なる弾性体が隣り合ったりしている場合には，その境界面で弾性波が反射や屈折を起こす．5-9 図のような自由境界面 $z = 0$ に向かって弾性波が入射したとしよう．入射面内に xz 面を選び，簡単のために $z > 0$ の側は真空または空気とする．境界では応力が連続になっているから

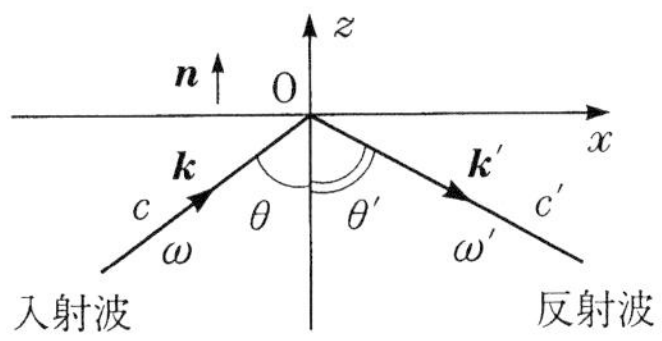

5-9 図　自由境界面での反射

$$p_{xz} = p_{yz} = p_{zz} = 0 \tag{5.40}$$

である．これらを満たすためには，振動数と境界面に平行な方向(x 方向)の波数が保存されなければならない．すなわち，入射波［反射波］の振動数を $\omega[\omega']$，波数を $k[k']$，境界面の法線（z 軸）との角度を $\theta[\theta']$ などと書くと(反射波に対しては［　］内の文字が対応する)，これらは

$$\omega = \omega', \qquad k \sin\theta = k' \sin\theta' \tag{5.41}$$

を満たす．波の進行速度 c は一般に $c = \omega/k$ で与えられるから，(5.41) から

$$\frac{c}{\sin\theta} = \frac{c'}{\sin\theta'} \tag{5.42}$$

を得る．これは光の反射や屈折における**スネルの法則**と同じである．

一般に，縦波や横波のどちらかが入射したとしても，(5.40)を満たさなければならないために反射波にはその両方が誘起される．縦波や横波の伝播速度は (5.31)，(5.32) で与えられており，

$$\frac{c_l}{c_t} = \sqrt{\frac{\lambda + 2\mu}{\mu}} = \sqrt{\frac{2(1-\sigma)}{1-2\sigma}} = \sqrt{1 + \frac{1}{1-2\sigma}} > 1 \tag{5.43}$$

である．縦波と横波の伝播速度が異なることを考慮してつぎの2つの場合を考えよう．

(i)　縦波が入射した場合

5-10図 (a) に示したように，縦波の入射に対する縦波の反射波では，(5.42) において $c = c' = c_l$ であるから，反射角は $\theta' = \theta$ である．これに対して横波の反射角 θ'' は $c_l \sin\theta'' = c_t \sin\theta$ から決まる．(5.43) 式から明らかなように $\theta'' < \theta$ である．

(ii)　横波が入射した場合

5-10図(b) に示したように，横波の入射に対する横波の反射波では，

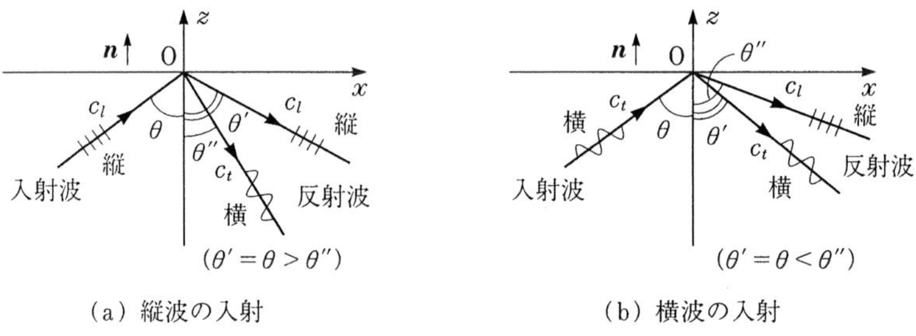

(a) 縦波の入射　　(b) 横波の入射

5-10図

(5.42)において $c=c'=c_t$ であるから，反射角は $\theta'=\theta$ である．これに対して縦波の反射角 θ'' は $c_t \sin\theta''=c_l \sin\theta$ から決まる．この場合には $\theta''>\theta$ である．特に $\theta''=\pi/2$ のときには**全反射**が起こり，表面に沿って縦波が伝わる．このときの臨界角は $\theta_{\mathrm{cr}}=\arcsin(c_t/c_l)$．

余　談

レイリー波，ラヴ波

自由境界面に向かって進んできた横波の入射角がある臨界値 θ_{cr} を超えると全反射が起こり，界面に沿って縦波が伝わっていくことを述べた．しかし，実はこれ以外にも境界面付近に局在した弾性波が存在する．その一つは**レイリー波**とよばれているものである(1886 年)．これは弾性率の異なる弾性体が隣接している場合に，その界面での応力の連続性から，縦波と横波が特定の比率で組合さった波が引き起こされ伝播していくのである．表面付近は，水の波に似た変位が生じ（5 - 11 図を参照），かなり遠方まで伝わっていく．レイリー波は地震にともなってしばしば観測される（5 - 13 図 (a) を参照)．

また，表面付近に弾性率の異なる薄い層がのっているような場合には，この層の中で弾性波が全反射をくり返しながら伝わっていく（5 - 12 図参照)．このような波は**ラヴ波**とよばれている．

実際の地震波の場合には，媒質が不均一であり，また置かれている応力状態もまちまちなので，解析は大変複雑なものとなる．しかし，地震波の世界規模での観測によって地球内部の平均的な弾性率の分布や，不連続層の様子がかなりくわしく調べられている（5 - 13 図 (b) 参照)．

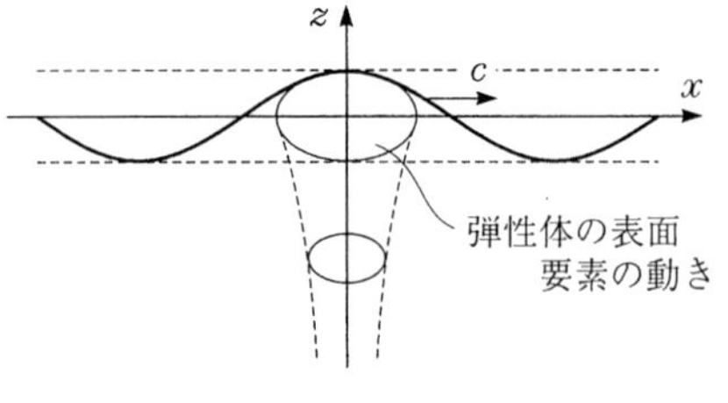

5 - 11 図　レイリー波

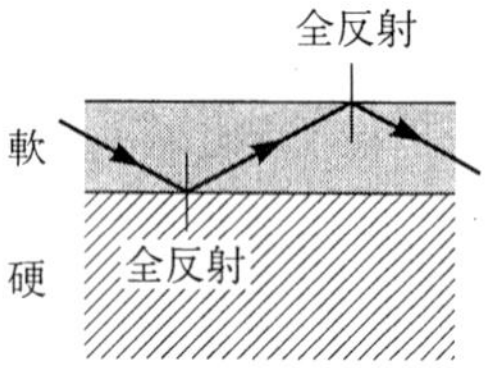

5 - 12 図　ラヴ波

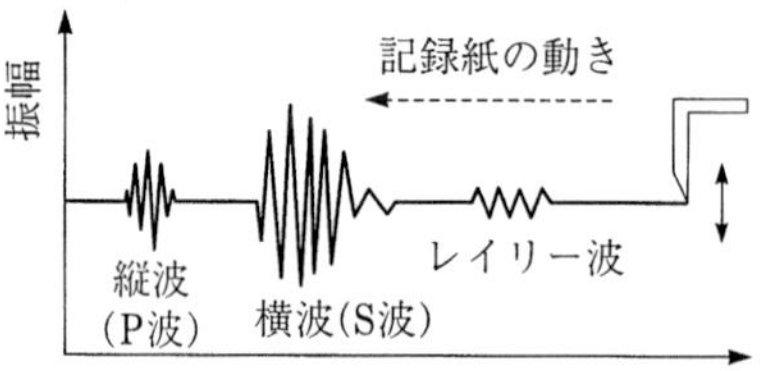

(a) 地震波の記録(概念図)

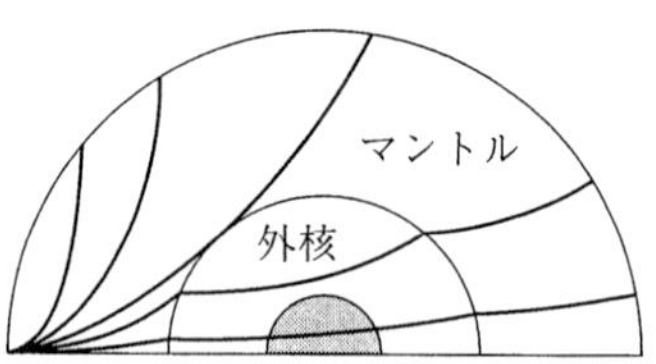

(b) 地震波を利用した地球内部構造の探索

5 - 13 図

6 流体の変形と運動

流体の特徴が，流動性にあることはすでに第1章で述べた．不動であることの代表であるような大地でさえも，マントル対流のような現象を考える場合には流体と考えるのが妥当である．これらは運動の時間スケールや流体の変形しやすさの違いによる．ここではまず静止状態にある流体について考察する．次にもっとも簡単な流れを例にとり，流体の運動を特徴づけるうえで重要な粘性率という物理量について述べる．さらに，流体運動を記述するのに便利な流線や流跡線などの概念についても述べる．

§6.1 圧 力

流体を容器に注いで静止するまで待ってみよう．この場合，どのような形の容器に注いでもそれは容器内のすみずみまでゆきわたり，途中のどこかに真空の領域ができたりすることはない．もちろん，流体が容器の全体を満たすだけの分量に足りない場合には，下方から順に満たされた流体の部分について考えている．これに対して，ゴムのような弾性体の塊や，砂粒のような固体粒子の集まりではどうであろうか．これらの媒質は，容器内の狭い凹部を埋め尽くすことができるとは限らない．したがって，自由に変形してどのように狭い領域をも満たすことができるという性質は流体のもつ著しい特徴である．

（１） 静止流体と圧力

流体の静止状態（**静止流体**）を考えてみよう．流体は分子（ここでは原子も含めた構成要素を代表して分子とよぶことにする）の集合体であり，通常の温度では，一つ一つの構成分子は絶えず運動している．したがって，ここでいう静止状態とは，流体内部のいたるところで速度の時間平均が0であるものをいう．

いま静止流体中に勝手な面を考えると，この面には接線応力ははたらかない．そもそも応力は分子が面に衝突して運動量を与えるときに生じるものである．したがって，静止流体であれば，衝突する分子のうちで面に平行な速度成分が互いに逆の分子がいつも等しい確率で存在するから，平均的にみて面に平行な力が残ることはない．これに対して，法線応力だけは残る．なぜなら，もし面の裏表から同じ強さで互いに逆向きに分子の衝突があっても，面に加えられる力の合力は0になり，"静止状態"が可能だからである．もっともこれは圧力についてであって，張力が起こりえないことは衝突過程を考えれば明らかであろう．以上のことを数学的に表現すると

$$p_{ij} = -p\,\delta_{ij} \tag{6.1}$$

となる．

［**例題1**］ 6-1図のような，x 軸方向を法線方向とする面にはたらく応力を書き，これを参考にして(6.1)の表現を確かめよ．

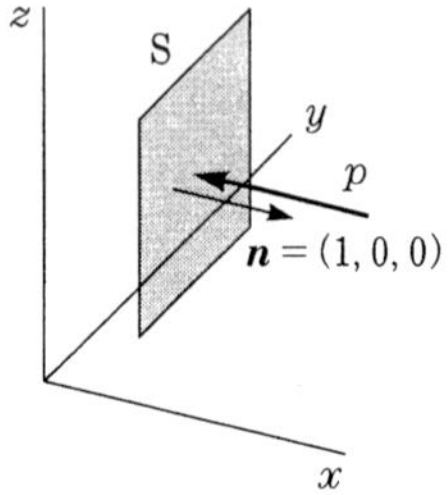

6-1図

［**解**］ 面Sの法線 $\boldsymbol{n}$ は x 軸方向なので，これにはたらく応力は

$$\boldsymbol{p}_n = \boldsymbol{p}_x = (p_{xx},\ p_{yx},\ p_{zx})$$

である．図より

$$p_{xx} = -p, \qquad p_{yx} = p_{zx} = 0$$

これらをまとめて

$$p_{ix} = -p\,\delta_{ix} \qquad (i = x,\ y,\ z)$$

y, z 軸方向を法線とする面についても同様なので

$$p_{iy} = -p\,\delta_{iy}, \quad p_{iz} = -p\,\delta_{iz} \quad (i = x, y, z)$$

$$\therefore \quad p_{ij} = -p\,\delta_{ij} \quad (i, j = x, y, z)$$

となる．§4.3 で述べたように，δ_{ij} は等方性テンソルであるから，座標系の選び方によらない．したがって，圧力はどの向きをもった面に対しても等しい．

(2) 静水圧

一様な重力の下に置かれた静止流体中の圧力を求めよう．6-2図 (a)のように，表面から深さ h までの柱状部分について力のつり合いを考える．この柱状部分の底面積を S，ここにはたらく圧力を p，大気圧を p_∞，鉛直下向きの一様な重力加速度を g，流体の密度を ρ とする．底面では圧力 p が下方から，また上方からは，その上の柱状部分に含まれる流体の重量と大気圧 p_∞ が下向きにはたらくから，

$$pS = p_\infty S + (\rho h S) g, \quad \therefore \quad p = p_\infty + \rho g h \tag{6.2}$$

となる．この圧力 p を**静水圧**とよぶ．

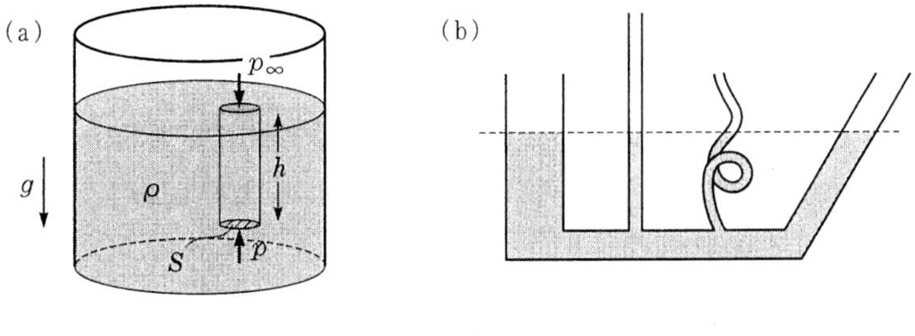

6-2図

この結果は，静水圧が流体の深さだけに依存していて，容器の形状には影響されないことを示している (図 (b) を参照)．もちろん，つながっている流体では，表面の高さはどの部分でも等しい．

［**問題 1**］　深さ 10000 m (1.0×10^4 m) の深海における圧力を計算せよ．ただし，海水の密度は 1.0×10^3 kg/m^3，大気圧は 1.0×10^5 Pa であるとせよ．

(3) パスカルの原理と水圧器

6－3図のように，鉛直部分の断面積 S_1，S_2 の異なる容器がパイプでつながれている．これらには流体が満たされており，両側の水面には上下に移動できるふたが乗せてある（すなわちピストンになっている）とする．重りを乗せる前には，静水圧のつり合いにより，流体は両側の水面の高さが等しい状態で静止している．

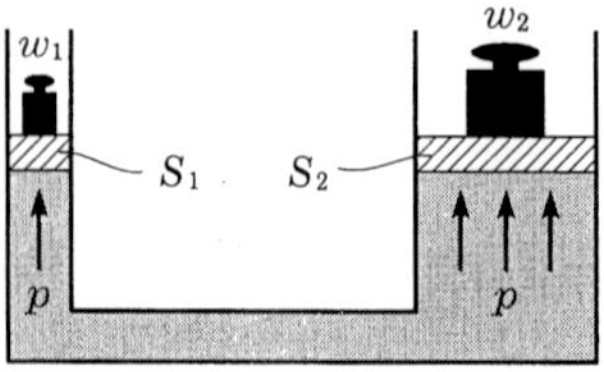

6－3図

さて，断面積 S_1 の容器のふたの上に重量 w_1 の重り，断面積 S_2 の容器のふたの上に重量 w_2 の重りを乗せたときに再びつり合ったとする．初めの状態に比べて前者では w_1/S_1 だけ圧力が増加している．この圧力増加は密閉容器内のどの面においても等しいので，断面積 S_2 の容器のふたの部分にはたらく圧力の増加量 w_2/S_2 とも等しいはずである．したがって，$w_1/S_1 = w_2/S_2$，あるいは，$w_2/w_1 = S_2/S_1$．すなわち，面積比倍の重量が支えられることになる．これが**水圧器**として知られているもので，自動車の修理の際に車両を持ち上げて作業をするための機械(カーリフト)，あるいは油圧ブレーキや油圧ジャッキなど力を必要とするさまざまな流体機械に使われている．このように，

「密閉した容器内の静止流体において，いずれか1点で
圧力が増加すると，他のどの点においても圧力の増加が　(6.3)
等しくなっている」

これは**パスカルの原理**（1653年頃）として知られている．

[**例題2**]　半径5 cmの小さなピストンに圧縮空気で力を加え，他端にある半径15 cmの大きさのピストンで車を持ち上げるカーリフトがある．車の重さが1トンであるとき，これを支えるのに必要な空気圧を求めよ．

[**略解**]　車がピストンに与えている力 F_2 は1トン重 $= 9.8 \times 10^3$ N である．これを支えるために小さなピストンに加えるべき力は $F_1 = F_2 \times (S_1/S_2) = 9.8 \times 10^3 \times (5/15)^2$ N $\fallingdotseq 1.1 \times 10^3$ N でよい．この力を生じるために必要な空気の圧力

p_1 は $p_1 = F_1/S_1 = 1.1 \times 10^3/(\pi(0.05)^2) = 1.4 \times 10^5\ \mathrm{Pa} \fallingdotseq 1.4$ 気圧.

［**問題 2**］ 6-4 図 (a), (b) で水の飛び出す様子を議論せよ. (b) では高さによる圧力の影響は無視してよい.

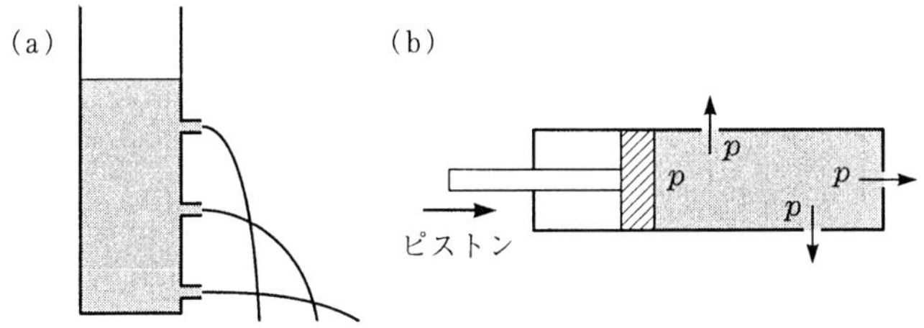

6-4 図

（4） アルキメデスの原理

6-5 図 (a) のように, 断面積 S, 体積 V の物体が密度 ρ の流体中に完全につかっているとする. 重力加速度は下向きで大きさは g とする. このとき, 物体下面には静水圧 $p_1 = p_\infty + \rho g h_1$ による上向きの力 $F_1 = p_1 S$ が, また上面には静水圧 $p_2 = p_\infty + \rho g h_2$ による下向きの力 $F_2 = p_2 S$ がはたらく. したがって, 全体として

$$F = F_1 - F_2 = p_1 S - p_2 S = (p_\infty + \rho g h_1)S - (p_\infty + \rho g h_2)S$$
$$= \rho g (h_1 - h_2) S = \rho g V$$

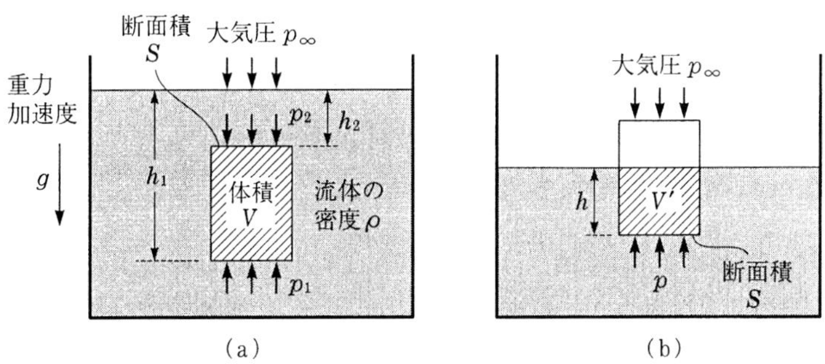

6-5 図

の大きさの上向きの力がはたらく．これを**浮力**とよぶ．浮力の大きさが物体の排除した流体の重量に等しいという関係はもっと複雑な形の物体に対しても成り立つ．また，図 (b) のように物体が部分的に流体につかっている場合にも浮力は $F = (p_\infty + \rho gh)S - p_\infty S = \rho ghS = \rho gV'$（$V'$は流体につかっている部分の体積）によって与えられる．いずれの場合にも

「物体にはそれが排除した流体の重量に等しい大きさの浮力がはたらく」 (6.4)

という法則が成り立つ．これを**アルキメデスの原理**（紀元前 3 世紀）という．

§6.2 粘性率

無限に広い 2 つの平行な平板の間に流体を満たす．板が水平であれば流体は静止するはずである．いま，下側の板を固定し上側の板に面に平行な力を加えた結果，上面が一定の速度 U で動いたとしよう．この力は，§1.2 で述べたのと同様に，単位面積当り τ の大きさ（すなわち，接線応力が τ）であるとする．通常の流体は板の表面でスリップすることはないと考えられるから，上面に隣接する流体は速度 U で動き，下面に隣接する流体は静止している．板の間の流体領域では上下の流体分子との非弾性衝突によりつぎつぎと運動量がやりとりされるので，速度は 6-6 図のように壁からの距離に比例して一定の割合で変化していくと考えられる（次ページの［注］を参照）．

この様子を数学的に表現するために，板に垂直に y 軸を，下の面内に xz 面をとり，上面の平行移動する方向に x 軸が一致するように選ぶと，速度 $\boldsymbol{v} = (u, v, w)$ は x 成分だけ（$v = w = 0$）であり，u は y だけに依存することになる（x，z 方向に無限に広がっていると仮定しているので，特定の点から測った距離である座標 x や z が数式に現れる理由がない）．板の間隔を h とすると，いまの例では速

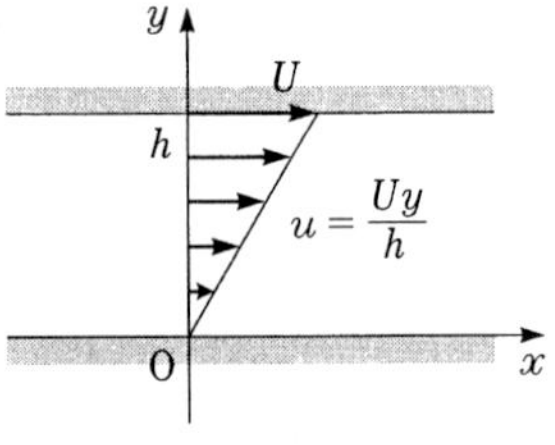

6-6 図 流体層のずれ

度は

$$u = \frac{Uy}{h} \tag{6.5}$$

と表され，速度勾配 $du/dy(= U/h)$ は一定である．実験によると水や空気のような身近な流体では，この速度勾配が応力 τ に比例することが知られている(これを**ニュートンの粘性法則**とよぶ)．したがって，比例係数を $1/\mu$ として

$$\frac{du}{dy} = \frac{1}{\mu}\tau \tag{6.6}$$

と書ける．

［**注**］ 上の板だけが右向きに速度 U で動くときに，仮に，速度分布が 6-7 図 (a) のように直線的でなかったとしよう．そこで，この系全体を右向きに速度 U で移動しながら観測したとすると，上面が静止し下面が左へ U で移動することになるので，(b)のような速度分布になるはずである (ガリレイ変換)．ところで上下の板は同等であるから，(b)の上下左右の位置関係を逆にして得られる(c)は(a)と同じ形にならなければならない．この条件を満たすのは，速度分布が直線的な場合に限られる．

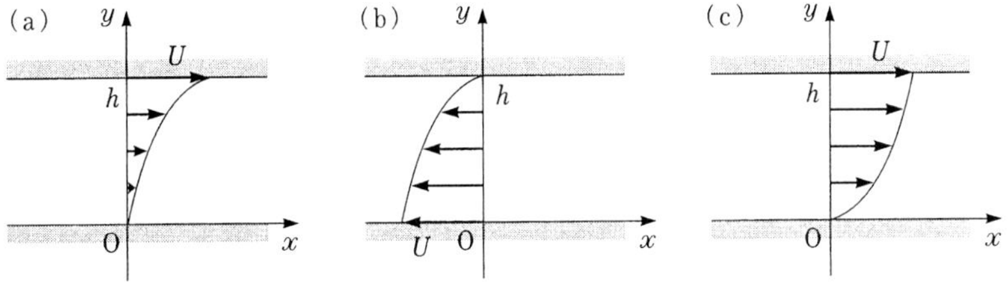

6-7図　ガリレイ変換と対称性

同じ大きさの応力 τ に対して，水飴や蜂蜜のように粘い流体では速度勾配は小さくなっているから，μ は大きいことになる．また，逆に空気のようにさらさらとして動きやすい流体では速度勾配が大きい，すなわち μ は小さいことになる．したがって，比例係数 μ は流体の粘さを表す物質定数であるといえる．これを**粘性率**とよぶ．これは密度 ρ とともに流体の性質を特徴づける

6-1表 いろいろな物質の粘性率と密度

物質名	粘性率 μ [g/cm s]	密度 ρ [g/cm^3]	動粘性率 ν [cm^2/s]
水	1.002×10^{-2}	0.9982	1.0038×10^{-2}
メチルアルコール	0.594×10^{-2}	0.793	0.749×10^{-2}
エチルアルコール	1.197×10^{-2}	0.789	1.517×10^{-2}
グリセリン	14.95	1.264	11.83
水銀	1.56×10^{-2}	13.59	0.115
空気	1.81×10^{-4}	1.205×10^{-3}	0.150

（注） 数値は主として「理科年表」による．これらはいずれも温度や圧力などにより変化する．
表の値は 20℃，1 気圧での測定値．μ の単位は SI 系で [Pa s]＝[N s/m^2]，CGS 系では [g/cm s]＝[poise]（ポアズ）である．1 [Pa s]＝10 [poise]．

重要なパラメターである．6-1表にいくつかの流体の粘性率 μ と密度 ρ，および後に議論する動粘性率 $\nu(=\mu/\rho)$ を示す．

弾性体の ずれ変形と比較してみよう．6-8図のように直方体領域の下面を固定し，上面に応力 τ を加えたときに側面 AD や BC の傾く角度を θ，x 方向の変位を $\xi(y)$ とすると，$\theta \ll 1$ の場合には

$$\theta = \frac{d\xi}{dy} = \frac{1}{G}\tau_{弾} \qquad あるいは \qquad \tau_{弾} = G\theta = G\frac{d\xi}{dy} \tag{6.7}$$

と表されることはすでに §1.2 (5) で述べた．これを流体の場合の (6.6) 式と比較すると

$$\tau_{流} = \mu\frac{du}{dy} = \mu\frac{d}{dy}\left(\frac{d\xi}{dt}\right) = \mu\frac{d}{dt}\left(\frac{d\xi}{dy}\right) = \mu\frac{d\theta}{dt} = \mu\dot{\theta}$$

6-2表 流体と弾性体の比較

流　体	弾性体
速度 $u(=\dot{\xi})$	ずれひずみ ξ
粘性率 μ	ずれ弾性率 G
$\tau=\mu\dfrac{du}{dy}=\mu\dfrac{d\dot{\xi}}{dy}$	$\tau=G\dfrac{d\xi}{dy}$

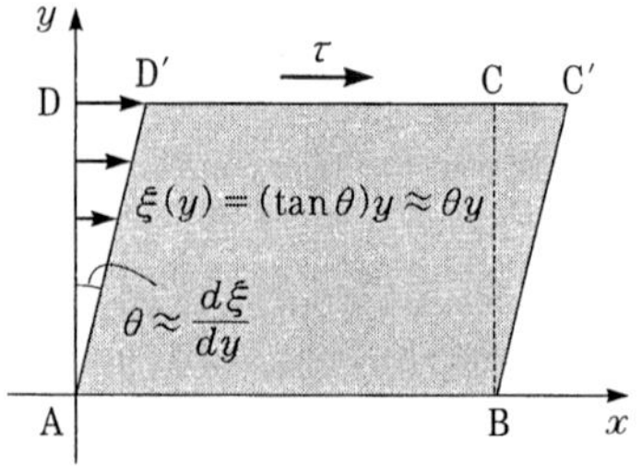

6-8図 弾性体のずれ

であるから，6-2表のような対応のあることがわかる．ひずみの時間変化 $\dot{\xi}$ は速度 u に等しいから，弾性体の理論で述べたひずみと応力の関係式でひずみを時間について微分すれば，そのまま流体の理論にあてはめられることが予想されよう．

余　談

レ オ ロ ジ ー

流動する物質一般を対象とする学問は**レオロジー**とよばれている．rheo- はギリシャ語の $\rho\varepsilon\omega$，すなわち“流れる”という意味である．この分野では粘性も弾性も，したがってひずみ γ とひずみ速度 $\dot{\gamma}$ のどちらも登場する．流体力学では，主として流れが物体におよぼす力に着目するので，(6.6)の関係式を $\tau=\mu(du/dy)$ と書き，6-9図(a)のように横軸に速度勾配，縦軸に応力 τ を書くのがふつうである．これに対してレオロジーでは，ひずみ速度がどのように応力に依存するかを問題にすることが多いので，図(b)以降のように横軸に応力 τ，縦軸に $\dot{\gamma}$ を選ぶのが習慣となっているようである．また，粘性率も流体力学では μ という文字を慣用とするが，レオロジーの分野では η という文字を用い

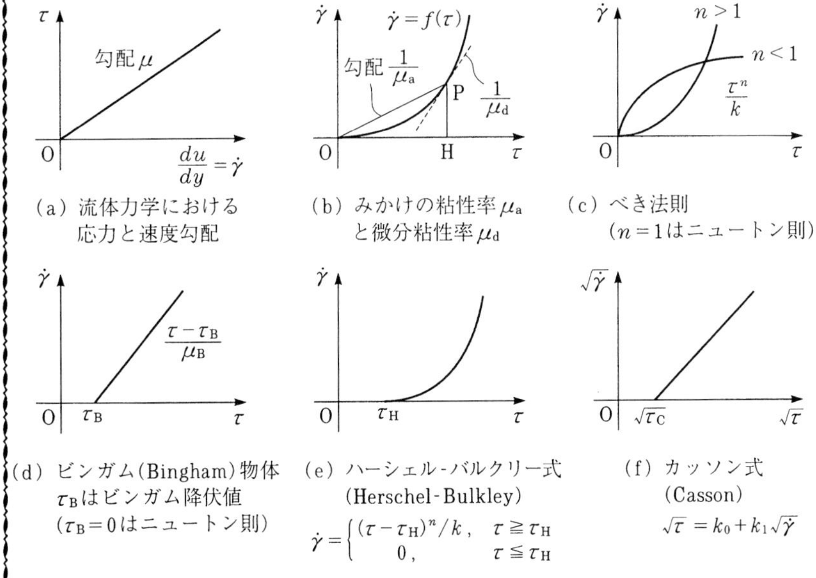

(a) 流体力学における応力と速度勾配

(b) みかけの粘性率 μ_a と微分粘性率 μ_d

(c) べき法則 ($n=1$ はニュートン則)

(d) ビンガム(Bingham)物体 τ_B はビンガム降伏値 ($\tau_B=0$ はニュートン則)

(e) ハーシェル-バルクリー式 (Herschel-Bulkley)

$$\dot{\gamma}=\begin{cases}(\tau-\tau_H)^n/k, & \tau \geqq \tau_H \\ 0, & \tau \leqq \tau_H\end{cases}$$

(f) カッソン式 (Casson)

$$\sqrt{\tau}=k_0+k_1\sqrt{\dot{\gamma}}$$

6-9図　いろいろな流動曲線

る.

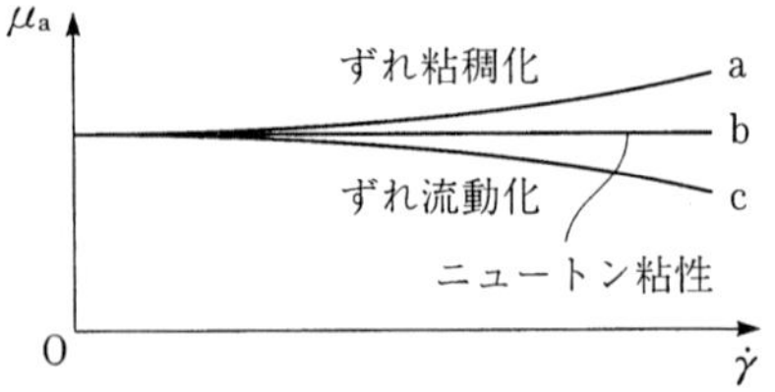

6-10図　μ_aの$\dot\gamma$依存性

一般に，$\dot\gamma = f(\tau)$ の関係は**流動曲線**とよばれている. 図 (b)における直線OPで定義される $\mu_a = \tau/\dot\gamma = \tan(\angle \mathrm{OPH})$ をP点での**みかけの粘性率**，その点での勾配で定義される $\mu_d = d\tau/d\dot\gamma$ を**微分粘性率**とよぶ. これらは一般に応力 τ の大きさによって変化する. いくつかの典型的な流動曲線を図 (c)～(f) に示す. これらの例のうち(d)はペンキなどによく見られ，ある大きさ以上の力をかけると流体のように流れ出す様子を表している. また，(e)や(f)は血液の流動を特徴づける経験式として使われる. 6-10図の曲線aはずれ速度とともに μ_a が増大するもので**ずれ粘稠化**，曲線cはずれ速度とともに μ_a が減少するもので**ずれ流動化**とよばれる(曲線bはニュートン粘性). ここで述べてきたような非ニュートン性は高分子溶液や融液，コロイド粒子の分散系などによく見られるものであり，液体内の巨大分子がゆるいネットワークで結ばれていたり，分子同士が凝集したり，あるいは一つ一つの構成分子が流れの中で大変形したり配向したりすることによって生じると考えられている.

［注］ **粘 弾 性**

われわれの身の回りにあるプラスティックや繊維などの高分子物質や，血液，血管，関節滑液，原形質などの生体物質では，応力を加えても ひずみ が瞬間的には一定の値にはならずに徐々にその値に漸近していく現象 (これを**遅延弾性**という) や，一定の ひずみ を与えておくと応力が徐々に解消していく現象 (これを**応力緩和**という) などが観測されることが多い. これらは流体と弾性体の両方の性質が共存しているために生じるもので，この性質を**粘弾性**とよぶ.

(i) 粘弾性にもいろいろあるが，ひとつの簡単なモデルとして応力 τ とひずみ勾配 γ($\gamma = d\xi/dy$) の間に

$$\tau = G\gamma + \mu\dot\gamma$$

の関係があると仮定してみよう. 右辺の第1項はフックの法則で与えられる弾性体の性質を，また第2項はニュートンの法則で知られている粘性流体の性質を表している. これはまた6-11図 (A)(1)のようなバネとダッシュポット(ニュートン粘性を示す流体と，その中で動くピストンからなる系) を並列に置いた力学モデルで表現できる. これを**フォークトモデル**あるいは**ケルヴィンモデル**とよぶ.

いま，応力が図 (2)(a)のように加えられたときの ひずみ γ を求めると，

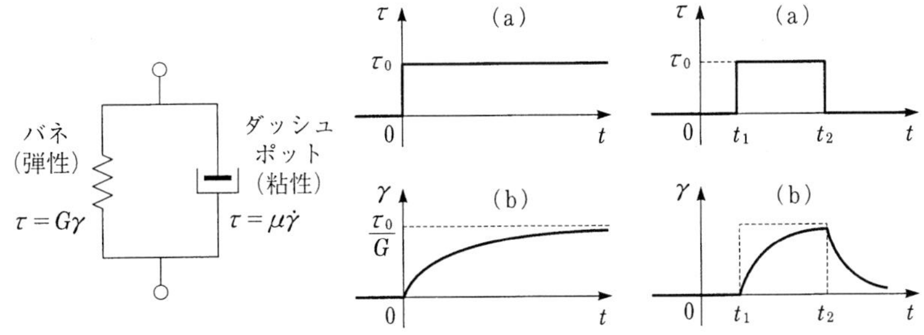

(1) フォークトモデル　　(2)　　(3)

6 - 11 図(A)

$$\gamma = \frac{\tau_0}{G}(1 - e^{-(Gt/\mu)})$$

となることがわかる．このときの γ の時間変化を図 (2) (b)に示す．μ/G を**遅延時間**，(ひずみ)/(応力) の比 $J(t)$ を**コンプライアンス**とよぶ．いまの例では $J(t) = [1 - \exp(-Gt/\mu)]/G$ である．応力に対して ひずみ の遅れのある現象を**弾性余効**という．もう少し複雑な例として箱型の応力 (図 (3) (a)) に対する応答を図 (3) (b)に示す．フォークトモデルは，応力が加えられたときに，ひずみ や ひずみ速度を求めるのに便利である．

(ii) もうひとつの簡単なモデルとして，応力 τ と ひずみ γ の間に

$$\dot{\gamma} = \frac{\dot{\tau}}{G} + \frac{\tau}{\mu}$$

を仮定してみよう．これを力学モデルで表したものが 6 - 11 図 (B) であり，一定の

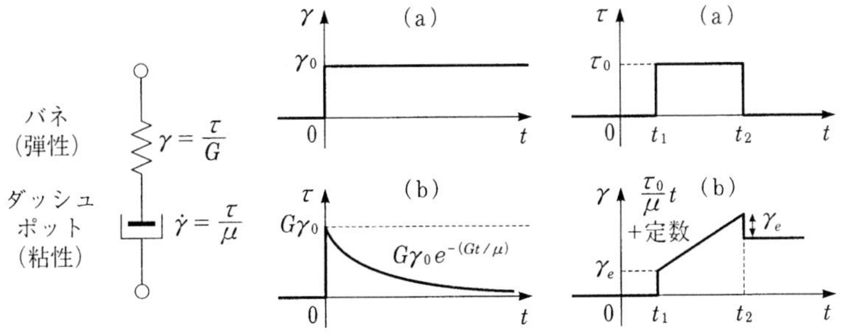

(4) マクスウェルモデル　　(5)　　(6)

6 - 11 図(B)

ひずみを保ったときに（図(5)(a)），応力は

$$\tau = G\gamma_0 \exp\left(-\frac{Gt}{\mu}\right)$$

のように減少する(図(5)(b))．これは**マクスウェルモデル**とよばれ(1867年)，ひずみやひずみ速度が与えられたときに，応力を求めるのに便利である．$\mu/G(=\lambda)$ を**緩和時間**とよび，λ に対して十分遅い変化においては $\dot{\tau}$ は無視できるので $\dot{\gamma} = \tau/\mu$ となって流体としての性質を，また λ に対して十分速い変化においては τ は $\dot{\tau}$ に比べて無視できるので $\gamma = \tau/G$ となって弾性体としての性質を示す．チューインガムを引き伸ばすときの伸び方の違いや，アスファルトのように一見して硬いと思われる物体の上に乗っていた小石が長い時間の後に下にめり込んでしまうのは，これらの性質の現れである．このように粘弾性体が弾性体の性質を示すか粘性流体の性質を示すかは観測時間の大小に依存する．図(6)には箱型の応力(a)に対するひずみの応答(b)を示す．

これらの簡単なモデルだけで表せない物質の場合には，フォークトモデルとマクスウェルモデルを多数組合わせることによって近似する方法がとられる．

(iii) 正弦振動的な応力やひずみが与えられたときの挙動（**動的粘弾性**）を見るには，次のような複素数を導入するのが便利である．すなわちフォークトモデルの式（i）において

$$\tau = \tau_0 \exp(i\omega t), \qquad \gamma = \gamma_0 \exp[i(\omega t - \delta)]$$

と置くと $\tau = (G + i\omega\mu)\gamma$ を得る．$\gamma/\tau(=J^*)$ を**複素コンプライアンス**とよぶ．これは

$$J^* = \frac{\gamma}{\tau} = \frac{1}{G + i\omega\mu} = J' - iJ''$$

と表され，J' を動的コンプライアンス，J'' を損失コンプライアンス(J'' はエネルギー損失に関係する）とよぶ．また，マクスウェルモデル（ii）において

$$\gamma = \gamma_0 \exp(i\omega t), \qquad \tau = \tau_0 \exp[i(\omega t + \delta)]$$

とおくと，$\dot{\gamma} = i\omega\gamma = [i(\omega/G) + (1/\mu)]\tau$ であるから，**複素粘性率** $\mu^*(=\tau/\dot{\gamma})$ を定義すると，これは

$$\mu^* = \frac{\mu}{1 + i\omega(\mu/G)} = \mu' - i\mu''$$

となる（μ' は動的粘性率）．あるいは**複素弾性率** $G^* = \tau/\gamma$ を定義すると

$$G^* = i\omega\mu^* = \frac{i\omega G}{(G/\mu) + i\omega} = \frac{i\omega\lambda G}{1 + i\omega\lambda} = G' + iG''$$

などのように表される．($G' = \omega\mu''$，$G'' = \omega\mu'$ の関係がある．)

§6.3　簡単な流れ

これまで述べてきた粘性についての基本的な考えだけから簡単な流れを導くことができる．

(1)　クエットの流れ

§6.2 で粘性率の定義をしたときに考えた流れ (6.5) は，流体運動の中でも最も簡単なものの一つである．流れは壁に平行で，速度勾配も一定である．このような流れは**クエットの流れ**とよばれている(1890 年)．同心二重円筒の中に流体を満たし，それらを異なる角速度で軸の周りに回したときにも（もし角速度があまり大きくなければ）近似的にこの流れが実現され，粘性率を測定する装置（回転粘度計）として使われる．

(2)　ポアズイユの流れ

6 - 12 図 (a) のように平行な平板の間に流体を満たす．長さ l の部分に着目したとき，左端の圧力を Δp だけ右端より高くしておくと，右向きの流れが定常的に実現されるであろう．板の中央面内に xz 平面を(右向きを x の正の方向に選ぶ)，これに垂直に y 軸をとり，板の位置を $y = \pm h$ とする．いま

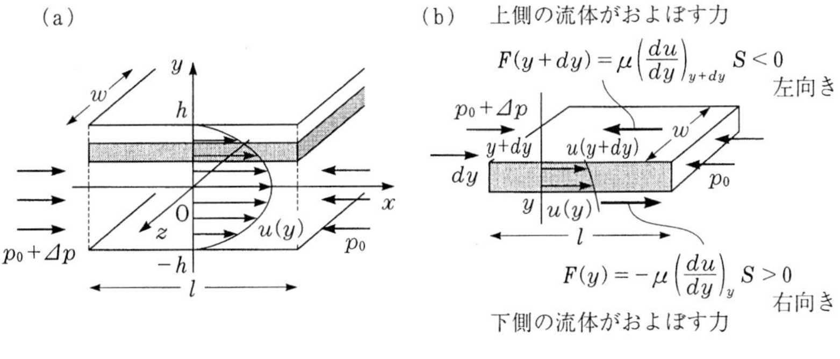

6 - 12 図　2次元のポアズイユ流

図(b)のように，xz 面に平行な薄い流体層を切り出し，力のつり合いを考えてみよう．ただし，y 方向の厚さを $dy(\ll 1)$，x 方向の長さを l，z 方向の長さを w とする．

流体層の上下面には (6.6) 式で与えられるような接線応力がはたらく．すなわち，上面と下面にはたらく力 $F(y+dy)$ と $F(y)$ は，表面積を $S=lw$ として，それぞれ

$$F(y+dy)=\mu\left(\frac{du}{dy}\right)_{y+dy}\times S, \qquad F(y)=-\mu\left(\frac{du}{dy}\right)_{y}\times S$$

であるから，合力は

$$\begin{aligned}F(y+dy)+F(y)&=\mu\left[\left(\frac{du}{dy}\right)_{y+dy}-\left(\frac{du}{dy}\right)_{y}\right]\times S\\&\approx \mu S\frac{d^2u}{dy^2}dy=\mu\frac{d^2u}{dy^2}lw\,dy\end{aligned}$$

である．また，流体層の左右の端の面には圧力（法線応力）による正味の力

$$(\varDelta p)\,w\,dy$$

がはたらいている．定常状態ではこの 2 つの力がつり合っているので

$$\mu\frac{d^2u}{dy^2}lw\,dy+\varDelta p\,w\,dy=0, \qquad \text{すなわち} \qquad \frac{d^2u}{dy^2}=-\frac{\varDelta p}{\mu l} \tag{6.8}$$

が成立する．これを y について 2 回積分すると

$$u=-\frac{\varDelta p}{2\mu l}y^2+C_1y+C_2$$

を得る．壁は静止しているから $y=\pm h$ で $u=0$ でなければならない．したがって

$$u=\frac{\varDelta p}{2\mu l}(h^2-y^2) \tag{6.9}$$

となる．速度分布は放物線であり，流速は粘性率 μ に反比例し，圧力勾配 $-\varDelta p/l$ に比例する．この流れを 2 次元のポアズイユ流という．平板の間で z 方向の単位長さの断面を過ぎる流量 Q は

$$Q = \int_{-h}^{h} u\,dy = 2\int_0^h \frac{\Delta p}{2\mu l}(h^2 - y^2)\,dy = \frac{\Delta p}{\mu l}\left[h^2 y - \frac{y^3}{3}\right]_0^h = \frac{2\Delta p h^3}{3\mu l} \tag{6.10}$$

である．流量が平板間の幅の 3 乗に比例することが特徴である．

［**問題 3**］ 半径 a の円管内を粘性率 μ の流体が圧力勾配 $-\Delta p/l$ により流れているとき，流速分布と流量は

$$u = \frac{\Delta p}{4\mu l}(a^2 - r^2), \qquad Q = \frac{\pi a^4 \Delta p}{8\mu l} \tag{6.11}$$

となる．(6.8) 式と同様にしてこれを導け．なお，これについては §8.2 (1) (b) でも述べる．

(6.11) 式の速度分布は回転放物面であり，流量は半径の 4 乗に比例する．これが**ハーゲン－ポアズイユの法則**（1839 年，1840 年）として知られているものである．流量を増すために圧力差を高めたり，粘性率を下げたりする工夫も用いられるが，それよりも管を太くする方がはるかに効果的であることがうなずけよう．いまの問題を利用した粘性率測定装置もある．

§6.4 流れの可視化

（1） 流れの可視化

われわれは日常多くの流れを目にしている．たとえば，川の流れは，川面に浮かぶゴミや，川の中に生えている草のなびき方で知ることができるし，空気の流れは，煙突からの煙や舞上げられた木の葉やチリを見れば知ることができる．しかし，これらの指標は偶然的であることが多く，流れを知りたい領域にいつでもあるとは限らない．また，同じ流れに対しても粒子の大きさや形あるいは重さなどの違いによって動き方は千差万別である．そこで，流体力学上の要請としては，観測が容易で，しかもできる限り忠実に流れに追随するものを目的に合わせて注入したり分散させたりする．このような工夫によって，流体の流れが観測できるようにすることを**流れの可視化**という．

（2）流線と流跡線，流脈線

具体的に速度場を可視化する方法として，(1) 煙やインクなどの色素を連続的に注入しその道筋を調べる方法（6－13図 (a) 参照）と (2) 小さな固体粒子や気泡などのトレーサーの動きを追跡する方法（図 (b) 参照）の2つが代表的である．前者によって得られる曲線を**流脈線**（**色つき流線**または**流条線**ともよぶ），後者によって得られる曲線を**流跡線**とよぶ．流跡線は小さな固体粒子や気泡が実際に動いた軌跡であるから，空間のどの点においても，移動距離 $d\boldsymbol{r} = (dx, dy, dz)$，速度 $\boldsymbol{v} = (u, v, w)$，移動に必要な時間 dt との間に

$$d\boldsymbol{r} = \boldsymbol{v}\,dt \qquad \text{すなわち} \qquad \frac{dx}{u} = dt, \quad \frac{dy}{v} = dt, \quad \frac{dz}{w} = dt \tag{6.12}$$

の関係がある．この微分方程式を解き，それから時間 t を消去すると流跡線が得られる．

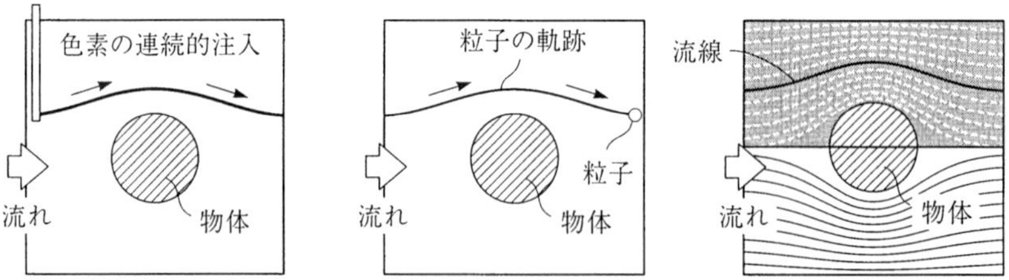

(a) 流脈線　　(b) 流跡線　　(c) 流　線

6－13図

流体の流れを表す曲線を**流線**という．この曲線上では，その上の各点における接線がその点での速度ベクトル $\boldsymbol{v}$ の方向に一致している．すなわち，流体は流線に沿って流れ，流線を横切る流れはない．数学的には，曲線上の線分を $d\boldsymbol{r}$ として微分方程式

$$d\boldsymbol{r} \parallel \boldsymbol{v} \qquad \text{すなわち} \qquad \frac{dx}{u} = \frac{dy}{v} = \frac{dz}{w} \qquad (6.13)$$

を解くことにより得られる．また実験的には，流体領域全体に多数の微粒子を分散させ，短時間露光撮影を行って得られた線分状の軌跡群を滑らかな曲線で連ねることにより得られる（図 (c) 上段参照；下段はそのようにして得られた流線群）．通常の場合には，流線は流体領域内で分岐したり交差したりすることはない．もしそのようなことが起こったとすると，その場所で速度ベクトルの向きが2通り以上あることになり矛盾するからである．例外は速度が0となる点である．淀み点（§8.2 (4)）や純粋ずれ流れ（§8.3 (4)）で流れがぶつかり合っている点（これも淀み点の一種）がその例である．一般にベクトルの大きさが0になったり無限大になったりして，その向きが決まらない点は流れ場の特異点とよばれる．ここでは取扱いを別にしなければならない．

ところで，定常流では流脈線や流跡線は流線と一致するが，非定常流ではいずれも流線と一致しない．このことを簡単な例で示そう．6-14図のように煙突から連続的に煙が供給されているとする．これは流脈線の一種である．煙は無風状態でも浮力により上昇するので，まずはじめに右方向に一様な風が吹いたとすると煙は図 (a) のように右上方向にたなびく．次に左方向に一様な風に変ったとすると，新たに煙突から出てくる煙は左上方向にたなびくが，古い煙は形をほぼ保ったまま風下方向に平行移動するので(b)のように

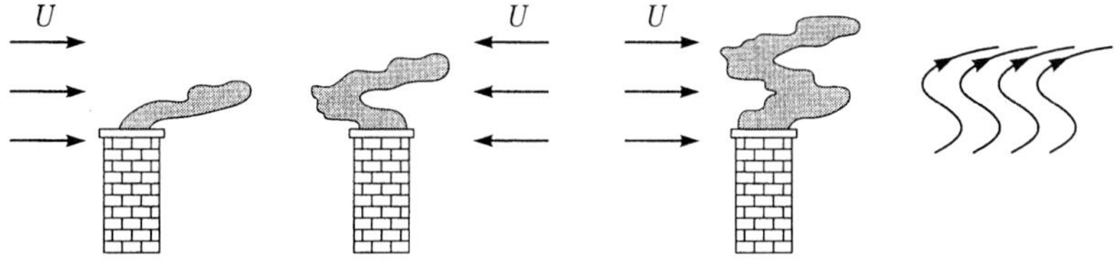

6-14図　非定常流中の煙の動き（流脈線）

なる．つぎにまた左方向から一様な風が吹くと，前と同様にして(c)のような複雑に曲がりくねった煙の道筋が得られる．さて，(c)のような流脈線を見たとき，われわれは実際に(d)のような定常流が存在していたのか，あるいは上に述べたような一定時間ごとに向きを逆転する一様流（全体を考えれば非定常流！）があったのか区別がつかない．

7 流体力学の基礎方程式

弾性体の場合に応力とひずみの関係式を考えたのと同様にして，この章では，応力とひずみ速度の関係式を導く．さらに，流体にはたらく力のつり合いを考え，基礎方程式であるナヴィエ－ストークス方程式を導く．その際，場の量のオイラー的およびラグランジュ的な記述法の違いについて学ぶ．弾性体の微小変位では無視できたので問題にならなかったが，流体運動では加速度に非線形項が現れることに注意しよう．

§7.1 応力とひずみ速度

(1) 応力テンソルとひずみ速度テンソル

応力の表現は§4.1で説明したものと全く同じである．すなわち，着目する微小面の法線方向の単位ベクトルを $\boldsymbol{n}$ とすると，この面にはたらく応力 $\boldsymbol{p}_n$ は，一般に

$$\boldsymbol{p}_n = l\boldsymbol{p}_x + m\boldsymbol{p}_y + n\boldsymbol{p}_z = (\boldsymbol{p}_x, \boldsymbol{p}_y, \boldsymbol{p}_z)\cdot\boldsymbol{n} = \mathsf{P}\cdot\boldsymbol{n} \tag{7.1}$$

と書ける．ここで

$$\mathsf{P} = (\boldsymbol{p}_x, \boldsymbol{p}_y, \boldsymbol{p}_z) = \begin{pmatrix} p_{xx} & p_{xy} & p_{xz} \\ p_{yx} & p_{yy} & p_{yz} \\ p_{zx} & p_{zy} & p_{zz} \end{pmatrix} \tag{7.2}$$

は応力テンソルである．成分を p_{ij} と書くとき，第1の添字 i は力の方向，第2の添字 j は面の法線方向を表すものとする．

ひずみ速度については，弾性体の場合の変位 $\boldsymbol{u}$(§ 4.2) を変位の時間変化，すなわち速度 $\boldsymbol{v}$ で置き換えるだけで，形式的には全く同じである．したがって，流体中の近接した2点 $\boldsymbol{r}$, $\boldsymbol{r}' = \boldsymbol{r} + \delta\boldsymbol{r}$ における速度をそれぞれ $\boldsymbol{v}$, $\boldsymbol{v}'$ と書くと，変位の相対速度 $\delta\boldsymbol{v} = (\delta u, \delta v, \delta w)$ と2点間の距離 $\delta\boldsymbol{r} = (\delta x, \delta y, \delta z)$ の関係は

$$\delta\boldsymbol{v} = \mathsf{D}\cdot\delta\boldsymbol{r} \qquad \text{すなわち} \qquad \begin{pmatrix}\delta u\\ \delta v\\ \delta w\end{pmatrix} = \begin{pmatrix}\dfrac{\partial u}{\partial x} & \dfrac{\partial u}{\partial y} & \dfrac{\partial u}{\partial z}\\ \dfrac{\partial v}{\partial x} & \dfrac{\partial v}{\partial y} & \dfrac{\partial v}{\partial z}\\ \dfrac{\partial w}{\partial x} & \dfrac{\partial w}{\partial y} & \dfrac{\partial w}{\partial z}\end{pmatrix}\begin{pmatrix}\delta x\\ \delta y\\ \delta z\end{pmatrix} \tag{7.3}$$

となる．ここに現れたテンソル D には特に決まった名前はついていないようであるが，その意味から言えば速度勾配テンソルとでもよぶのが適当であろう．つぎに，§ 4.2 で行ったのと同様に D を対称テンソル E と反対称テンソル $\boldsymbol{\Omega}$ に分解して

$$\mathsf{D} = \frac{1}{2}(\mathsf{D} + \mathsf{D}^T) + \frac{1}{2}(\mathsf{D} - \mathsf{D}^T) = \mathsf{E} + \boldsymbol{\Omega} \tag{7.4}$$

と表す．ここで $\mathsf{E} = \frac{1}{2}(\mathsf{D} + \mathsf{D}^T)$, $\boldsymbol{\Omega} = \frac{1}{2}(\mathsf{D} - \mathsf{D}^T)$ である(D^T は D の転置行列)．E の成分は

$$\mathsf{E} = \begin{pmatrix}e_{xx} & e_{xy} & e_{xz}\\ e_{yx} & e_{yy} & e_{yz}\\ e_{zx} & e_{zy} & e_{zz}\end{pmatrix}$$

$$= \begin{pmatrix}\dfrac{\partial u}{\partial x} & \dfrac{1}{2}\left(\dfrac{\partial u}{\partial y} + \dfrac{\partial v}{\partial x}\right) & \dfrac{1}{2}\left(\dfrac{\partial u}{\partial z} + \dfrac{\partial w}{\partial x}\right)\\ \dfrac{1}{2}\left(\dfrac{\partial v}{\partial x} + \dfrac{\partial u}{\partial y}\right) & \dfrac{\partial v}{\partial y} & \dfrac{1}{2}\left(\dfrac{\partial v}{\partial z} + \dfrac{\partial w}{\partial y}\right)\\ \dfrac{1}{2}\left(\dfrac{\partial w}{\partial x} + \dfrac{\partial u}{\partial z}\right) & \dfrac{1}{2}\left(\dfrac{\partial w}{\partial y} + \dfrac{\partial v}{\partial z}\right) & \dfrac{\partial w}{\partial z}\end{pmatrix} \tag{7.5}$$

である．ここで (x, y, z) を (x_1, x_2, x_3)，(u, v, w) を (v_1, v_2, v_3) と書き直すと，E の成分 $e_{ij}(i, j = 1, 2, 3$ あるいは $x, y, z)$ は一般に

$$e_{ij} = \frac{1}{2}\left(\frac{\partial v_i}{\partial x_j} + \frac{\partial v_j}{\partial x_i}\right) \tag{7.6}$$

のように表現できる．定義により，E は対称テンソル，すなわち $e_{ij} = e_{ji}$ の関係がある．次節で示すように E は流体中における ひずみ速度を表すので，**ひずみ速度テンソル**とよばれている．これに対して反対称部分 $\boldsymbol{\Omega}$ は

$$\boldsymbol{\Omega} = \begin{pmatrix} 0 & \frac{1}{2}\left(\frac{\partial u}{\partial y} - \frac{\partial v}{\partial x}\right) & \frac{1}{2}\left(\frac{\partial u}{\partial z} - \frac{\partial w}{\partial x}\right) \\ \frac{1}{2}\left(\frac{\partial v}{\partial x} - \frac{\partial u}{\partial y}\right) & 0 & \frac{1}{2}\left(\frac{\partial v}{\partial z} - \frac{\partial w}{\partial y}\right) \\ \frac{1}{2}\left(\frac{\partial w}{\partial x} - \frac{\partial u}{\partial z}\right) & \frac{1}{2}\left(\frac{\partial w}{\partial y} - \frac{\partial v}{\partial z}\right) & 0 \end{pmatrix}$$

$$= \begin{pmatrix} 0 & -\zeta & \eta \\ \zeta & 0 & -\xi \\ -\eta & \xi & 0 \end{pmatrix} \tag{7.7}$$

である．$\boldsymbol{\Omega}$ は 3 つの成分 ξ，η，ζ だけで表され，ベクトル解析で知られている**回転**の演算により

$$(\xi, \eta, \zeta) = \frac{1}{2}\,\mathrm{rot}\,\boldsymbol{v} \tag{7.8}$$

で表される．

（2） E，$\boldsymbol{\Omega}$ の物理的解釈

（i） e_{xx} の意味

まず，e_{xx} だけが 0 でない場合に $\delta\boldsymbol{v} = E\cdot\delta\boldsymbol{r}$ を考察する．成分に分けて書くと

$$\delta u = e_{xx}\,\delta x, \qquad \delta v = \delta w = 0 \tag{7.9}$$

である．これは 7‐1 図 (a) に示したように x 方向の伸びを表し，$e_{xx}(= \partial u/\partial x)$ は単位時間当りの伸びの割合を示す．e_{yy}，e_{zz} も同様に，それぞれ y，z 方向の伸びの割合（単位時間当り）を示す．一般に，はじめに長さ δx，δy，

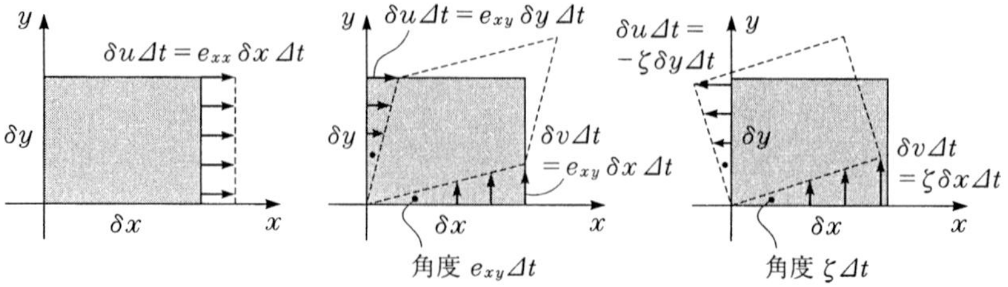

7-1図　微小時間 Δt 後の流体領域の変形

δz であった直方体領域がそれぞれの方向に単位時間当り δu, δv, δw だけ伸びを生じたときの体積膨張率は

$$\frac{(\delta x + \delta u)(\delta y + \delta v)(\delta z + \delta w) - \delta x \delta y \delta z}{\delta x \delta y \delta z} \approx \frac{\partial u}{\partial x} + \frac{\partial v}{\partial y} + \frac{\partial w}{\partial z}$$

$$= \mathrm{div}\,\boldsymbol{v} = e_{xx} + e_{yy} + e_{zz} \qquad (7.10)$$

である．最右辺はテンソル $\boldsymbol{E}$ の対角成分の和 $\mathrm{Trace}(\boldsymbol{E})$ に等しい．また，$\mathrm{div}\,\boldsymbol{v}$ はベクトル解析でよく知られた**発散**である．

(ii)　$e_{xy}(= e_{yx})$ の意味

つぎに，e_{xy} だけが 0 でないとして変位 $\delta\boldsymbol{v} = \boldsymbol{E}\cdot\delta\boldsymbol{r}$ を成分で表示すると

$$\delta u = e_{xy}\,\delta y, \quad \delta v = e_{xy}\,\delta x, \quad \delta w = 0 \qquad (7.11)$$

となる．これは 7-1 図 (b)に示したように xy 面内での**純粋なずれ流れ**を表す．e_{xy} は xy 面内で長方形の各辺がひしゃげる角速度である．同様にして，e_{yz}, e_{zx} はそれぞれ yz 面内，xz 面内の純粋なずれ流れを表す．

(iii)　ζ の意味

最後に ζ だけが 0 でない場合について変位 $\delta\boldsymbol{v} = \boldsymbol{\Omega}\cdot\delta\boldsymbol{r}$ を書いてみよう：

$$\delta u = -\zeta\,\delta y, \quad \delta v = \zeta\,\delta x, \quad \delta w = 0 \qquad (7.12)$$

これは 7-1 図 (c)に示したように，z 軸の周りの剛体回転を表す．ζ は単位時間当りの回転角である．同様にして ξ, η はそれぞれ x 軸，y 軸の周りの剛体回転を表し，その回転角速度がそれぞれ ξ, η である．すなわち $(\xi, \eta, \zeta) \equiv$

$\dfrac{1}{2}\mathrm{rot}\,\boldsymbol{v}$ は剛体回転の角速度．この $\mathrm{rot}\,\boldsymbol{v} \equiv \boldsymbol{\omega}$ を**渦度**とよぶ．剛体回転においては任意に選んだ2点の相対位置は変化しない．

（3） ニュートン流体

流体に（静水圧以外の）応力がはたらくと ひずみ速度が生じ，ひずみ速度が生じるとそこに応力が発生する．すなわち，応力 P（成分は p_{ij}）は ひずみ速度の関数である．(7.3) 式に現れた速度勾配テンソル D のうち，$\boldsymbol{\Omega}$ の方は剛体回転を表すので，応力には寄与しない．これらのことを数式で表せば，$i, j = 1,\ 2,\ 3$ に対して

$$p_{ij} = f_{ij}(e_{11}, e_{12}, \cdots, e_{33}) \quad [= f_{ij}(e_{kl}) \text{ と略記}] \tag{7.13}$$

となる．

話を簡単にするために2つの仮定を置く．その第1は，ひずみ速度 e_{kl} が微小という仮定である．f_{ij} を ひずみ速度がない状態 ($e_{kl} = 0$) の周りでテイラー級数に展開すれば

$$p_{ij} = f_{ij}(0) + \sum_{k,l=1}^{3} \left(\frac{\partial f_{ij}}{\partial e_{kl}}\right)_{e_{kl}=0} e_{kl} + \cdots \tag{7.14}$$

となる．ここで，$f_{ij}(0)$ は流体運動がない状態の応力で，この場合には大きさ p の静水圧が存在している．その向きは面に垂直で内向きであるから $-p\,\delta_{ij}$ と表される（§6.1 (1) を参照）．これを考慮し，また e_{kl} の2次以上の微小量を無視すれば

$$p_{ij} = -p\,\delta_{ij} + \sum_{k,l=1}^{3} C_{ijkl}\,e_{kl} = -p\,\delta_{ij} + C_{ijkl}\,e_{kl} \tag{7.15}$$

を得る．最右辺では総和規則を用い，同じ添字がくり返して使われているときは，この添字について可能なすべての値を与え，それらについて和をとるものとしている．

第2の仮定として，流体が**等方的**であることを要求する．これにより，弾性テンソルの場合と同様に，

$$C_{ijkl} = A\,\delta_{ij}\delta_{kl} + B\,\delta_{ik}\delta_{jl} + C\,\delta_{il}\delta_{jk} \qquad (A, B, C \text{ は定数}) \tag{7.16}$$

と書ける．(7.16) 式を (7.15) 式に代入すると

$$\begin{aligned} p_{ij} &= -p\,\delta_{ij} + (A\,\delta_{ij}\delta_{kl} + B\,\delta_{ik}\delta_{jl} + C\,\delta_{il}\delta_{jk})\,e_{kl} \\ &= -p\,\delta_{ij} + A\,e_{kk}\delta_{ij} + B\,e_{ij} + C\,e_{ji} \\ &= -p\,\delta_{ij} + A(\mathrm{div}\,\boldsymbol{v})\,\delta_{ij} + (B + C)\,e_{ij} \end{aligned}$$

となる．ただし $e_{kk} = \mathrm{div}\,\boldsymbol{v}$，$e_{ij} = e_{ji}$ を用いた．通常はここに現れた定数 A，B，C の代りに $\lambda = A$，$\mu = (B + C)/2$ を用いて

$$p_{ij} = -p\,\delta_{ij} + \lambda(\mathrm{div}\,\boldsymbol{v})\,\delta_{ij} + 2\mu\,e_{ij} \tag{7.17}$$

という表現が用いられる．(7.17) 式のように，応力がひずみ速度の 1 次式まで含む形で近似できる流体を**ニュートン流体**とよぶ．以下では，特に断わらない限りニュートン流体を扱う．

(4) λ，μ の物理的な意味

7-2 図のように 2 枚の平行な平板の間にニュートン流体を満たす．下面 ($x_2 = 0$) を固定し，上面 ($x_2 = h$) に応力 p_{12} を与えたときに，上面が速度 U で動いたとする．この場合には，§6.2 で見たように，一様な速度勾配をもつ流れ（クエット流）が作られる．したがって，$v_1 = (U/h)\,x_2$ であり，

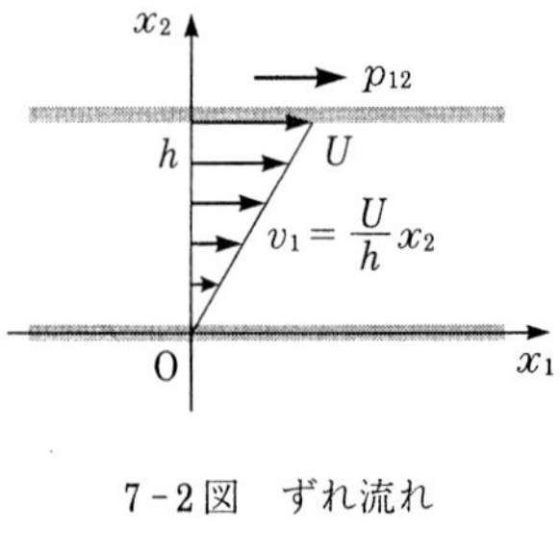

7-2 図　ずれ流れ

$$e_{12} = \frac{1}{2}\left(\frac{\partial v_1}{\partial x_2} + \frac{\partial v_2}{\partial x_1}\right) = \frac{U}{2h}, \qquad \therefore \quad p_{12} = 2\mu\,e_{12} = \mu\frac{U}{h} \tag{7.18}$$

となる．これから，μ が粘性率を表すことがわかる．

つぎに，流体が一様な静水圧 $\varDelta p$ の下で運動している場合を考えてみよう．静水圧による応力テンソルは $p_{ij} = -(\varDelta p)\,\delta_{ij}$ であるから，(7.17) 式は

$$p_{ij} = -(\varDelta p)\,\delta_{ij} + \lambda(\mathrm{div}\,\boldsymbol{v})\,\delta_{ij} + 2\mu\,e_{ij}$$

となる．上式で $j=i$ とし，i について1から3まで総和をとると

$$p_{11} + p_{22} + p_{33} = -3(\varDelta p) + 3\lambda(\mathrm{div}\,\boldsymbol{v}) + 2\mu\,e_{ii}$$

$$\therefore \quad \bar{p} \equiv -\frac{1}{3}(p_{11} + p_{22} + p_{33}) = \varDelta p - \left(\lambda + \frac{2}{3}\mu\right)\mathrm{div}\,\boldsymbol{v} \tag{7.19}$$

を得る(ここで $\delta_{ii}=3$, $e_{ii}=\mathrm{div}\,\boldsymbol{v}$ を考慮した)．$\bar{p}$ は平均の圧力である．この式は，体積膨張速度 div $\boldsymbol{v}$ により平均圧力が静水圧からずれることを表している．流体の体積が膨張し，流体分子間に相対速度が生じると，これらの間に摩擦力がはたらく（7-3図参照)．$\zeta = \lambda + (2/3)\mu$ はその程度を表すもので，**体積粘性率**とよばれている．$\zeta=0$ なら平均圧力は静水圧と一致する．

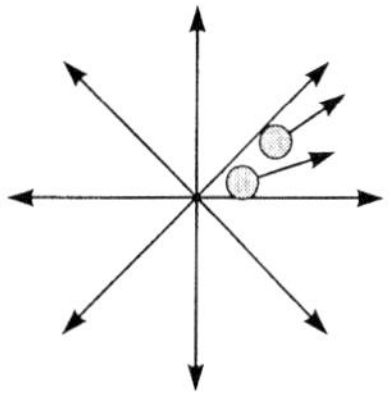

7-3図　体積膨張

§7.2 ラグランジュ微分

一般に流体の圧力 p や速度 $\boldsymbol{v}=(u, v, w)$ といった物理量は空間の各点で時々刻々変化している．したがって，圧力や速度の状態を表すには位置座標 $\boldsymbol{x}=(x, y, z)$ と時刻 t を用いて指定するのが便利である．このように，空間的（および時間的）な場所を指定すれば，そこでの物理量の値が与えられるという表現になっているものを「**場**」とよび，対象とする物理量の名前を冠して圧力場，速度場，などという．流体力学の問題の多くは，このような場を求めることにある．数学的に言えば，p や u などわれわれの求めたい物理量が x, y, z, t の関数であるときに，それぞれ $p(x, y, z, t)$ や $u(x, y, z, t)$ などと表す．このとき，x, y, z, t を独立変数，p や u を従属変数という．

上に述べた方法では，空間の各点で各瞬間ごとの流れ場の状態が記述されてはいるが,「着目している物理量が流体の移動にともなってどのように変化するか」を記述するには注意が必要である．たとえば，われわれがボールを

投げ，その後のボールの運動を考えるときは，その物体のもつ物理的な性質(位置や速度など)が移動にともなってどれだけの変化を生じるかをニュートンの運動方程式によって論じている．この場合には，物体を構成する原子や分子はそれをとり巻く水や空気とは区別され，その物体を構成する粒子の受ける物理量の変化が考えられている．流体の場合も同様に考えればよい．ただし，流体では着目する部分もそれをとり巻く媒質も同じ流体で区別が明確ではない．そこで，時刻 t において着目した微小な流体領域に色をつけて区別したとしよう．この部分のもつ物理量を一般に F とすると，これは空間座標 $\boldsymbol{x} = (x, y, z)$ と時刻 t を用いて $F = F(\boldsymbol{x}, t)$ と表現される．F は $\boldsymbol{x}$，t について連続であるとする．さて，この流体領域が微小時間 Δt の間に速度 $\boldsymbol{v} = (u, v, w)$ で移動したとする．着色した流体領域は十分小さいので，移動による変形は無視することができ，また，時刻 $t + \Delta t$ では$(x + u\Delta t$，$y + v\Delta t$，$z + w\Delta t)$を中心とした微小な領域にとどまっているはずである．したがって，ボールの場合と同様にして，着色した流体領域の移動前後の F の変化 ΔF を考えると

$$\Delta F = F(x + u\Delta t, y + v\Delta t, z + w\Delta t, t + \Delta t) - F(x, y, z, t) \tag{7.20}$$

となる．F は空間的にも時間的にも連続的に変化すると考えているので，右辺の第1項をテイラー展開し Δ のついた微小量の1次まで考慮すると

$$\Delta F = \left(F(x, y, z, t) + \frac{\partial F}{\partial x} u\,\Delta t + \frac{\partial F}{\partial y} v\,\Delta t + \frac{\partial F}{\partial z} w\,\Delta t + \frac{\partial F}{\partial t}\Delta t + \cdots\right) - F(x, y, z, t)$$

$$= \left(u\frac{\partial F}{\partial x} + v\frac{\partial F}{\partial y} + w\frac{\partial F}{\partial z} + \frac{\partial F}{\partial t}\right)\Delta t + \cdots$$

したがって，変化の割合は

$$\lim_{\Delta t \to 0}\frac{\Delta F}{\Delta t} = u\frac{\partial F}{\partial x} + v\frac{\partial F}{\partial y} + w\frac{\partial F}{\partial z} + \frac{\partial F}{\partial t}$$

$$= \left(\frac{\partial}{\partial t} + u\frac{\partial}{\partial x} + v\frac{\partial}{\partial y} + w\frac{\partial}{\partial z}\right)F = \left(\frac{\partial}{\partial t} + \boldsymbol{v}\cdot\nabla\right)F$$

と表せる．これを**ラグランジュ微分**とよび，最右辺の表式を DF/Dt と書く．すなわち

$$\frac{D}{Dt}F = \left(\frac{\partial}{\partial t} + u\frac{\partial}{\partial x} + v\frac{\partial}{\partial y} + w\frac{\partial}{\partial z}\right)F = \left(\frac{\partial}{\partial t} + \boldsymbol{v}\cdot\nabla\right)F \tag{7.21}$$

[**問題 1**]　F として x，u，ab (2つの従属変数の積) などを選ぶと，DF/Dt はどのように表されるか．

ラグランジュ微分 DF/Dt は性質の異なる2つの項から成っている．F として温度場 $T(x, y, z, t)$ を例にとり，これらの項の意味を考えてみよう．

まず，7-4図 (a)のように空間内で静止した点Pに温度計を置いて温度場を測定したとする．温度場は外的要因で時間的に変動しているとする．このときP点での温度の時間変化は $\partial T/\partial t$ で表される．これは DT/Dt の第1項であり，着目する点が静止している場合にも生じる温度場の時間変化を表している．

つぎに，図 (b) のように，温度場は定常であるが空間的に温度勾配があるような場合を考えてみよう．簡単のために温度場は x 方向にだけ単調に増加し，$T = T_0 + \alpha x$ と表されるとする．温度計（あるいは着目する流体領域）

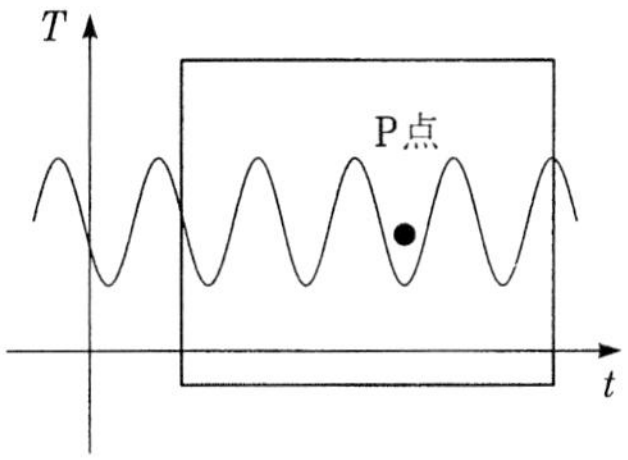

(a) 温度場の時間変動

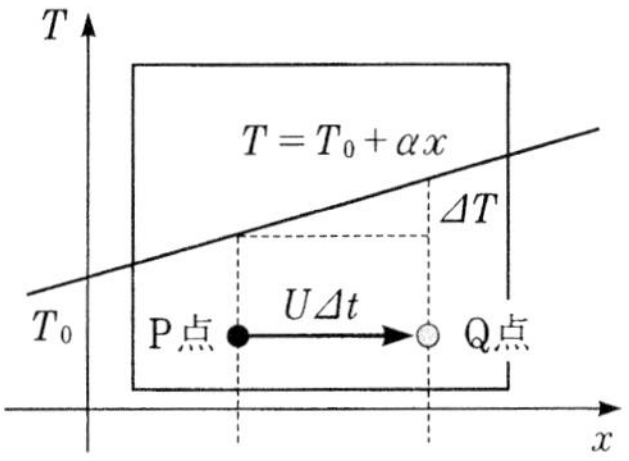

(b) 温度勾配のある定常的な場

7-4図

が点Pから速度 $\boldsymbol{v}=(U,0,0)$ で時間 $\varDelta t$ だけ移動したときに受ける温度の変化 $\varDelta T$ は，x 方向に $U\,\varDelta t$ だけ右に移動した点Qでの温度との差をとればよいから $\varDelta T=\alpha(U\,\varDelta t)=\dfrac{dT}{dx}(U\,\varDelta t)$，したがって，温度の時間変化率は $\dfrac{\varDelta T}{\varDelta t}=U\dfrac{dT}{dx}=\boldsymbol{v}\cdot\nabla T$ となる．これが DT/Dt の第2項である．

［**注**］ §5.1で考えた弾性体の場合の速度も，変位を $\boldsymbol{u}$ として

$$\frac{D\boldsymbol{u}}{Dt}=\frac{\partial\boldsymbol{u}}{\partial t}+u\frac{\partial\boldsymbol{u}}{\partial x}+v\frac{\partial\boldsymbol{u}}{\partial y}+w\frac{\partial\boldsymbol{u}}{\partial z}$$

と表されるべきであった．しかし，微小変形では上式の右辺第2項～第4項は微小量の2乗の小ささになるので無視できると考えて議論を進めてきたのである．

§7.3　運動量保存則（ナヴィエ－ストークス方程式）

弾性体の場合に§5.1で考えたときと同様にして，流体の運動方程式を導こう．

流体中に閉曲面Sで囲まれた領域Vをとる．この領域は流れとともに移動するものとする．位置 $\boldsymbol{r}$ の近傍の微小な領域を dV とし，そこでの密度を $\rho(\boldsymbol{r})$ とすれば，微小領域内の流体の質量は $\rho\,dV$ である．単位質量当りの外力(体積力)を $\boldsymbol{K}(\boldsymbol{r})$ とすれば，領域 dV にはたらく外力は $(\rho\,dV)\boldsymbol{K}$，したがって領域V全体にはたらく体積力はこれをV内で積分したものになる．同様にして，応力 $\boldsymbol{p}_n$ により面S上の微小な面 dS にはたらく力(面積力)は $\boldsymbol{p}_n\,dS$ であるから，領域Vに対してはこれをS全体で積分すればよい．他方，領域V内の運動量の時間変化は，微小領域 dV のもっている質量×加速度 $=(\rho\,dV)\dfrac{D\boldsymbol{v}}{Dt}$ を領域Vで積分したものに等しい（いまの場合には領域

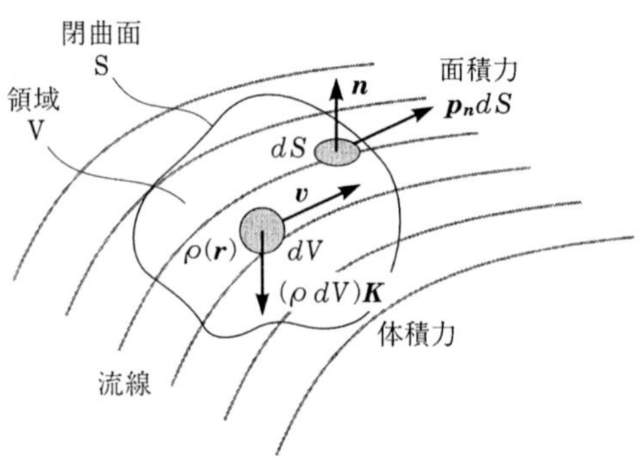

7-5図　運動量の変化

は流れとともに移動しているので表面Sを通って流れ込む運動量はない).
したがって

$$\int_V (\rho\, dV) \frac{D\boldsymbol{v}}{Dt} = \int_V (\rho\, dV)\, \boldsymbol{K} + \int_S \boldsymbol{p}_n\, dS \qquad (7.22)$$

を得る. 右辺第2項において応力の表現(4.4)を用い, またガウスの法則(付録Aの[3]参照) を適用して面積積分を体積積分に変えると

$$\int_S \boldsymbol{p}_n\, dS = \int_S \mathsf{P} \cdot \boldsymbol{n}\, dS = \int_V \mathrm{div}\, \mathsf{P}\, dV$$

成分表示では

$$= \int_S p_{ij} n_j\, dS = \int_V \frac{\partial}{\partial x_j} p_{ij}\, dV$$

となる. これを(7.22) 式に代入し, 任意の領域で等式が成り立つための被積分関数の関係として

$$\rho \frac{D\boldsymbol{v}}{Dt} = \rho \boldsymbol{K} + \mathrm{div}\, \mathsf{P} \qquad (7.23)$$

を得る. さて, ニュートン流体では(7.17) 式が成立するから, これを代入すると, (7.23)式は

$$\rho \frac{D\boldsymbol{v}}{Dt} = \rho \boldsymbol{K} - \nabla p + (\lambda + \mu) \nabla (\mathrm{div}\, \boldsymbol{v}) + \mu \Delta \boldsymbol{v} \qquad (7.24)$$

となる. これが流体の運動を決める基礎方程式で, **ナヴィエ - ストークス方程式**とよばれているものである.

[**問題 2**] (7.23) 式に現れた div P を計算せよ.

§7.4 連続の方程式

前節のようにして引き起こされた流れが満たすべき関係式がほかにもいくつかある.

今度は見方を変えて, 流体中に固定した閉曲面Sをとり, その内部 (領域V) にある流体の質量の変化を考えてみよう (7 - 6 図参照). Sの内部にある微小な領域 dV 内の質量は $\rho\, dV$ であるから領域V全体に含まれる質量は

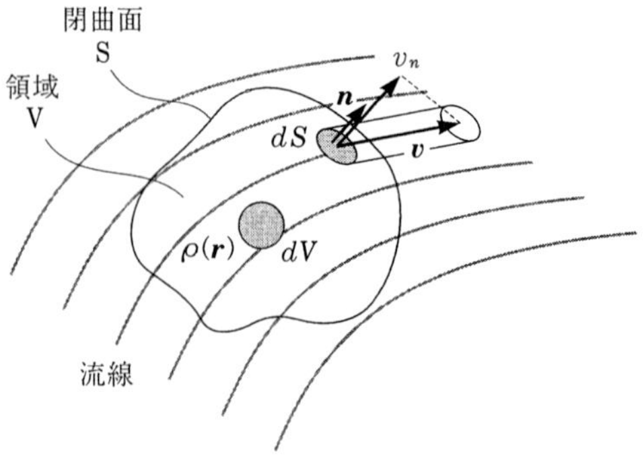

7-6図　質量の変化

$\iiint_V \rho\, dV$ である．したがって，S 内の流体の単位時間当りの質量の増加量は $\dfrac{d}{dt}\left(\iiint_V \rho\, dV\right)$ となる．ここで d/dt は時間だけの関数に対する通常の微分である．一方，閉曲面上の微小な面 dS を通って S の外に流れ出す流体の体積は $v_n\, dS$，したがって質量は $\rho v_n\, dS$ である．これを閉曲面 S 全体で積分したものが単位時間当りの流体の流出量に等しいから，

$$\frac{d}{dt}\left(\iiint_V \rho\, dV\right) = -\iint_S \rho v_n\, dS \tag{7.25}$$

を得る．面積積分 $\iint_S \rho v_n\, dS$ は S 内の流体の減少量を表しているので，右辺にマイナス記号がつけてある．つぎに，(7.25)の右辺をガウスの定理により体積積分に変えると $-\iiint_V \mathrm{div}\,(\rho \boldsymbol{v})\, dV$，また左辺の時間微分と体積積分の順序を変更すると $\iiint_V \dfrac{\partial \rho}{\partial t} dV$ となる．((7.25) 式の左辺が時間についての常微分になっていたのは，括弧内で空間積分を実行した結果，時間 t だけの関数になっていたからである．時間に関する微分を空間積分より先に行おうとすると，前者は被積分関数の t についての偏微分で表さなければならない.）さて，上の関係がどのような積分領域でも成り立つためには，被積分関数の間に

$$\frac{\partial \rho}{\partial t} + \mathrm{div}\,(\rho \boldsymbol{v}) = 0 \tag{7.26}$$

の関係が満たされなければならない．これを**連続の方程式**とよぶ．

ところで，ベクトル解析の公式（付録 A の[2]）を使って (7.26) を書き直すと

$$\frac{\partial\rho}{\partial t} + \boldsymbol{v}\cdot\mathrm{grad}\,\rho + \rho\,\mathrm{div}\,\boldsymbol{v} = \frac{D\rho}{Dt} + \rho\,\mathrm{div}\,\boldsymbol{v} = 0 \qquad (7.27)$$

とも表される．圧縮性のない流体では $D\rho/Dt = 0$ であるから，連続の方程式は

$$\mathrm{div}\,\boldsymbol{v} = 0 \qquad (7.28)$$

という簡単な式になる．

［**注**］ 流体中のある領域 V が流れによって運ばれていくときに，この領域内の流体の単位時間当りの体積膨張率 div $\boldsymbol{v}$ が $(DV/Dt)/V$ に等しいことに注意すると (7.27) 式の右辺は $D\rho/Dt + \rho(DV/Dt)/V = 0$ となる．そこで，両辺に V を掛けてまとめ直すと

$$V\frac{D\rho}{Dt} + \rho\frac{DV}{Dt} = \frac{D}{Dt}(\rho V) = 0 \qquad (7.29)$$

を得る．ρV はこの領域内の流体の質量である．これが保存されるというのは，流れとともに移動しながら見ればその領域内の質量が保存されていること（**質量保存則**）を述べているのにほかならない．

§7.5　エネルギー保存則

前節と同様にして，流体中に固定した閉曲面 S の内部（領域 V）に含まれる流体のエネルギーを考えてみよう．S の内部にある微小な領域 dV 内の質量は $\rho\,dV$ であるからこの領域のもつ運動エネルギーは $\frac{1}{2}(\rho\,dV)\,v^2$，また内部エネルギーは $(\rho\,dV)\,U$ である．ただし，$v = |\boldsymbol{v}|$，U は単位質量当りの内部エネルギーを表す．したがって，領域 V 全体に含まれるエネルギーの増加量は

$$\frac{d}{dt}\left(\iiint_V \rho\left(\frac{1}{2}v^2 + U\right)dV\right) \qquad (7.30)$$

である．一方，(i) 閉曲面上の微小な面 dS を通って S の外に流れ出す流体の質量は $\rho v_n\,dS$．これによって運び去られるエネルギーは $\rho v_n\left(\frac{1}{2}v^2 + U\right)dS$ である．これを閉曲面 S 全体で積分したものが単位時間当りのエネルギーの流出量に等しいから，

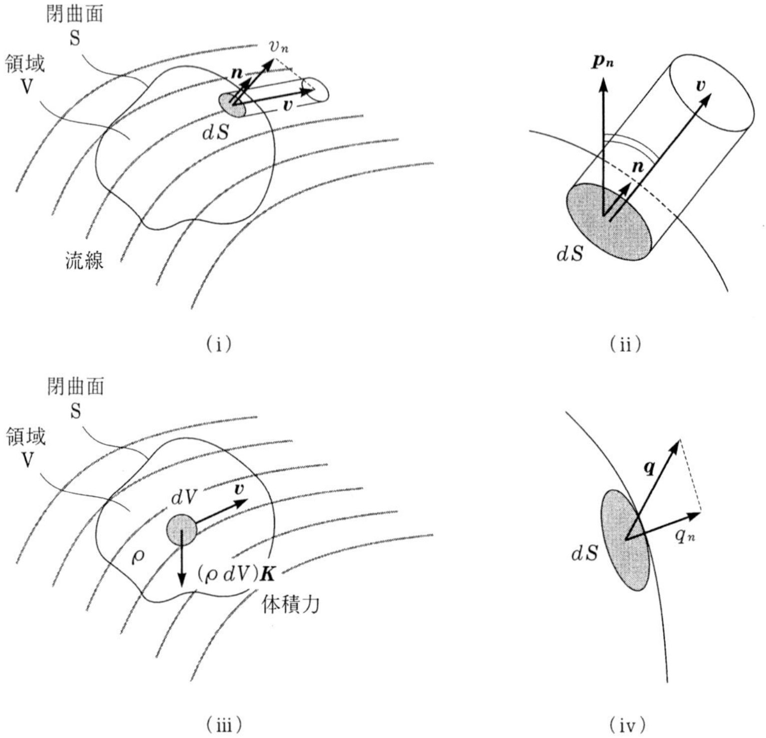

7-7図　エネルギーの変化

$$\iint_S \rho v_n\left(\frac{1}{2}v^2 + U\right)dS = \iiint_V \mathrm{div}\left(\rho \boldsymbol{v}\left(\frac{1}{2}v^2 + U\right)\right)dV \tag{7.31}$$

また，(ii) 面 dS には応力 $\boldsymbol{p}_n$ がはたらき（したがって，力は $d\boldsymbol{F} = \boldsymbol{p}_n\, dS$)，面にある流体を単位時間に $\boldsymbol{v}$ だけ移動させるから，これによる仕事 $\boldsymbol{v}\cdot d\boldsymbol{F} = \boldsymbol{v}\cdot\boldsymbol{p}_n\, dS$ だけエネルギーは増加する．これを閉曲面 S 全体で積分し，

$$\iint_S \boldsymbol{v}\cdot\boldsymbol{p}_n\, dS = \iiint_V \mathrm{div}(\boldsymbol{v}\cdot\mathsf{P})\, dV \tag{7.32}$$

を得る（ただし P は応力テンソル)．これら以外に，(iii) もし体積力 $\boldsymbol{K}$（単

位質量当り）がはたらいていたとすると領域内の微小部分 dV には単位時間当り $(\rho\, dV)\boldsymbol{K}\cdot\boldsymbol{v}$ の仕事が与えられるから，領域V全体では

$$\iiint_V \rho \boldsymbol{K}\cdot\boldsymbol{v}\, dV \tag{7.33}$$

だけエネルギーは増加する．さらに，(iv) 面 dS を通って熱流 $\boldsymbol{q}$ があればこれによって流出するエネルギーは $q_n\, dS$，したがって，面S全体では

$$\iint_S q_n\, dS = \iiint_V \operatorname{div} \boldsymbol{q}\, dV \tag{7.34}$$

となる．

式 (7.30)～(7.34) から被積分関数の間の関係式として

$$\frac{\partial}{\partial t}\left(\rho\left(\frac{1}{2}v^2 + U\right)\right) = \operatorname{div}\left(-\rho\boldsymbol{v}\left(\frac{1}{2}v^2 + U\right) + \boldsymbol{v}\cdot\mathsf{P} - \boldsymbol{q}\right) + \rho\boldsymbol{K}\cdot\boldsymbol{v} \tag{7.35}$$

を得る．これが**エネルギー保存則**を表す式である．

(7.35) 式には内部エネルギー U や熱流 $\boldsymbol{q}$ が含まれているので，これらの関係を与える必要がある．たとえば，熱流 $\boldsymbol{q}$ を表す法則としてよく用いられるものにフーリエの法則がある．これは温度勾配に比例した熱流を表現したもので

$$\boldsymbol{q} = -k \operatorname{grad} T \tag{7.36}$$

と表される．ただし，T は温度，k は熱伝導率である．他方，内部エネルギー U は熱力学の関係式で近似されることが多い．これは熱平衡状態に対して導かれたものであるから，速度場 $\boldsymbol{v}$ の時間的・空間的変化に比べて流体分子間の相互作用が“瞬間的で一様”とみなせるような場合にしか成り立たない．したがって，膨張・圧縮の激しい流れや衝撃波をともなう流れなどでは，また別の関係式を用いなければならない．

§7.6　状態方程式

熱平衡状態に近い気体や液体では $\boldsymbol{v}$ の影響が無視できるので，(7.35) 式の

代りに熱力学的な関係式だけが用いられる．これは圧力 p，体積 V（あるいはその逆数である密度 ρ），温度 T の間の関係式で

$$f(p, \rho, T) = 0 \tag{7.37}$$

と表される．たとえば，

a．密度一定の流体では $\rho =$ 一定　(7.38 a)

b．気体の等温変化ではボイルの法則（$pV =$ 一定）が成り立つから

$p = C\rho$（C は定数）　(7.38 b)

c．気体の断熱変化では $pV^{\gamma} =$ 一定，すなわち $p = C\rho^{\gamma}$（C は定数）　(7.38 c)

などとなる．ここで $\gamma = C_p/C_V$ は比熱比である（C_p は定圧比熱，C_V は定積比熱）．一般に原子や分子の運動の自由度を f とすると $\gamma = (f+2)/f$ であるから，2 原子分子（$f = 5$）では $\gamma = 1.4$ となる．

§7.7　流体力学の基礎方程式系（まとめ）

流体運動を知る上で必要な従属変数は密度 ρ，速度 $\boldsymbol{v}$，圧力 p の 5 つである．一方，これまでに求めた基礎方程式系は

連続の方程式：

$$\frac{\partial \rho}{\partial t} + \mathrm{div}(\rho \boldsymbol{v}) = 0 \tag{7.26}$$

ナヴィエ‐ストークス方程式：

$$\rho \frac{D\boldsymbol{v}}{Dt} = -\nabla p + \mu \Delta \boldsymbol{v} + (\lambda + \mu)\nabla(\mathrm{div}\,\boldsymbol{v}) + \rho \boldsymbol{K} \tag{7.24}$$

エネルギー方程式：

$$\frac{\partial}{\partial t}\left(\rho\left(\frac{1}{2}v^2 + U\right)\right) = \mathrm{div}\left(-\rho \boldsymbol{v}\left(\frac{1}{2}v^2 + U\right) + \boldsymbol{v}\cdot\mathsf{P} - \boldsymbol{q}\right) + \rho \boldsymbol{K}\cdot\boldsymbol{v} \tag{7.35}$$

の 5 つである（(7.24) 式はベクトル式なので方程式は 3 つある）．未知数と方程式の数が一致するので原理的にはこれで問題が定まる．もちろん，(7.35)

式にはさらに，内部エネルギー U と温度 T の関係や，(7.36)のような関係式が必要である．また (7.35) の代りに状態方程式

$$f(p, \rho, T) = 0 \tag{7.37}$$

を使うこともできる．

密度が一定の流体では (7.37) の特別な場合として $\rho =$ 一定 となり，(7.26) の代りに

$$\mathrm{div}\, \boldsymbol{v} = 0 \tag{7.28}$$

これによって (7.24) 式も簡単になって

$$\rho \frac{D\boldsymbol{v}}{Dt} = -\nabla p + \mu \Delta \boldsymbol{v} + \rho \boldsymbol{K} \tag{7.39}$$

となる．この場合には，(7.28) と (7.39) の 4 つの方程式系を解いて未知数 $\boldsymbol{v}$，p の 4 つが求められる．

§7.8 境界条件

流体力学の問題を解明するために，その基礎となる方程式系を導いた．しかしこれらは“現象を支配するルール”であり，流体領域の形や大きさ，その中でどのような条件を満たす必要があるか，といった特定の条件が与えられてはじめてその現象が定められる．これらの条件は流体中のある面（無限遠であることもある）で速度や圧力（応力），温度，熱流などの値を与えるという形をとるのがふつうなので**境界条件**とよばれる．以下では，力学的な条件に話を限定して説明する．時間的に変化する流れでは，これに加えてある時刻での条件（これを**初期条件**という）も指定する必要がある．後者については後に必要に応じて述べることにする．

(1) 固体表面上の境界条件

流体を構成する分子の間には分子間力がはたらく．この力のために，物体表面に隣接した分子は物体とともに動く．たとえば，静止した粘性流体中を

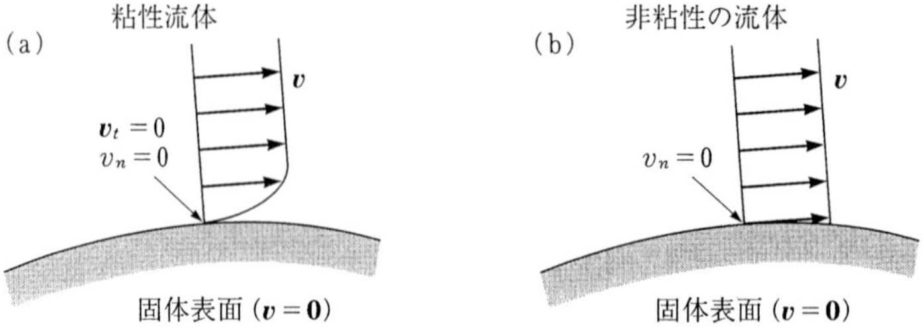

7-8図　いろいろな境界条件（固体は静止）

固体が速度 $\boldsymbol{v}_0$ で動いていたとすると，流体の速度 $\boldsymbol{v}$ は

$$\text{境界面上で} \qquad \boldsymbol{v} = \boldsymbol{v}_0 \tag{7.40}$$

となる．これが固体表面における境界条件で，**すべりなしの条件**とよばれるものである．

静止した固体境界付近の流れの様子を7-8図(a)に示す．粘性流体では，壁に近づくにつれて流速が次第に減少し，表面上で速度は0になる．この結果，壁の近くに0でない速度勾配が現れる．この速度勾配の大きさは粘性が小さいほど大きなものとなる．

粘性が限りなく小さくなった極限として非粘性の流体 ($\mu = 0$) を仮想することがしばしば行われる．粘性が小さい場合には，表面上の分子とそれに隣接する分子との間の摩擦力が小さいので，面に平行な速度成分 $\boldsymbol{v}_t$ に大きな速度差が生じると考えられる．そこで $\mu \to 0$ の極限では表面において $\boldsymbol{v}_t$ にとびを生じていると考えてよい（図(b)）．これは**すべりの条件**とよばれる．これに対して，面に垂直な成分 v_n は物体と同じでなければならない．そうでないと流体と物体の間に真空の領域ができたり，流体が物体にめりこんだりしなければならなくなるからである．したがって，非粘性の流体では

$$\text{境界面上で}\quad \text{速度の法線成分が連続}\quad v_n = v_{0n}, \qquad \text{接線成分 } \boldsymbol{v}_t \text{ は任意} \tag{7.41}$$

となる．

(2) 変形する表面上の境界条件

この場合には流れ場によって境界面の形も変るので，境界条件を当てはめようとする位置も決めていかなければならない．いま任意の時刻において境界面の形が

$$F(x, y, z, t) = 0 \tag{7.42}$$

で与えられていたとする．境界面上の流体粒子 $P(x, y, z, t)$ が時間 $\varDelta t$ 後に $P'(x+\varDelta x,\ y+\varDelta y,\ z+\varDelta z,\ t+\varDelta t)$ に移動したとすると，これも $F(x+\varDelta x, y+\varDelta y, z+\varDelta z, t+\varDelta t) = 0$ を満たすはずである．

［**問題 3**］ ある時刻で表面にあった流体粒子が，別の時刻で流体内部に入ってしまうことがあるか？

ここで $\varDelta t, \varDelta x = u\,\varDelta t, \varDelta y = v\,\varDelta t, \varDelta z = w\,\varDelta t$ が十分小さいとして F を (x, y, z, t) の周りでテイラー展開し，(7.42) を用いると

$$\frac{\partial F}{\partial t} + u\frac{\partial F}{\partial x} + v\frac{\partial F}{\partial y} + w\frac{\partial F}{\partial z} = \frac{DF}{Dt} = 0 \tag{7.43}$$

を得る．これが境界面の満たすべき方程式である．

さて，この境界面上では，速度と応力のつり合いが必要である．そうでないと，境界面がめり込んだり，真空領域ができたり，あるいは無限大の加速度をもってしまうので不都合である．面の内側，外側のそれぞれに対する物理量を $+$, $-$ で区別すると，これらは

$$v_i{}^+ = v_i{}^- \tag{7.44 a}$$

$$p_{ij}{}^+ n_j = p_{ij}{}^- n_j \tag{7.44 b}$$

と書ける．ここで条件(7.44 a)は(7.40)と同じである．条件(7.43)や(7.44)は水面波，液滴の変形，生物の推進の解析などを考えるときに重要となる．

8　非圧縮粘性流体の力学

非圧縮性の粘性流体の取扱いについて述べる．まず，スケーリング（無次元化）によって得られる相似法則について，その数学的・物理的な意味を学ぶ．これは，流体力学が微視的なものから宇宙規模の巨視的なものにまで適用できる根拠を与える．つぎに，粘性のある流れの代表例について述べ，さらに遅い流れと速い流れのそれぞれに適した近似方法について学習する．

§8.1　レイノルズの相似則

密度が一定の粘性流体の流れを考えてみよう．基礎方程式は連続の方程式とナヴィエ‐ストークス方程式である．すなわち，

$$\nabla\cdot\boldsymbol{v} = 0 \tag{8.1}$$

$$\rho\frac{D\boldsymbol{v}}{Dt} = -\nabla p + \mu\Delta\boldsymbol{v} + \rho\boldsymbol{K} \tag{8.2}$$

外力が保存力であると仮定すると $\boldsymbol{K} = -\operatorname{grad}\Pi$ と書けるので，この項を圧力場にくり込むと

$$\rho\frac{D\boldsymbol{v}}{Dt} = -\nabla p^* + \mu\Delta\boldsymbol{v} \tag{8.3}$$

となる．ただし，$p^* = p + \rho\Pi$ と置いた．

よく知られているように，物理学に現れる方程式では左右両辺の次元と大きさが合っていなければならない．両辺の次元が異なっていれば比較そのも

のが無意味であることは言うまでもない．大きさの関係について言えば，われわれの扱う対象は宇宙のような大きなスケールから粒子分散系のような小さなスケールまでさまざまである．これをカメラに捕えようとすれば，大きな物体は縮小し，小さな物体は拡大して，われわれの想像しやすい大きさに変換して考えた方が便利である．また，時間的に非常に速い現象であれば時計の刻みを十分細かくして観測し，あとでゆっくり再生すればよい．逆に非常に遅い現象であれば長時間にわたって観測し，後に速回しをすれば流れを想像しやすい．

これと同じことを数式の上でも試みたものが，つぎに述べる「方程式のスケーリングと無次元化」である．まず，粘性率 μ，密度 ρ の流体中で，代表的な長さ L の物体に速度 U の流れが当たるとして(8-1図を参照)，長さを L，速度を U，時間を L/U，… で割る．すなわち，

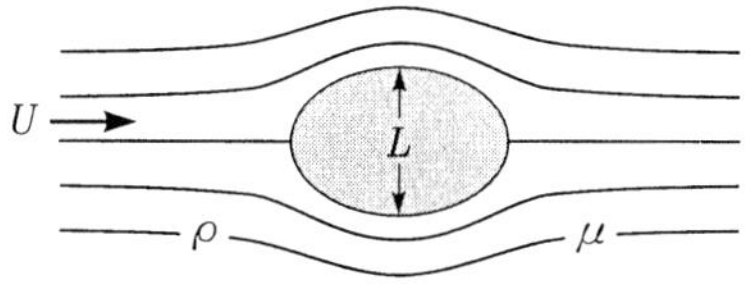

8-1図　物体を過ぎる流れ

$$\boldsymbol{v}' = \frac{\boldsymbol{v}}{U}, \qquad \boldsymbol{x}' = \frac{\boldsymbol{x}}{L}, \qquad t' = \frac{t}{\dfrac{L}{U}}, \qquad p' = \frac{p^*}{\rho U^2} \tag{8.4}$$

これによって流れ場の勝手な位置までの距離，速度，時間，… をすべて L，U，L/U，… を単位として測ることになる．それと同時に，新たに定義されたプライム(′)のついた変数はすべて大きさが1程度の無次元量となる．

[問題1]　圧力 p が ρU^2 と同じ次元であることを確かめよ．

つぎに，(8.4) の関係を用いて，(8.1)，(8.3) 式をプライムのついた変数に変換すると

$$\nabla' \cdot \boldsymbol{v}' = 0 \tag{8.5}$$

$$\frac{D\boldsymbol{v}'}{Dt'} = -\nabla' p' + \frac{1}{Re}\Delta' \boldsymbol{v}' \tag{8.6}$$

となる．ただし

$$\nabla' = \frac{\partial}{\partial \boldsymbol{x}'} = \frac{\partial \boldsymbol{x}}{\partial \boldsymbol{x}'}\frac{\partial}{\partial \boldsymbol{x}} = L\frac{\partial}{\partial \boldsymbol{x}} = L\nabla$$

$$\frac{D}{Dt'} = \frac{\partial}{\partial t'} + \cdots = \frac{L}{U}\left(\frac{\partial}{\partial t} + \cdots\right) = \frac{L}{U}\frac{D}{Dt}$$

などと定義した．また，$Re = \rho UL/\mu = UL/\nu$ は**レイノルズ数**，$\nu = \mu/\rho$ は**動粘性率**とよばれるものである．方程式系(8.5)，(8.6)は Re という無次元のパラメターだけを含んでおり，長さ，速度，時間，圧力，密度，粘性率などの個々の値には関係しないものになっている．境界条件を与えるべき境界面は，もとの物体を L で割った大きさになっている．このことから，つぎの結論が言える：

“物体の幾何学的な形が相似で流れに対する姿勢が同じであり，

Re が等しい流れは，流体力学的に相似である”．

これを**レイノルズの相似則**という．われわれが，実験室での小さなモデルを用いて，実際の車，電車，船，飛行機，あるいは都市の環境問題などを考えることが可能になるのはこの法則のおかげである．

つぎに，身近な流れについて，レイノルズ数がどの程度になるかを 8-1 表

8-1 表　身近な流れのレイノルズ数

現象の例	流体	L	U	Re
人の歩行	空気	1.80 m（身長）	1 m/s	$\sim 10^5$
100 m ダッシュ（短距離走）	空気	1.80 m（身長）	10 m/s	$\sim 10^6$
100 m 自由型（競泳）	水	0.5 m（肩幅）	2 m/s	$\sim 10^6$
野球の変化球	空気	10 cm	150 km/h	$\sim 3\times 10^5$
バレーボールの変化球サーブ	空気	30 cm	10 m/s	$\sim 2\times 10^5$
イルカの泳ぎ	水	0.5 m（幅）	10 m/s	$\sim 5\times 10^6$
ジャンボジェット機の飛行	空気	60 m（翼長）	900 km/h	$\sim 10^9$
鞭毛虫の遊泳	水	100 μm	100 μm/s	~ 0.01
毛細血管内の流れ	血液	6 μm	0.07 cm/s	~ 0.004

ここで，空気の粘性率を $\mu = 1.8\times 10^{-4}$ [g/s cm]（動粘性率は $\nu = 1.4\times 10^{-1}$ [cm^2/s]），水の粘性率を $\mu = 1.0\times 10^{-2}$ [g/s cm]（$\nu = 1.0\times 10^{-2}$ [cm^2/s]）とした．

に示す．

陸上競技の 100 m ダッシュと競泳の 100 m 自由型が流体力学的に同程度の *Re* になっていることは注目に値する．後に§8.5 で述べるように，このような競技は人間の出しうるパワーの限界付近での勝負であり，抵抗に打ち勝って進むために流れに与えるエネルギーの大きさによって *Re* が決まっているのである．また，野球やバレーボールのようにボールの大きさの異なるスポーツにおいても，変化球を生じる *Re* の値は 3×10^5 付近であり，これを利用しようとするとボールの速さも決まってしまう（§8.5 参照）．

8－2図に流れの *Re* 依存性（概念図）を，8－3図にレイノルズの相似則の

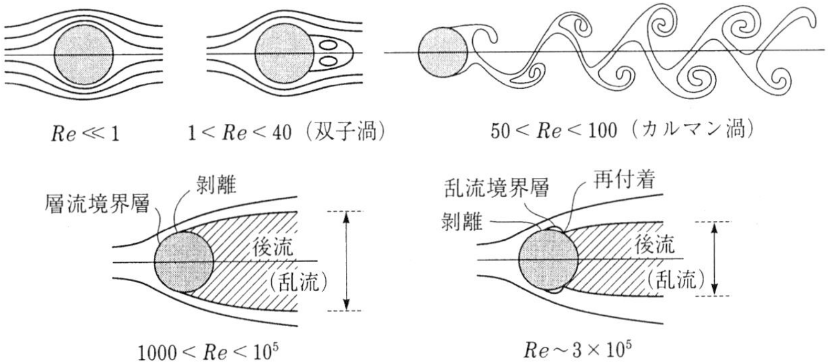

8－2図　流れの *Re* 依存性：円柱周りの流れ

（a）実験室での流れ $Re \approx 200$
（物体の大きさは4mm程度）

（b）東シナ海の雲の衛星写真
（左上部の白い印は韓国の済州島．大きさは70km程度；気象庁提供）

8－3図　レイノルズの相似則の例：カルマンの渦列

例を示す．

§8.2　一方向の流れ

流線がすべてある1つの直線に平行であるとする．この場合には，その方向に座標軸の一つ（x 軸とする）を選ぶのが自然である．これにより，速度場は x 成分 u だけとなる．すなわち $\boldsymbol{v} = (u, 0, 0)$．まず，連続の式は $\partial u/\partial x = 0$ となるが，この式は u が x に依存しない，すなわち，u が y，z，t の関数であること（$u = u(y, z, t)$）を意味する．このとき，ラグランジュ微分は $\dfrac{Du}{Dt} = \dfrac{\partial u}{\partial t} + u\dfrac{\partial u}{\partial x} + v\dfrac{\partial u}{\partial y} + w\dfrac{\partial u}{\partial z} = \dfrac{\partial u}{\partial t}$ となる．（非線形項が消えてしまったことに注意！）したがって，ナヴィエ－ストークス方程式の x，y，z 成分は，外力を圧力にくり込んであるとして

$$\rho\frac{\partial u}{\partial t} = -\frac{\partial p}{\partial x} + \mu\left(\frac{\partial^2 u}{\partial y^2} + \frac{\partial^2 u}{\partial z^2}\right) \tag{8.7 a}$$

$$0 = -\frac{\partial p}{\partial y} \tag{8.7 b}$$

$$0 = -\frac{\partial p}{\partial z} \tag{8.7 c}$$

となる．(8.7 b，c) から p は x，t だけに依存する（$\rightarrow p = p(x, t)$）ことがわかるので，(8.7 a) を

$$\frac{\partial u}{\partial t} - \nu\left(\frac{\partial^2 u}{\partial y^2} + \frac{\partial^2 u}{\partial z^2}\right) = -\frac{1}{\rho}\frac{\partial p}{\partial x}$$

のように分離すると，左辺は y，z，t だけの関数，右辺は x，t だけの関数となる．これが矛盾なく成立するためには両辺とも t だけの関数でなければならない．これを $\alpha(t)$ と置くと

$$\frac{\partial p}{\partial x} = -\rho\,\alpha(t) \tag{8.8 a}$$

$$\frac{\partial u}{\partial t} - \nu\left(\frac{\partial^2 u}{\partial y^2} + \frac{\partial^2 u}{\partial z^2}\right) = \alpha(t) \tag{8.8 b}$$

以下では，もう少し話を限定して (8.8) 式を調べていく．

(1) 一方向の定常流

定常流では，時間変化がないので，α は定数，また (8.8 b) 式は

$$\frac{\partial^2 u}{\partial y^2} + \frac{\partial^2 u}{\partial z^2} = -\frac{\alpha}{\nu} \tag{8.9}$$

となる．(8.9) 式は**ポアソン方程式**とよばれている型の偏微分方程式である．

(a) 2枚の平行平板間の流れ

平行平板の位置を $y = \pm h$ とする．平板は x, z 方向には無限に広いので，どの x，z の位置も全く他の位置と同じ条件である．言い換えれば，u は“座標”という特定の位置（原点）からの距離を表す座標変数 x，z にはよらないことになる．したがって，(8.9) 式は

$$\frac{d^2 u}{dy^2} = -\frac{\alpha}{\nu} \tag{8.10}$$

となる．これは常微分方程式なので容易に積分ができ，境界条件の違いによって

壁は静止，一様な圧力勾配がある場合：　$u = \dfrac{\alpha}{2\nu}(h^2 - y^2)$　（2次元ポアズイユ流）　(8.11 a)

壁が相対的にずれる場合で $\alpha = 0$：　$u = \dfrac{U}{2h} y$　（クエット流）　(8.11 b)

などが導かれる．

(b) 円管内の流れ

半径 a の無限に長い円管内を一定の圧力勾配 $\rho\alpha$ によって粘性流体が流れているという状況では，中心軸（x 軸）からの距離 r は意味をもつが，断面内のどの方向にも特別なものはない．したがって，(8.9) 式の左辺に現れた yz 面内の微分演算 $\Delta(y, z)u = \dfrac{\partial^2 u}{\partial y^2} + \dfrac{\partial^2 u}{\partial z^2}$ を同じ平面内の極座標系 (r, ϕ) に変換するときに，ϕ に関する微分の項は不要である．したがって，(8.9)式は

$$\frac{1}{r}\frac{d}{dr}\left(r\frac{du}{dr}\right) = -\frac{\alpha}{\nu} \tag{8.12}$$

となる（付録B [1] を参照）. これより,

$$u = \frac{\alpha}{4\nu}(a^2 - r^2), \qquad Q = \frac{\pi a^4 \alpha}{8\nu} \tag{8.13}$$

を得る. 圧力勾配の表現 (8.8 a) 式と $\dfrac{\partial p}{\partial x} = -\dfrac{\Delta p}{l}$ を考慮すれば, これらが (6.11) 式と同じであることは容易に理解されよう. (8.13) 式は §6.3 で述べた**ハーゲン－ポアズイユの法則**である.

(2) 平板に沿う振動流

8－4図に示したように, 平板が自身に平行に $U\cos\omega t$ で振動しているとする. 平板に沿って x 軸を選ぶ. 流れは x 成分 u だけであり, (8.8 a, b) 式にしたがう. 平板が x, z 方向に無限に広いので, この場合にも, 特定の位置（原点）からの距離という意味をもつ x や z という座標変数にはよらない. したがって,

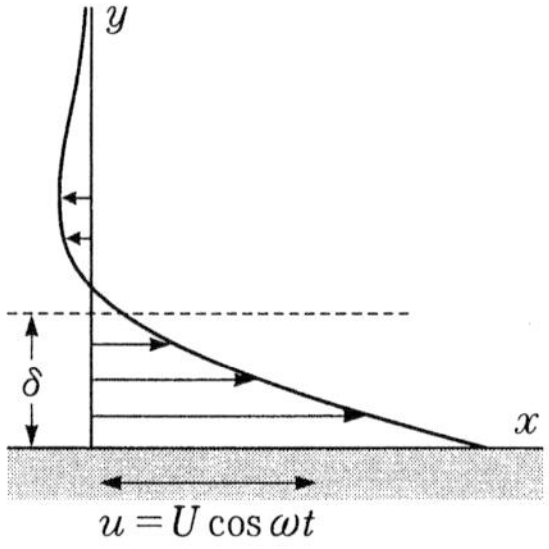

8－4図　平板の振動による流れ

$$\frac{\partial p}{\partial x} = 0, \qquad \frac{\partial^2 u}{\partial z^2} = 0$$

であり（したがって $\alpha = 0$）, (8.8 b) 式, および境界条件は

$$\frac{\partial u}{\partial t} = \nu\frac{\partial^2 u}{\partial y^2} \tag{8.14}$$

$$y = 0 \quad で \quad u = U\cos\omega t \tag{8.15 a}$$

$$y \to \infty \quad で \quad u \to 0 \tag{8.15 b}$$

となる. 平板に隣接する流体が $u = U\cos\omega t = \mathrm{Re}\{U\,e^{i\omega t}\}$ で動くことを考慮すると, 流れの場全体も U に比例し, 角振動数 ω で振動すると予想されるので,

$$u = \mathrm{Re}\{U\,f(y)\;e^{i\omega t}\} \tag{8.16}$$

と仮定して解を求める．ここで Re は複素数の実数部をとり出すことを意味する．(8.16) 式を (8.14) 式に代入すると

$$\frac{d^2f}{dy^2} = \frac{i\omega}{\nu}f \equiv \lambda^2 f \qquad \text{ただし}\quad \lambda = \sqrt{\frac{i\omega}{\nu}} = (1+i)k, \qquad k = \sqrt{\frac{\omega}{2\nu}}$$

を得る．上式は $f = \exp(\pm\lambda y) = \exp(\pm(1+i)ky)$ を基本解としてもつが，＋符号の方は (8.15 b) の条件を満たさない．また，条件 (8.15 a) を考慮して

$$u = \mathrm{Re}\{U\exp[-(1+i)ky + i\omega t]\} = U\,e^{-ky}\cos(\omega t - ky) \tag{8.17}$$

を得る．(8.17) 式の $\cos(\omega t - ky)$ の部分は，流体の内部に向かって波が伝わっていく様子を表している．その位相速度は $v_{\mathrm{phase}} = \omega/k = \sqrt{2\omega\nu}$ である．また，波の振幅は流体の内部に向かって $\exp(-ky)$ のように減衰していく．平板の振動の影響が $1/e$ に減衰する距離は $\delta = 1/k = \sqrt{2\nu/\omega}$ である．平板の振動が速いほど，また流体の粘性率が小さいほど δ は薄くなることがわかる．

（3） レイリー問題

平板が自身に平行に，急激に運動を開始したときの過渡的な流れを考えてみよう．基礎方程式は前節(2) と同じである：

$$\frac{\partial u}{\partial t} = \nu\frac{\partial^2 u}{\partial y^2} \tag{8.14}$$

これを，

$$t \leqq 0 \quad \text{では静止} \quad u = 0 \tag{8.18 a}$$

$$t > 0, \quad y = 0 \quad \text{で} \quad u = U \tag{8.18 b}$$

$$y \to \infty \quad \text{で} \quad u \to 0 \tag{8.18 c}$$

の条件の下で解く必要がある．そこで一般に，われわれが物理学に現れる方程式を解いたときには，その解は必ず無次元の変数の組合せになっていると

いうことに注意する．

たとえば，一様な重力加速度 g の下で，物体を初速度 v_0 で投げ上げる問題では，解は $y = y_0 + v_0 t - (1/2) g t^2$ となる．ただし，y_0 は初期の高さである．これを $\dfrac{y}{y_0} = 1 + \dfrac{v_0 t}{y_0} - \dfrac{g t^2}{2 y_0}$ と書き直してみると，左辺は長さを長さで割ったものであるから無次元である．右辺も同様に，$v_0 t$ や $g t^2$ が長さの次元をもっているので，無次元になっている．逆に，次元についての考察から $\dfrac{y}{y_0} = a + b\,\dfrac{v_0 t}{y_0} + c\,\dfrac{g t^2}{y_0}$ の形が推測されるので，あとは係数 a，b，c を決めればよいことになる．

このことを，積極的に利用して(8.14) 式を解いてみよう．まず，われわれの問題に現れる物理量は，平板からの距離 y，運動開始からの時間 t，平板の移動速度 U，流速 u，動粘性率 ν だけである．これらのうちから，無次元になる変数の組合せを拾いだすと，距離 y と粘性による拡散距離 $\sqrt{\nu t}$ の比 $y/\sqrt{\nu t}$，および速度の比 u/U だけである．したがって，解が求まったとすれば

$$\frac{u}{U} = \frac{y}{\sqrt{\nu t}} \text{ の関数}$$

となるはずである．そこで，$\eta = y/(2\sqrt{\nu t})$ という無次元変数を導入し変数変換すると，

$$\frac{d^2 u}{d\eta^2} = -2\eta \frac{du}{d\eta} \tag{8.19}$$

を得る．

［**問題 2**］ (8.19) 式を導け．

両辺を η で 2 回積分すると，

$$\frac{du}{d\eta} = C_1 \exp(-\eta^2), \qquad u = C_1 \int_0^{\eta} \exp(-\xi^2)\, d\xi + C_2,$$

（C_1，C_2 は積分定数）

となるので，条件 (8.18 a，b，c) により C_1，C_2 を決定し

$$u = U(1 - \mathrm{erf}\,\eta) \tag{8.20}$$

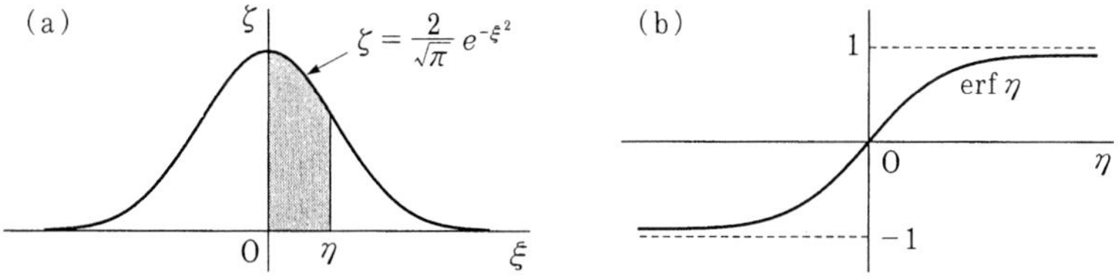

8-5図 誤差関数

を得る．ただし，$\mathrm{erf}\,\eta = \dfrac{2}{\sqrt{\pi}}\displaystyle\int_0^\eta e^{-\xi^2}\,d\xi$ は**誤差関数**とよばれる関数で，8-5図 (a) のようなガウス分布（または正規分布）を考えたときに，中央から η までの間の面積，すなわちその間に含まれる確率を表す．この積分値を示したものが図 (b) である．

われわれの求めた解 (8.20) の様子を調べてみよう．平板に隣接した流体は $t>0$ で速度 U で動き出す．平板の上にある流体の速度は壁からの距離 y が増すにつれて減少し，ある時刻での速度分布は 8-6 図に示したようなものになる．$\eta=2$ では速度が U の 99.53％になるので，この位置までの厚さ δ を壁の影響の伝わる領域と見積ると $\delta = 4\sqrt{\nu t}$ となる．時間の経過とともにこの厚みは増加し，平板が動いた影響は上方に伝わっていく．

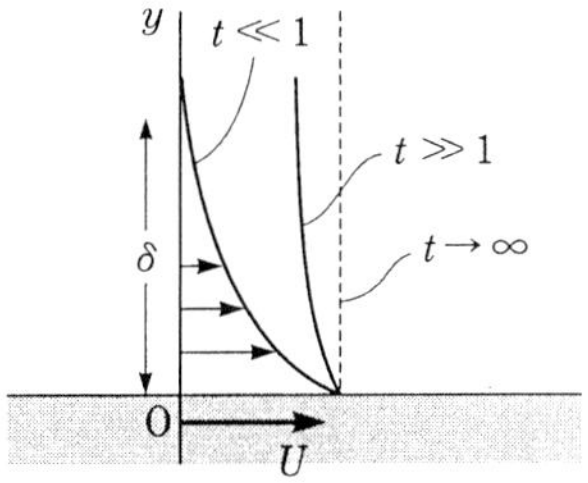

8-6図 平板の急激な移動にともなう流れ

［**注**］ はじめに平板と流体が一様な速度 U で移動しており，ある時刻で平板が急に静止した場合には，(8.20) から U を差し引けばよい．半無限平板に一様な流れが当たった場合にも，これとよく似た現象が起こっている．8-7図に示したように，速さ U の一様流は，平板の左端に達すると壁の影響を受け急激に速度が 0 になる．流体が壁に沿って $x \sim Ut$ だけ進むにつれて，壁の影響はこれに垂直な方向には

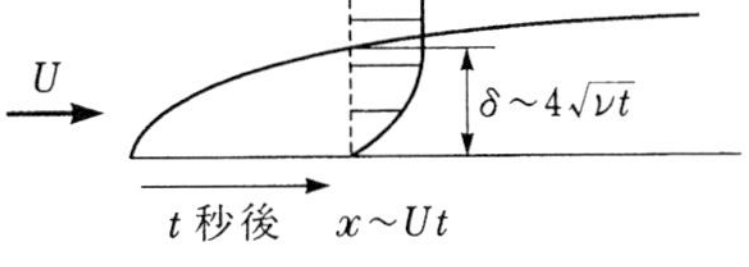

8-7図 半無限平板を過ぎる流れ

距離 δ 程度まで伝わる．したがって，両者から t を消去した

$$\delta \sim 4\sqrt{\frac{\nu x}{U}} \tag{8.21}$$

で表される放物線の内部が平板の存在による粘性の影響を受けた領域である．このような領域は**境界層**とよばれ，粘性のある流体中の物体運動で重要な意味をもっている．これについては§8.4でさらにくわしく述べる．

(4) ナヴィエ-ストークス方程式の厳密解

これまでに登場した平行な流れのうち，① クエット流や ② ポアズイユ流では，静止状態から定常状態に遷移していく過渡的な様子も含めて厳密に解が知られているし，③ 面に平行に振動する平板による流れ（§8.2 (2)）や ④ 面に平行に急激に動き出した板による流れ（§8.2 (3)）については本章で説明した通りである．また，⑤ クエット流に類似した流れではあるが，同心二重円筒が共通の軸の周りに回転するときにそれらに挟まれた領域内にある流体の流れなどもよく知られている．しかし，流れが平行でない場合には，ナヴィエ-ストークス方程式の非線形項が無視できないので，近似なしに解析的に解くことは大変むずかしい．このほかに，厳密解の例として ⑥ 2次元

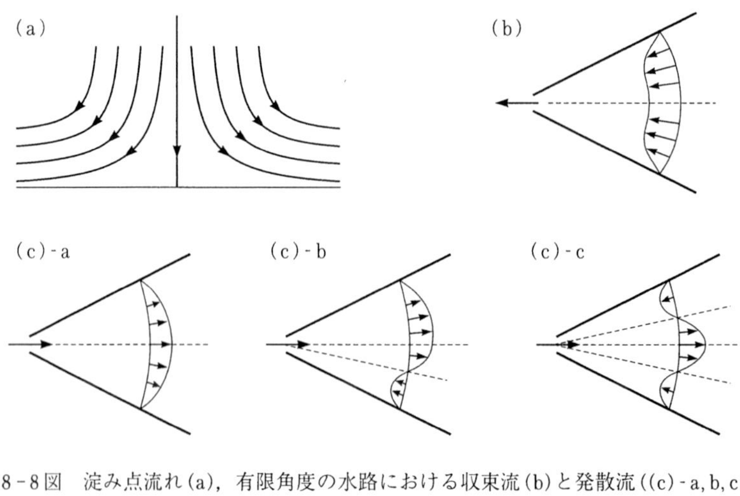

8-8図 淀み点流れ(a)，有限角度の水路における収束流(b)と発散流((c)-a, b, c)

的な流れが平板に垂直に当たり，対称線を境にして両側に分かれて流れていくもの（これを**淀み点流れ**という；Hiemenz，1911年），同様に，⑦壁に向かう軸対称な淀み点流れ（Homann，1936年），⑧有限な角度で交わる水路での収束流と発散流（Hamel，1917年），⑨回転する平板による流れ（von Kármán，1921年），⑩減衰する渦糸（Oseen，1911年，Hamel 1916年；渦糸については§9.3参照），⑪流体中に置かれたジェット（Landau, 1943年），などがよく知られている．8-8図に⑥，⑧の流れの概略を示す．

有限角度の水路において吸い込みによる収束流と湧き出しによる発散流が対称でないことに注意せよ．流線はどちらの場合もすべて放射状であるが，前者では全領域で吸い込み点に向かう内向きの流れがあるのに対して，後者では部分的に外向きと内向きの流れが入り混じって正味の流量が減る可能性がある．このような非対称性は流れの安定性とも関連するものであるが，身近なところでは，たとえばスチーム暖房で高温の流体をパイプに流すときにポンプで圧力を掛けて押し込むのではなく，真空ポンプで引き入れる方法がとられるのはこのためである．

§8.3 低レイノルズ数の流れ

(1) ストークス近似

非圧縮粘性流体の運動を支配する方程式は，連続の式と非圧縮のナヴィエ-ストークス方程式

$$\mathrm{div}\,\boldsymbol{v} = 0 \tag{8.22}$$

$$\rho\left(\frac{\partial \boldsymbol{v}}{\partial t} + \boldsymbol{v}\cdot\nabla\boldsymbol{v}\right) = -\nabla p + \mu\Delta\boldsymbol{v} \tag{8.23}$$

であることはすでに述べた．外力としては保存力場のみを考え，これを p に含めて書いてある．さて，流体の密度を ρ，粘性率を μ，物体の代表的な大きさを L，無限遠方での速度を U として，(8.23) 式の慣性項と右辺の粘性項の大きさを大ざっぱに評価すると，それぞれ $\rho U^2/L$，$\mu U/L^2$ の程度であり，両

者の比は

$$\frac{(\text{慣性項})}{(\text{粘性項})} = \frac{\dfrac{\rho U^2}{L}}{\dfrac{\mu U}{L^2}} = \frac{\rho UL}{\mu} = Re \qquad (\text{レイノルズ数})$$

となっている．ここで，もし $Re \ll 1$ であれば慣性項は粘性項に対して無視することが許される．この近似のもとでは（8.23）式は線形化され

$$\rho \frac{\partial \boldsymbol{v}}{\partial t} = -\nabla p + \mu \Delta \boldsymbol{v} \tag{8.24}$$

となる．これを**（非定常）ストークス近似**という．

はじめに（8.22），（8.24）式から導かれる一般的な性格について述べておこう．まず，（8.24）式の回転（rot，または∇×）をとると

$$\frac{\partial \boldsymbol{\omega}}{\partial t} = \nu \Delta \boldsymbol{\omega} \qquad \left(\text{ただし}\quad \nu = \frac{\mu}{\rho}\right) \tag{8.25}$$

となる．ただし，$\boldsymbol{\omega}$ は§7.1（2）（iii）で定義した渦度（$\boldsymbol{\omega} = \mathrm{rot}\,\boldsymbol{v}$）で，ベクトル演算の関係：rot grad(...) = $\boldsymbol{0}$（付録Aの[2]を参照）を用いた．（8.25）式は拡散型の方程式（あるいは熱伝導型の方程式）であり，物体表面近傍の速度勾配の大きな領域で発生した渦度が，t 秒後には物体表面から $\sqrt{\nu t}$ の距離まで拡散していることを示す（8－9図参照）．

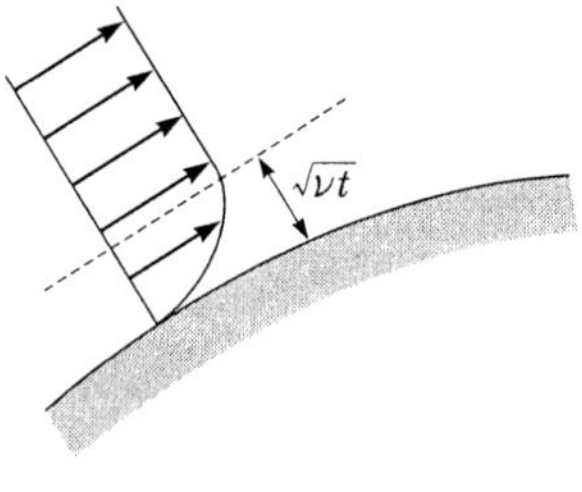

8－9図　渦度の拡散

つぎに，（8.24）式の発散（div，または∇・）をとり，（8.22）式を使うと，

$$\Delta p = 0 \tag{8.26}$$

これはラプラス方程式であり，その解は調和関数で表される．もし流れが定常（$\partial/\partial t = 0$）であれば，$\boldsymbol{\omega}$ も

$$\Delta \boldsymbol{\omega} = \boldsymbol{0} \tag{8.27}$$

を満たす．すなわち，渦度 $\boldsymbol{\omega}$ も調和関数で表される．

（2）　定常ストークス方程式の解

偏微分方程式の解法にしたがって，定常ストークス方程式の解を非同次の特解（$\boldsymbol{v}_1$, p_1）と同次の一般解（$\boldsymbol{v}_2$, p_2）に分解して考えてみよう．すなわち，$\boldsymbol{v} = \boldsymbol{v}_1 + \boldsymbol{v}_2$, $p = p_1 + p_2$ で，これらはそれぞれ方程式系

$$\left.\begin{aligned} \mu\Delta\boldsymbol{v}_1 &= \nabla p_1 \\ \mathrm{div}\,\boldsymbol{v}_1 &= 0 \end{aligned}\right\} \tag{8.28}$$

$$\left.\begin{aligned} \mu\Delta\boldsymbol{v}_2 &= \boldsymbol{0} \\ \mathrm{div}\,\boldsymbol{v}_2 &= 0 \end{aligned}\right\} \tag{8.29}$$

を満たす（$p_2 = 0$ としてよい）．

方程式系（8.28）を解く前に調和関数について復習しておこう．

（i）　ラプラス演算子 $\Delta(= \partial^2/\partial x^2 + \partial^2/\partial y^2 + \partial^2/\partial z^2)$ を球座標系（r, θ, ϕ）で表すと

$$\Delta = \frac{1}{r^2}\frac{\partial}{\partial r}\left(r^2\frac{\partial}{\partial r}\right) + \frac{1}{r^2\sin\theta}\frac{\partial}{\partial\theta}\left(\sin\theta\frac{\partial}{\partial\theta}\right) + \frac{1}{r^2\sin^2\theta}\frac{\partial^2}{\partial\phi^2}$$

であるから（付録Bの[2]を参照），$\Delta f = 0$ の球対称な解は $\dfrac{1}{r^2}\dfrac{d}{dr}\left(r^2\dfrac{df}{dr}\right) = 0$ を積分し，$f = c_1/r + c_0$ となる（c_0, c_1 は定数）．調和関数を x, y, z で任意の回数微分したものも調和関数になっているから

$$f = c_0 + \frac{c_1}{r} + a_i\frac{\partial}{\partial x_i}\left(\frac{1}{r}\right) + a_{ij}\frac{\partial^2}{\partial x_i\partial x_j}\left(\frac{1}{r}\right) + \cdots \tag{8.30}$$

［ただし，$c_0, c_1, a_i, a_{ij}, \cdots$ は任意定数；　$(x_1, x_2, x_3) = (x, y, z)$］

もラプラス方程式の解になっている．

（ii）　また，$\dfrac{\partial r}{\partial x} = \dfrac{x}{r}$, $\dfrac{\partial^2 r}{\partial x^2} = \dfrac{1}{r} - \dfrac{x^2}{r^3}$ などから，つぎの結果

$$\Delta r = \frac{2}{r} \tag{8.31}$$

も容易に導かれる．

これらの性質に着目して（8.28）式の解を求めよう．圧力 p_1 は調和関数であるから，（8.30）式のような形に書けるはずであるが，そのうち第1項の定

数は圧力勾配に寄与しないので無視してよいし，第 2 項の $1/r$ に比例した部分は球対称な圧力分布であるから，物体を過ぎる流れのように，流体の湧き出しがない流れの場にはふさわしくない．第 3 項は x_i 方向の圧力の異方性をもった場を表すので，この方向を x 軸として

$$p_1 = \frac{\partial}{\partial x}\left(\frac{1}{r}\right) = -\frac{x}{r^3} \tag{8.32}$$

と置いてみよう．つぎにこれを (8.28) 式の第 1 式に代入すると

$$\underset{\sim\sim\sim}{\mu\Delta \boldsymbol{v}_1} = \nabla p_1 = \nabla\left[\frac{\partial}{\partial x}\underline{\left(\frac{1}{r}\right)}\right] = \nabla\left[\frac{\partial}{\partial x}\underline{\left(\frac{\Delta r}{2}\right)}\right] = \underset{\sim\sim\sim}{\Delta\left\{\nabla\left[\frac{\partial}{\partial x}\left(\frac{r}{2}\right)\right]\right\}}$$

$$\therefore \quad \mu \boldsymbol{v}_1 = \nabla\left[\frac{\partial}{\partial x}\left(\frac{r}{2}\right)\right] + \mu \boldsymbol{v}_0 \qquad (\sim\sim \text{部分を比較}) \tag{8.33}$$

となる．ここで $\boldsymbol{v}_0$ は $\Delta \boldsymbol{v}_0 = 0$ の解であり，(8.33) 式が全体として (8.28) の第 2 式，すなわち，連続の式を満たすように決める．すなわち

$$\begin{aligned}\mathrm{div}\ (\mu \boldsymbol{v}_1) &= \mathrm{div}\left\{\nabla\left[\frac{\partial}{\partial x}\left(\frac{r}{2}\right)\right]\right\} + \mathrm{div}\ (\mu \boldsymbol{v}_0) \\ &= \frac{\partial}{\partial x}\left(\frac{\Delta r}{2}\right) + \mu\, \mathrm{div}\ \boldsymbol{v}_0 \qquad (\because \quad \mathrm{div}\,\nabla = \Delta) \\ &= \frac{\partial}{\partial x}\left(\frac{1}{r}\right) + \mu\left(\frac{\partial v_{0x}}{\partial x} + \frac{\partial v_{0y}}{\partial y} + \frac{\partial v_{0z}}{\partial z}\right) = 0\end{aligned}$$

これより

$$\mu \boldsymbol{v}_0 = \left(-\frac{1}{r}, 0, 0\right) \tag{8.34}$$

と選べばよいことがわかる．以上で $\boldsymbol{v}_1$ が求められた．これらを成分に分けて表現すると

$$u_1 = -\frac{1}{2\mu}\left(\frac{1}{r} + \frac{x^2}{r^3}\right), \qquad v_1 = -\frac{1}{2\mu}\frac{xy}{r^3}, \qquad w_1 = -\frac{1}{2\mu}\frac{xz}{r^3} \tag{8.35}$$

となる．解 (8.32)，(8.35) は**ストークスレット**とよばれる基本解である．圧力の異方性を x_i 方向に選んだときは，v_i 成分が (8.35) 式の u_1 のような形になる．

また，同次方程式 (8.29) の解は，容易に確かめられるように

$$\boldsymbol{v}_2 = \mathrm{grad}\,\Phi, \qquad ただし \quad \Delta\Phi = 0 \tag{8.36}$$

によって与えられる．

(3) ストークスの抵抗法則

無限遠で一様な流れ U が半径 a の球に当たるときに，球にはたらく抵抗をストークス近似で求めてみよう．球の半径は小さいので，これをとり囲む流体中で重力などの外力は一定と考えられる．境界条件は，

$$r \to \infty \quad で \quad \boldsymbol{v} \to U\boldsymbol{e}_x, \quad p \to p_\infty \tag{8.37 a}$$

$$r = a \quad で \quad \boldsymbol{v} = \boldsymbol{0} \tag{8.37 b}$$

さて，解を (8.32)，(8.35)，(8.36) の重ね合せ：

$$\boldsymbol{v} = U\boldsymbol{e}_x + A\boldsymbol{v}_1 + \mathrm{grad}\,\Phi, \qquad p = p_\infty + Ap_1 \tag{8.38}$$

で表現する．ここで，無限遠での境界条件を満たすためには，$r \to \infty$ で $\mathrm{grad}\,\Phi \to \boldsymbol{0}$ が必要であるから

$$\Phi = \frac{a_0}{r} + a_i\frac{\partial}{\partial x_i}\left(\frac{1}{r}\right) + a_{ij}\frac{\partial^2}{\partial x_i \partial x_j}\left(\frac{1}{r}\right) + \cdots \tag{8.39}$$

の形の解が妥当である．これと (8.35) を (8.38) に代入し，$r = a$ で $\boldsymbol{v} = \boldsymbol{0}$ という境界条件を課すと

$$A = \frac{3}{2}\mu a U, \qquad a_1 = \frac{1}{4}a^3 U, \qquad その他の係数 = 0 \tag{8.40}$$

を得る．したがって，球の周りの流れは

$$\left.\begin{aligned}
u &= U\left[1 - \frac{a}{4r}\left(3 + \frac{a^2}{r^2}\right) - \frac{3ax^2}{4r^3}\left(1 - \frac{a^2}{r^2}\right)\right] \\
v &= U\left[-\frac{3axy}{4r^3}\left(1 - \frac{a^2}{r^2}\right)\right] \\
w &= U\left[-\frac{3axz}{4r^3}\left(1 - \frac{a^2}{r^2}\right)\right] \\
p &= p_\infty - \frac{3\mu a U x}{2r^3}
\end{aligned}\right\} \tag{8.41}$$

［**問題 3**］　無限遠で一様な流れ U が半径 a の球に当たるときのストークス流が (8.41) 式で与えられることを確かめよ.

球の周りの流れの流線を 8-10 図に示す. もちろん流れは x 軸の周りに軸対称的で, しかも前後にも対称である（前後対称な物体を過ぎるストークス流は常に前後対称である）.

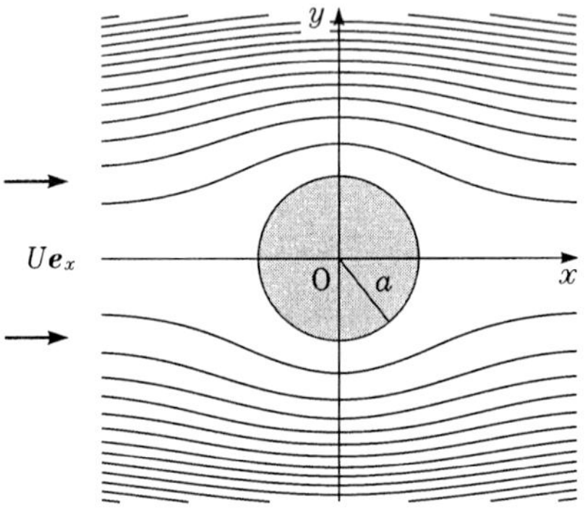

8-10 図　球を過ぎる一様流（ストークス流）

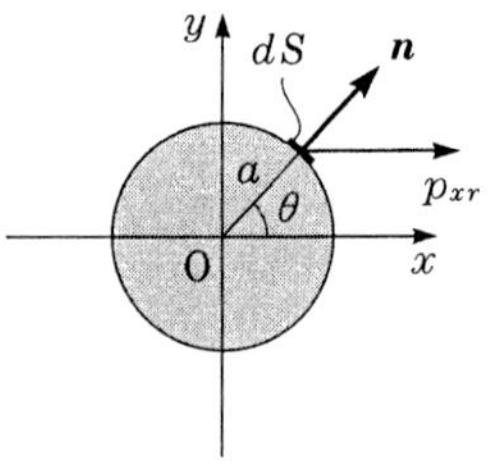

8-11 図　球にはたらく力

つぎに, 球にはたらく抵抗を計算しよう. 対称性から明らかに球にはたらく力 $\boldsymbol{F}$ は x 方向だけである. また, 球面上のどの微小面 dS も r 方向を法線方向としているから (8-11 図参照), この微小面 dS にはたらく力の x 成分は $(p_{xr})_{r=a}\,dS$ であり, これを球面上で足し合わせれば

$$F = \iint (p_{xr})_{r=a}\,dS \tag{8.42}$$

を得る. ところで

$$\begin{aligned} p_{xr} &= l\,p_{xx} + m\,p_{xy} + n\,p_{xz} \\ &= \frac{x}{r}p_{xx} + \frac{y}{r}p_{xy} + \frac{z}{r}p_{xz} \\ &= \frac{x}{r}\left(-p + 2\mu\frac{\partial u}{\partial x}\right) + \frac{y}{r}\mu\left(\frac{\partial v}{\partial x} + \frac{\partial u}{\partial y}\right) + \frac{z}{r}\mu\left(\frac{\partial w}{\partial x} + \frac{\partial u}{\partial z}\right) \end{aligned}$$

であるから，これに (8.41) を代入し，$r = a$ での表式を求め，(8.42) の積分を実行することによって，F が導かれる．半径 a の球面 S 上での積分にあたっては $\iint_S dS = 4\pi a^2$ (球の表面積)，$\iint_S x\,dS = 0$ (対称性から)，$\iint_S x^2 dS = \iint_S \frac{1}{3}(x^2 + y^2 + z^2)\,dS = \frac{1}{3}a^2 \iint_S dS = \frac{4\pi a^4}{3}$，… などの結果を利用すればよい．結果は

$$F_p = \iint_S \left(-p\frac{x}{r}\right) dS = \iint_S \frac{x}{r}\left(-p_\infty + \frac{3\mu aUx}{2r^3}\right)_{r=a} dS = 2\pi\mu aU \tag{8.43}$$

$$F_f = \iint_S (\text{上記以外の } p_{xr})\,dS = \cdots = 4\pi\mu aU \tag{8.44}$$

全体では

$$F = F_p + F_f = 6\pi\mu aU \tag{8.45}$$

となる．F_p は圧力に起因するので圧力抵抗，F_f は摩擦力に起因するので摩擦抵抗とよばれる．式 (8.45) はストークスにより 1851 年に導かれ (**ストークスの抵抗法則**)，微小球の遅い運動における抵抗法則としてしばしば利用されるものである．

［**問題 4**］ 境界条件 (8.37) を変更し，静止流体中を半径 a の微小球が速度 U で動くときの流れを求めよ．

(4) 球の周りのストークス流

単純ずれ流れは粘性率を定義する際に現れたもっとも基本的な流れの一つである．この中に置かれた球の周りの流れを考えてみよう．まず，ストークス方程式が線形であり，それによって決まる流れは重ね合せが可能であることに着目して，単純ずれ流れの中の勝手な点での流れを一様流，一様回転流，**純粋ずれ流れ**，の 3 つに分解して考

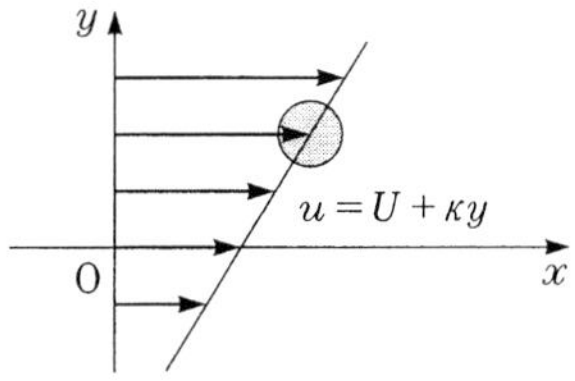

8-12 図　単純ずれ流れの中の球

える．すなわち

$$\boldsymbol{v}=\begin{pmatrix}U+\kappa y\\0\\0\end{pmatrix}=\begin{pmatrix}U\\0\\0\end{pmatrix}+\frac{\kappa}{2}\begin{pmatrix}y\\-x\\0\end{pmatrix}+\frac{\kappa}{2}\begin{pmatrix}y\\x\\0\end{pmatrix}$$

最右辺第1項に対応した一様流中の球の問題は前節までに調べた．そこで，第2，3項の流れについて以下で考察しよう．

（i）　一様回転流れ中の球

一様な回転流

$$\boldsymbol{v}_0=(u,v,w)=(\Omega y,-\Omega x,0)\quad(8.46)$$

の中に半径 a の球が置かれたときの流れを計算してみよう．(8.46)式で表される流れは，8-13図に示したように原点の周りの剛体的な回転を表している．この場合には $\nabla p=\mathbf{0}$ であるから，ストークス方程式は $\Delta\boldsymbol{v}=\mathbf{0}$，すなわち速度場は調和関数で表される．また，連続の式から $\nabla\cdot\boldsymbol{v}=0$．境界条件：$r=a$ で $\boldsymbol{v}=\mathbf{0}$ と $r\to\infty$ で $\boldsymbol{v}\to\boldsymbol{v}_0$ を満たすためには前述のような流れのうち $u\propto-y$，$v\propto x$ となるものを探せばよいので

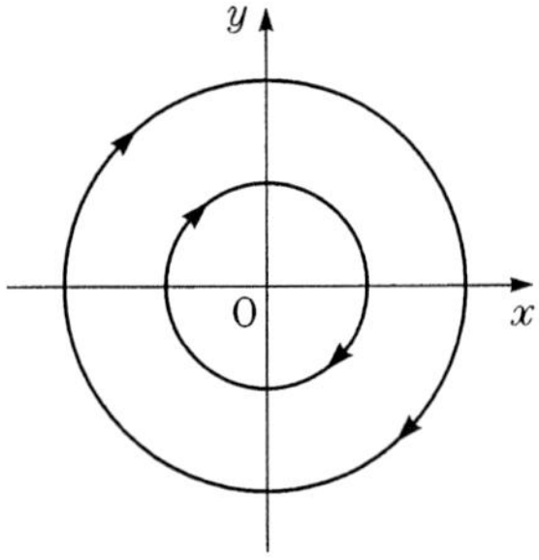

8-13図　一様な回転流れ

$$u=\frac{\partial}{\partial y}\left(\frac{1}{r}\right)=-\frac{y}{r^3},\qquad v=-\frac{\partial}{\partial x}\left(\frac{1}{r}\right)=\frac{x}{r^3},\qquad w=0\tag{8.47}$$

を得る．この解は**ロートレット**あるいは**カップレット**とよばれる基本解である．解(8.46)と(8.47)用いて剛体回転的な流れの中の球の周りの流れを求めると

$$u=\Omega y\left(1-\frac{a^3}{r^3}\right),\qquad v=-\Omega x\left(1-\frac{a^3}{r^3}\right),\qquad w=0\quad(8.48)$$

となる．

（ii）　純粋ずれ流れ中の球

純粋ずれ流れ

$$\boldsymbol{v} = (u, v, w) = (\Omega y, \Omega x, 0) \qquad (8.49)$$

の中に半径 a の球が置かれたときの流れは

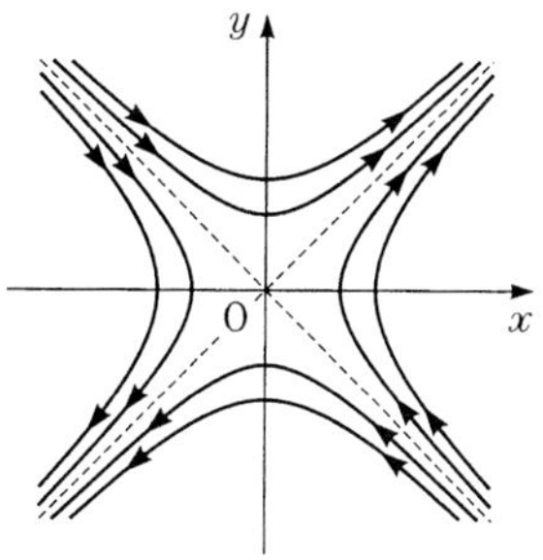

8-14図　純粋ずれ流れ

$$\left.\begin{aligned} u &= \Omega y\left[1 - \frac{a^5}{r^5} - \frac{5x^2}{r^2}\left(\frac{a^3}{r^3} - \frac{a^5}{r^5}\right)\right] \\ v &= \Omega x\left[1 - \frac{a^5}{r^5} - \frac{5y^2}{r^2}\left(\frac{a^3}{r^3} - \frac{a^5}{r^5}\right)\right] \\ w &= -\frac{5\Omega xyz}{r^2}\left(\frac{a^3}{r^3} - \frac{a^5}{r^5}\right) \\ p &= p_\infty - \frac{10\mu\Omega a^3 xy}{r^5} \end{aligned}\right\} \qquad (8.50)$$

となる．ここで，純粋ずれ流れに対する補正項(a を含む項)のうち，$\Omega a^3 =$ 一定 として $a \to 0$ とするときに残る項：

$$u = \frac{1}{2\mu}\frac{x^2 y}{r^5}, \qquad v = \frac{1}{2\mu}\frac{xy^2}{r^5}, \qquad w = \frac{1}{2\mu}\frac{xyz}{r^5}, \qquad p = \frac{xy}{r^5} \qquad (8.51)$$

の型の流れは**ストレスレット**とよばれる基本解である．

［**問題 5**］　純粋ずれ流れ (8.49) の中に半径 a の球が置かれたときの流れ (8.50) を計算せよ．

本節で考察した流れ場は，流体中に微小な粒子が分散した系（これをサスペンションという）の粘性率を求めるときの基礎となる．実際，1905 年にアインシュタインはこれを用いて，希薄なサスペンションの粘性率 μ が溶媒の粘性率 μ_0 に対して

$$\mu = \mu_0(1 + 2.5\,\phi) \qquad (8.52)$$

となることを示した．ただし，ϕ は分散した粒子が溶液全体に占める体積分率である．これは**アインシュタインの粘度式**として知られている．

（5） 3次元定常ストークス流の一般解

これまで見てきた定常ストークス方程式 (8.28) の解を一般的に表す方法を考えてみよう．

まず，(8.28) 式は圧力場（これは (8.26) 式で見たように調和関数で表される）が与えられたときにこれを非同次項とする $\boldsymbol{v}$ の偏微分方程式とみなせる．そこで，ベクトル解析での恒等変形

$$\Delta(\boldsymbol{x}\cdot\boldsymbol{\phi}) \equiv \nabla\cdot\nabla(\boldsymbol{x}\cdot\boldsymbol{\phi}) = 2\nabla\cdot\boldsymbol{\phi}+\boldsymbol{x}\cdot\Delta\boldsymbol{\phi}$$

あるいは

$$\nabla\cdot[\nabla(\boldsymbol{x}\cdot\boldsymbol{\phi}) - 2\boldsymbol{\phi}] = \boldsymbol{x}\cdot\Delta\boldsymbol{\phi}$$

を利用する．すなわち，もし $\Delta\boldsymbol{\phi} = 0$ として $\boldsymbol{v}_p = \nabla(\boldsymbol{x}\cdot\boldsymbol{\phi}) - 2\boldsymbol{\phi}$ と置くと，$\boldsymbol{v}_p$ は (8.28) 式の第 2 式 $\nabla\cdot\boldsymbol{v}_p = 0$ を満たす．しかも

$$\Delta\boldsymbol{v}_p = \Delta[\nabla(\boldsymbol{x}\cdot\boldsymbol{\phi}) - 2\boldsymbol{\phi}] = \nabla[\Delta(\boldsymbol{x}\cdot\boldsymbol{\phi})] - 2\Delta\boldsymbol{\phi} = \nabla(2\nabla\cdot\boldsymbol{\phi})$$

であるから，$2\nabla\cdot\boldsymbol{\phi} = p/\mu$ と決めれば(8.28) 式の第 1 式も満たされる．以上より

$$\boldsymbol{v}_p = \nabla(\boldsymbol{x}\cdot\boldsymbol{\phi}) - 2\boldsymbol{\phi}, \quad p = 2\mu\nabla\cdot\boldsymbol{\phi}, \quad \Delta\boldsymbol{\phi} = \boldsymbol{0} \tag{8.53}$$

が (8.28) 式の特解になる．一般解としては，これらに同次方程式 (8.29) の一般解 $\boldsymbol{v}_c$ を加えればよい．ベクトルを一般に $\boldsymbol{v}_c = \nabla\psi + \nabla\times\boldsymbol{A}$ (= grad ψ + rot $\boldsymbol{A}$) と分解すると，(8.29) の第 2 式は div $\boldsymbol{v}_c = \nabla\cdot(\nabla\psi + \nabla\times\boldsymbol{A}) = \Delta\psi$ であるから，$\Delta\psi = 0$ であればよい．また，(8.29) の第 1 式は $\Delta\boldsymbol{v}_c = \Delta(\nabla\psi + \nabla\times\boldsymbol{A}) = \nabla\times(\Delta\boldsymbol{A})$ となるので，$\Delta\boldsymbol{A} = \nabla\chi$ の形であればいつでも $\Delta\boldsymbol{v}_c = 0$ が成り立つ ($\nabla\times\nabla\equiv 0$．付録 A の[2]を参照)．ところで，一般に勝手な関数 σ を用いて $\boldsymbol{A}$ を $\boldsymbol{A} + \nabla\sigma$ と変更しても $\nabla\times(\boldsymbol{A}+\nabla\sigma) = \nabla\times\boldsymbol{A}$ となるので $\boldsymbol{v}_c$ には影響しない．他方，$\Delta(\boldsymbol{A}+\nabla\sigma) = \Delta\boldsymbol{A} + \nabla(\Delta\sigma) = \nabla\chi$ であるから，$\Delta\sigma = \chi$ となるように σ を選んでおけば $\Delta\boldsymbol{A} = 0$ となる．したがって，同次方程式の一般解は

$$\boldsymbol{v}_c = \nabla\psi + \nabla\times\boldsymbol{A}, \quad \Delta\psi = \Delta\boldsymbol{A} = \boldsymbol{0} \tag{8.54}$$

で与えられる．(8.53)，(8.54) 式が今井の一般解（1973 年）である．

［**例題 1**］ (8.53) 式で $\boldsymbol{\phi} = (A/r, 0, 0)$ と置いたときの解を求めよ．

［解］

$$v_x=\frac{\partial}{\partial x}\left(\frac{Ax}{r}\right)-2\frac{A}{r}=-A\left(\frac{1}{r}+\frac{x^2}{r^3}\right),\qquad v_y=\frac{\partial}{\partial y}\left(\frac{Ax}{r}\right)=-A\frac{xy}{r^3},$$

$$\cdots,\qquad p=2\mu\frac{\partial}{\partial x}\left(\frac{A}{r}\right)=-2\mu A\frac{x}{r^3}$$

これは(8.35), (8.32) 式で求めたストークスレットと同じ形である．ただし，$2\mu A$ 倍の違いを除く．すなわち，x 方向のストークスレットは上の表現で $\boldsymbol{\phi}$ の x 成分に調和関数 $1/r$ を与えることにより得られる．

［**問題 6**］ 3 次元ストークス流の一般解 (8.54) で $\boldsymbol{A}=(0,0,A/r)$ と置いたときの解を求めよ．

（6） 2 次元定常ストークス流の一般解

流れが 2 次元的(xy 面内)に起こっている場合には，$w=0$, $u=u(x,y)$, $v=v(x,y)$ となるので (8.28) 式は次のようになる：

$$\mu\Delta u=\frac{\partial p}{\partial x} \tag{8.55 a}$$

$$\mu\Delta v=\frac{\partial p}{\partial y} \tag{8.55 b}$$

$$\frac{\partial u}{\partial x}+\frac{\partial v}{\partial y}=0 \tag{8.56}$$

連続の式 (8.56)を満たすために，新しい関数 ψ を導入しよう．ただし，これは

$$u=\frac{\partial\psi}{\partial y},\qquad v=-\frac{\partial\psi}{\partial x} \tag{8.57}$$

を満たすもので，**流れの関数**とよばれる(これについてはp.184～185も参照).

ψ を用いると渦度 $\omega=\mathrm{rot}\,\boldsymbol{v}=(0,0,\omega)$ は

$$\omega=\frac{\partial v}{\partial x}-\frac{\partial u}{\partial y}=-\Delta\psi \tag{8.58}$$

と表されるので，(8.55 a, b) ～ (8.58) 式から

$$\frac{\partial p}{\partial x} = \mu\,\Delta\left(\frac{\partial \psi}{\partial y}\right) = \mu\frac{\partial(\Delta\psi)}{\partial y} = -\,\mu\frac{\partial \omega}{\partial y} \tag{8.59 a}$$

$$\frac{\partial p}{\partial y} = \mu\,\Delta\left(-\,\frac{\partial \psi}{\partial x}\right) = -\,\mu\frac{\partial(\Delta\psi)}{\partial x} = \mu\frac{\partial \omega}{\partial x} \tag{8.59 b}$$

を得る．これは複素関数論でよく知られた**コーシー－リーマンの関係式**であり，$p - i\mu\omega$ が $z = x + iy$（ただし $i^2 = -1$）の解析関数であることを意味する．したがって

$$p - i\mu\omega = 4\mu g'(z) \tag{8.60}$$

ここで $g'(z)$ は任意の解析関数である．微分や係数の 4μ は最終結果が簡単に表せるようにするためにつけてある．また，(8.59 a, b) 式から

$$\Delta p = 0 \tag{8.61 a}$$

$$\Delta \omega = 0 \tag{8.61 b}$$

すなわち，圧力 p や渦度 ω が調和関数であること，さらに (8.58) 式から

$$\Delta\Delta\psi = 0 \tag{8.62}$$

すなわち，ψ が**重調和関数**であることがわかる．

さて，$w = u - iv$ という関数(これを複素速度という)を定義しておくと，(8.57) により

$$w = \frac{\partial \psi}{\partial y} + i\frac{\partial \psi}{\partial x} = 2i\frac{\partial \psi}{\partial z} \tag{8.63}$$

$$\omega = -\,\Delta\psi = 2i\frac{\partial w}{\partial \bar{z}} \tag{8.64}$$

となる．ただし，上ツキの －（バー）は複素共役を表す．また，

$$\frac{\partial}{\partial z} = \frac{\partial x}{\partial z}\frac{\partial}{\partial x} + \frac{\partial y}{\partial z}\frac{\partial}{\partial y} = \frac{1}{2}\left(\frac{\partial}{\partial x} + \frac{1}{i}\frac{\partial}{\partial y}\right)$$

$$\Delta = \frac{\partial^2}{\partial x^2} + \frac{\partial^2}{\partial y^2} = \left(\frac{\partial}{\partial x} + \frac{1}{i}\frac{\partial}{\partial y}\right)\left(\frac{\partial}{\partial x} - \frac{1}{i}\frac{\partial}{\partial y}\right) = 4\frac{\partial^2}{\partial z \partial \bar{z}}$$

であることを考慮した．(8.60) 式の虚数部 Im をとり

$$\omega = -\,4\,\mathrm{Im}\{g'(z)\} = 2i[g'(z) - \bar{g}'(\bar{z})] \tag{8.65}$$

つぎに，(8.65) 式を (8.64) 式に代入して $\bar{z}$ で積分すると

$$w = \bar{z}\,g'(z) - \bar{g}(\bar{z}) + f'(z) \tag{8.66}$$

ここで, $f'(z)$ も任意関数である. f でなくその微分 f' を用いたのは最終結果が簡単に表せるようにするためである．さらに，(8.66) 式を (8.63) 式に代入して z について積分し

$$\psi = \frac{\bar{z}g(z) - z\bar{g}(\bar{z}) + f(z) + \bar{h}(\bar{z})}{2i} = \mathrm{Im}\,[\bar{z}g(z) + f(z)] \tag{8.67}$$

を得る．ここで，任意関数 $h(z)$ は ψ が実数になるように選んだ(すなわち，$h(z) = -f(z)$)．

［**例題 2**］ 2 次元ストークス流の一般解 (8.66)，(8.67) の表現で $g(z) = A/z$，$f(z) = m\log z$，(A，m：実数) と置いたときの解を求めよ．

［**解**］ まず g を (8.67)，(8.66) 式に代入すると

$$\psi = \mathrm{Im}\left\{\frac{A\bar{z}}{z}\right\} = A\,\mathrm{Im}(e^{-2i\theta}) = -A\sin 2\theta$$

$$w = \bar{z}\left(-\frac{A}{z^2}\right) - \frac{A}{\bar{z}} = -\frac{A}{z}\left(\frac{\bar{z}}{z} + \frac{z}{\bar{z}}\right) = -\frac{2A\cos 2\theta}{z}$$

したがって，$\theta =$ 一定 という放射線状の直線群が流線になっている．つぎに f を (8.67)，(8.66) 式に代入すると

$$\psi = \mathrm{Im}\,\{m\log z\} = m\theta, \qquad w = f' = \frac{m}{z}$$

これも $\theta =$ 一定 という放射線状の直線群が流線になっている. そこで, 両者を加え合わせた流れ

$$\psi = m\theta - A\sin 2\theta, \qquad w = \frac{m - 2A\cos 2\theta}{z}$$

を考えると，$\cos 2\theta = m/(2A)$ で速度が 0 になっている．この角度を $\pm\,\alpha/2$ とおくと(したがって $m - 2A\cos\alpha = 0$ が成り立つ)，上の流れは角度 α で交わる平面壁の間の流れと考えることができる．また，$A > 0$ のときにはこの面の中央 ($\theta = 0$) 付近の速度は負であるから，流れは原点に向かって吸い込まれている．そこで吸い込み量を Q とおくと $\theta = \alpha/2$ で $\psi = -Q/2$ となる（したがって $\psi(\alpha/2) \equiv$

$(m\alpha/2) - A\sin\alpha = -Q/2$ が成り立つ). ここで流れの対称性から領域の半分だけを考慮した. これらの条件から A, m を決定すると

$$A = \frac{Q}{2(\sin\alpha - \alpha\cos\alpha)}, \qquad m = \frac{Q}{\tan\alpha - \alpha}$$

となる. これは§8.2 (4) で述べたハメルの流れのストークス近似解である.

余　談

ニュートン (1643-1727) とストークス (1819-1903)

ニュートンもストークスもイギリスのケンブリッジ大学を卒業し, そこでルーカス教授職 (1663年にヘンリー・ルーカスの拠出金で創られたポスト) にあった. 言うまでもなくニュートンは微積分をはじめ, 万有引力の法則や運動法則などの発見者, 古典力学の完成者であるとともに, 光をスペクトルに分解し, また反射望遠鏡を考案した科学者である. エーテルで満たされた宇宙を運行する惑星にどのような抵抗がはたらくかを調べているうちに, 通常の流体中で速く動く物体が受ける抵抗法則 (速度の2乗に比例する) を見出した. また, 接線応力が速度勾配に比例するという関係式 (6.6) も流体力学ではなじみの深いものであり, この関係式にしたがう流体はニュートン流体とよばれる. このような輝かしい業績を認められたニュートンは, 後に当時の官吏としては最高給の造幣局長官に任命された. もっとも, 自然科学の権化としてのニュートンのイメージの裏に, キリスト教の教義と練金術に凝っていた姿もある. 実際, 彼が一時精神異常に陥ったのは練金術に没頭するあまり水銀など重金属の中毒症状を起こしたためであるという, 毛髪の微量分析からの推測もある.

8-15図　1ポンド紙幣のニュートン

8-16図　ストークス

ストークスもニュートンと同様に, 数学, 光学, 流体力学に多くの業績を残した. ベクトル解析でおなじみのストークスの定理(付録A[3]), 偏光(ストークスパラメターなど)や蛍光(ストークス線など)の研究, 流体力学では本節で導入した流れの関数 ψ, 水面波, 低レイノルズ数の流れに対するストークス近似, それから導かれた球の抵抗法則 $F = 6\pi\mu aU$((8.45)式), など, 枚挙にいとまがない. ちなみに, ルーカス教授職に在職した人々に, ニュートンの前任者で初代のバロー (I. Barrow), 天文学や干渉縞, 虹の研究で知られるエアリー (G. B. Airy), 計算機械や保険・郵便制度の発明で知られるバベージ (C. Babbage), 原子核や電磁理論のラーモア (J. Larmor), 相対論的量子力学, 量子統計力学, デルタ関数など数々の業績で有名なディラック (P. A. M. Dirac), 空力音や乱流, 生物流体力学のライトヒル (M. J. Lighthill), そして宇宙論で知られるホーキング (S. W. Hawking) などがいる.

§8.4　高レイノルズ数の流れ

(1)　境界層近似

速い流れが物体を過ぎると, 物体表面の近くに**境界層**が存在することは§8.2(3)で簡単に触れた. これは, 物体から十分離れた領域ではもとの流れはほとんど変らないが, 静止した物体表面では粘性により速度が0になるために, 境界に隣接して速度勾配の大きな領域が形成されることによる. 簡単のために, 2次元流を考

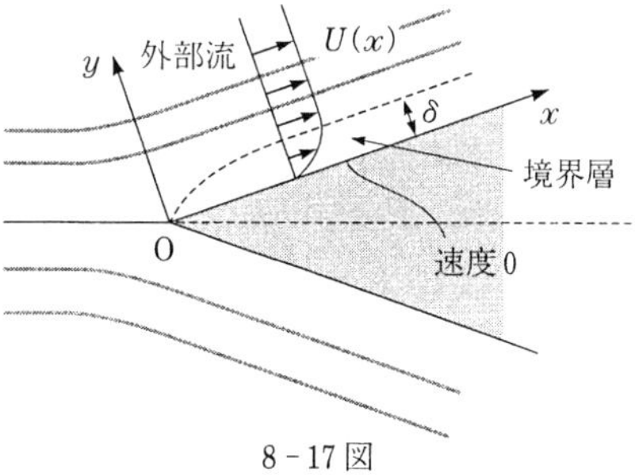

8-17図

え，物体の先端を原点，境界壁に沿って x 軸，これに垂直に y 軸をとる(8-17図参照)．境界に沿う流れを U とすると，$x \sim L$ での境界層の厚さ δ は (8.21) 式より $\delta \propto \sqrt{\dfrac{\nu L}{U}} = \dfrac{L}{\sqrt{Re}}$ (ただし Re はレイノルズ数で $Re = \dfrac{UL}{\nu}$) であるから，レイノルズ数が大きな流れほど境界層は薄くなる．

境界層の中では，壁に沿う速度成分や壁に垂直な方向の速度勾配が圧倒的に大きい．このことを考慮して，基礎方程式の近似を考えてみよう．まず，2次元の速度場 (u, v) について連続の方程式は

$$\frac{\partial u}{\partial x} + \frac{\partial v}{\partial y} = 0 \tag{8.68}$$

である．ここで，$x = O(L)$，$y = O(\delta)$，$u = O(U)$ として，(8.68) 式の各項の大きさを評価すると

$$\frac{U}{L} + \frac{v}{\delta} \sim 0 \quad \rightarrow \quad v \sim \frac{U\delta}{L} = UO(\varepsilon) \qquad \text{ただし} \quad \varepsilon = \frac{\delta}{L} \ll 1$$

となる．すなわち，y/x や v/u は ε の程度の大きさになっている．つぎにナヴィエ-ストークス方程式を見てみよう．それには，無次元化した方程式(8.6)において，x，y 方向の異方性に着目するのが便利である．したがって

$$\frac{\partial u'}{\partial t'} + u'\frac{\partial u'}{\partial x'} + v'\frac{\partial u'}{\partial y'} = -\frac{\partial p'}{\partial x'} + \frac{1}{Re}\left(\frac{\partial^2 u'}{\partial x'^2} + \frac{\partial^2 u'}{\partial y'^2}\right) \tag{8.69 a}$$

$$\frac{\partial v'}{\partial t'} + u'\frac{\partial v'}{\partial x'} + v'\frac{\partial v'}{\partial y'} = -\frac{\partial p'}{\partial y'} + \frac{1}{Re}\left(\frac{\partial^2 v'}{\partial x'^2} + \frac{\partial^2 v'}{\partial y'^2}\right) \tag{8.69 b}$$

をもとに考えてみよう．ただし，この無次元化では x, y 方向の変化量が同等であると考えて，$(x', y') = (x, y)/L$, $(u', v') = (u, v)/U, \cdots$ などと定義していた．われわれの問題では，さらに y' や v' が ε 程度の大きさであり，

$$Re = \frac{UL}{\nu} = \frac{U}{\nu L}L^2 \sim \delta^{-2}L^2 = \frac{1}{\varepsilon^2}$$

であることに着目する．まず (8.69 a) の各項の大きさは

$$\frac{\partial u'}{\partial t'} + u'\frac{\partial u'}{\partial x'} + v'\frac{\partial u'}{\partial y'} = -\frac{\partial p'}{\partial x'} + \frac{1}{Re}\left(\frac{\partial^2 u'}{\partial x'^2} + \frac{\partial^2 u'}{\partial y'^2}\right)$$

$$1 \qquad 1 \times 1 \qquad \varepsilon \times (1/\varepsilon) \qquad ? \qquad \varepsilon^2 \times (1, (1/\varepsilon^2))$$

となっており，右辺第 2 項の $\partial^2 u'/\partial x'^2$ が無視できることがわかる．ただし，ここでは極端に急激な加速のある流れは除外することとし，時間微分は $O(1)$ 程度であると仮定した．また，各項のつり合いから p' は高々 $O(1)$ と考えてよい．これらの考察から，(8.69 a) の近似式は次元のある方程式で表して

$$\frac{\partial u}{\partial t} + u\frac{\partial u}{\partial x} + v\frac{\partial u}{\partial y} = -\frac{1}{\rho}\frac{\partial p}{\partial x} + \nu\frac{\partial^2 u}{\partial y^2} \tag{8.70}$$

となる．同様に，(8.69 b) の各項の大きさは

$$\begin{array}{ccccccccc} \dfrac{\partial v'}{\partial t'} & + & u'\dfrac{\partial v'}{\partial x'} & + & v'\dfrac{\partial v'}{\partial y'} & = & -\dfrac{\partial p'}{\partial y'} & + & \dfrac{1}{Re}\left(\dfrac{\partial^2 v'}{\partial x'^2} + \dfrac{\partial^2 v'}{\partial y'^2}\right) \\ \varepsilon & & 1\times\varepsilon & & \varepsilon\times 1 & & ? & & \varepsilon^2\times(\varepsilon,\ (1/\varepsilon)) \end{array}$$

となる．ここで $p' = O(1)$ あるいは $O(\varepsilon)$ と仮定すれば，右辺の圧力項だけが生き残り，

$$\frac{\partial p}{\partial y} = 0 \tag{8.71}$$

となる（ただし，もとの変数で表した）．(8.71) 式は圧力が境界層の厚さにわたって一定であることを意味している．また，$p' = O(\varepsilon^2)$ と仮定すれば p' はそれ以外の項と同程度の大きさになるが，圧力変化そのものが微小量になっているので，やはり境界層の厚さにわたって一定とみなしてよい．したがって，外部流の圧力分布 $P(x, y, t)$ が与えられれば，境界層との接点での圧力 $P(x, \delta, t)$ は境界層の内部の圧力 $p(x, t)$ に等しい．

圧力を知るには，境界層の外側の領域の流れを解く必要がある．この領域では粘性の影響は小さく，また流れは境界壁にほぼ平行な一様流である．したがって

$$\frac{\partial U}{\partial t} + U\frac{\partial U}{\partial x} = -\frac{1}{\rho}\frac{\partial p}{\partial x} \tag{8.72}$$

が成り立つ．物体の形が与えられたときに，これを非粘性境界条件の下で解けばよい．特に定常流の場合には，U も p も x だけの関数となるので，(8.72)

式から

$$U\frac{dU}{dx} = -\frac{1}{\rho}\frac{dp}{dx} \tag{8.73 a}$$

すなわち

$$p + \frac{1}{2}\rho U^2 = 一定 \tag{8.73 b}$$

を得る．(8.73 b) 式は§9.1で述べるベルヌーイの式と同じである．

以上より境界層の中では

$$\frac{\partial u}{\partial x} + \frac{\partial v}{\partial y} = 0 \tag{8.68}$$

$$\frac{\partial u}{\partial t} + u\frac{\partial u}{\partial x} + v\frac{\partial u}{\partial y} - \nu\frac{\partial^2 u}{\partial y^2} = -\frac{1}{\rho}\frac{\partial p}{\partial x}\left(= \frac{\partial U}{\partial t} + U\frac{\partial U}{\partial x}\right) \tag{8.70}$$

を境界条件：

$$y = 0 \quad で \quad u = v = 0 ; \quad y \to \infty \quad で \quad u \to U(x, t) \tag{8.74}$$

の下で解けばよいことになる．この近似方程式系をプラントルの**境界層方程式**とよぶ(1904年)．ここではナヴィエ-ストークス方程式の非線形項は残したものの，境界壁に垂直な速度成分についての運動方程式を省くという近似がなされている．すなわち，境界層方程式を解くにあたっては，圧力場および外側境界条件が既知となっており，初めに3つあった従属変数(u, v, p)と方程式の数が1つ減って，(u, v)に対する2つの連立微分方程式系になったことが著しい単純化になっている．

（2）半無限平板を過ぎる境界層流れ

半無限平板を過ぎる定常流を境界層方程式に基づいて求めてみよう．8-18図のように，平板の先端を原点とし，これに沿ってx軸，垂直にy軸を選ぶ．まず，外部流は板に平行な一様流 $u = U_\infty$ であるから，(8.73 a) より

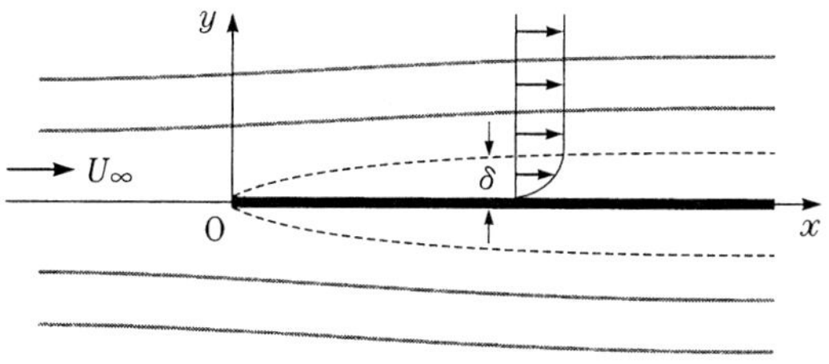

8-18図 半無限平板を過ぎる流れ

$dp/dx = 0$ である．したがって，境界層方程式は

$$\frac{\partial u}{\partial x} + \frac{\partial v}{\partial y} = 0 \tag{8.75}$$

$$u\frac{\partial u}{\partial x} + v\frac{\partial u}{\partial y} = \nu\frac{\partial^2 u}{\partial y^2} \tag{8.76}$$

境界条件は

$$y = 0 \quad \text{で} \quad u = v = 0\,; \quad y \to \infty \quad \text{で} \quad u \to U_\infty \tag{8.77}$$

となる．

この問題には，長さのスケールがないので，§8.2(3) で行ったのと同様にして，相似解を求めてみよう．すなわち，無次元の速度 u/U_∞ や v/U_∞ が無次元変数：

$$\eta = \frac{y}{\delta} = y\sqrt{\frac{U_\infty}{\nu x}} \qquad \left(\text{ただし} \quad \delta = \sqrt{\frac{\nu x}{U_\infty}}\right) \tag{8.78}$$

の関数であるという要求を課すのである．また，連続の方程式 (8.75) を考慮して

$$\frac{u}{U_\infty} = f'(\eta) \tag{8.79 a}$$

$$\frac{v}{U_\infty} = \frac{1}{2}\sqrt{\frac{\nu}{U_\infty x}}(\eta f' - f) \tag{8.79 b}$$

と置く（u を表すのに任意関数 f ではなくその微分 f' を用いたのは，v の表現を簡単にするためである）．これらを (8.76) 式に代入して整理すると

$$2f''' + ff'' = 0 \tag{8.80}$$

を得る．

［**問題 7**］（8.79 b），（8.80）式を導け．

また，境界条件は

$$\eta = 0 \quad で \quad f = f' = 0\,; \quad \eta \to \infty \quad で \quad f' \to 1 \tag{8.81}$$

である．方程式（8.80）はブラジウスにより導かれた（1908 年）．これは 3 階の常微分方程式であるが，非線形なので解析解は求められない．数値解を 8－19 図に示す．$\eta \sim 5$ 程度で流れは外部一様流の 99 % 以上に達している．

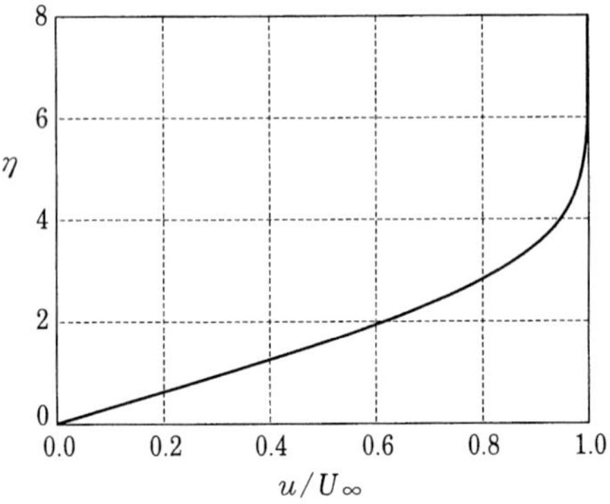

8－19 図　平板を過ぎる境界層流れ

物体にはたらく力には境界層の存在が大きく影響する．これが境界付近の流れを正確に調べる理由であった．さて，上の計算から，壁面上での接線応力 τ_0 は

$$\tau_0(x) = \mu\left(\frac{\partial u}{\partial y}\right)_{y=0} = \mu\left(\frac{du}{d\eta}\frac{\partial \eta}{\partial y}\right)_{\eta=0} = \sqrt{\frac{\mu\rho {U_\infty}^3}{x}}\,f''(0) \tag{8.82}$$

と表される．ここで，数値計算により $f''(0) = 0.332$ である．一様流の中に長さ L，幅 W の平板が平行に置かれている場合に板にはたらく抵抗 D は，この接線応力を積分すればよい．板には裏表の 2 つの面があることを考慮すると

$$D = W\int_0^L \tau_0(x)\,dx \times 2 = 2f''(0)\,W\sqrt{\mu\rho {U_\infty}^3}\int_0^L \frac{dx}{\sqrt{x}}$$

$$= 4f''(0)\,W\sqrt{\mu\rho L {U_\infty}^3} = 1.328\,W\sqrt{\mu\rho L {U_\infty}^3} \tag{8.83}$$

を得る．抵抗が速度の 3/2 乗に比例することは注目に値する（ストークスの抵抗法則では速度の 1 乗に比例していた）．また，板の長さの平方根に比例していることも特徴の 1 つである．これは板の先端付近で速度勾配の強い部分からの寄与が大きいからである．したがって，板の長さが 4 倍になったときに抵抗は 2 倍になる．

ここで見てきた境界層の理論は，レイノルズ数が $10^5 \sim 10^6$ 程度の層流領域で実験とよく一致している．しかし，それ以上の高いレイノルズ数の流れになると，流れが乱流状態になるので，また新たな取扱いをしなければならなくなる．

§8.5　物体にはたらく抵抗

低レイノルズ数領域（$Re \ll 1$）で球にはたらく抵抗はストークスの抵抗法則 $F = 6\pi\mu aU$ で与えられることはすでに述べた．定性的な特徴だけでよいなら，この結果は次元解析によっても得られる．すなわち，粘性率 μ の流体中を代表的な大きさ a の物体が速さ U で動いたとすると，抵抗は μUa の形になる．

［**問題 8**］　次元解析により抵抗が $F \propto \mu Ua$ となることを示せ．

これを $F = k\mu U$（k は定数）と表すと，半径 a の球に対しては $k = 6\pi a$，その他の物体に対してはそれぞれ固有の値をとる．たとえば，半径 a，長さ $2b$ の偏長回転楕円体（$b/a > 1$）が対称軸方向に並進する場合には $k_3 = 8\pi c/[(t^2+1)\coth^{-1}t - t]$，この軸に垂直に移動する場合には $k_1 = k_2 = 16\pi c/[(3-t^2)\coth^{-1}t + t]$ となる．ただし $t = b/c$，$c = \sqrt{b^2 - a^2}$．また，偏平回転楕円体（$b/a < 1$）の場合には，軸方向で $k_3 = 8\pi c/[s - (s^2-1)\cot^{-1}s]$，軸に垂直な方向で $k_1 = k_2 = 16\pi c/[(3+s^2)\cot^{-1}s - s]$ となる．ただし $s = b/c$，$c = \sqrt{a^2 - b^2}$（8 - 20 図を参照）．もっと複雑な形をした一般の物体に対しては運動の方向によって抵抗の値が異なるだけでな

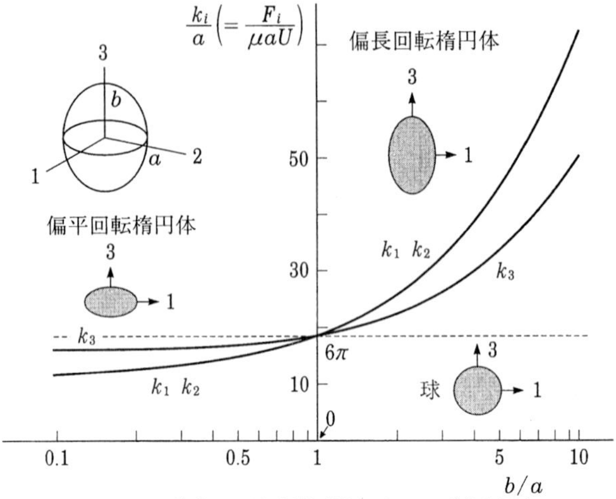

8-20図　物体の形と抵抗(低レイノルズ数領域)

く，並進運動によって回転運動が，また逆に回転によって並進運動が誘起される（プロペラのようならせん物体がその典型例）．

静止流体中において速度 U で物体を動かすときには，単位時間当り $W=FU$ の仕事をしなければならない．逆に，無限遠での流速が U の流れが物体を過ぎると，W だけのエネルギーが物体に与えられ，流れ場は W だけエネルギーを失う．もし，物体がなければ物体の断面を通り過ぎるエネルギーの流れは $[(1/2)\rho U^2]US$ であったはずなので，両者の比：

$$\frac{[\text{物体によって減少したエネルギーの流れ}]}{[\text{物体の存在しないときのエネルギーの流れ}]}$$

$$=\frac{FU}{\left[\dfrac{1}{2}\rho U^2\right]US}$$

$$=\frac{F}{\dfrac{1}{2}\rho U^2 S}=C_D$$

を考え，これを**抵抗係数**と定義する．ここで S は流れ方向に見たときの物体の断面積である（8-21図参照）．ス

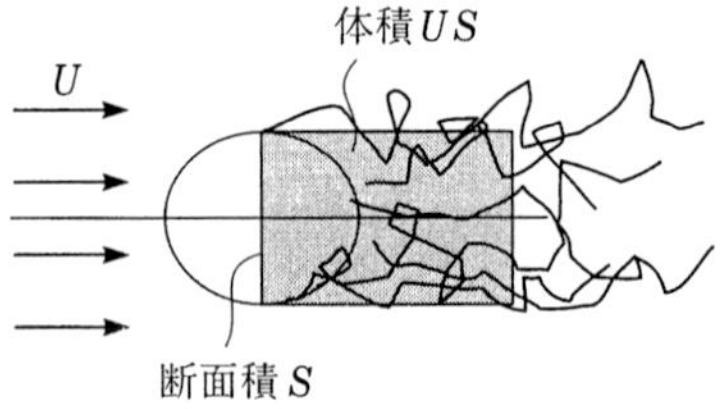

8-21図　抵抗係数(高レイノルズ数領域)

トークスの抵抗法則が成り立つ場合には

$$C_D = \frac{6\pi\mu a U}{\frac{1}{2}\rho U^2 \pi a^2} = \frac{12\mu}{\rho U a} = \frac{24}{Re}, \qquad Re = \frac{\rho U(2a)}{\mu}$$

である.

さて，レイノルズ数 Re が大きくなってくると，慣性項(これは Re に比例する)の影響が現れてくるので，これを修正する必要がある．Re が比較的小さいところでは，ナヴィエ－ストークス方程式の慣性項を摂動と考えて展開をする方法が可能である．すなわち，$\boldsymbol{v} = \boldsymbol{v}_0 + Re\,\boldsymbol{v}_1 + Re^2\,\boldsymbol{v}_2 + \cdots$ を

$$\nabla\cdot\boldsymbol{v} = 0, \qquad \Delta\boldsymbol{v} - \nabla p = Re\,\boldsymbol{v}\cdot\nabla\boldsymbol{v}$$

に代入し，Re の同じ次数の方程式について逐次解く．実はこの展開の第 1 項 $\boldsymbol{v}_0$ はストークス近似の解になっている．しかし，この展開を単純に高次まで続けようとすると，$O(Re^2)$ で破綻する．全領域で境界条件を満たす解が求められないためで，この困難を克服する方法として**特異摂動法**が開発された．これは領域を物体近傍と遠方に分け，物体表面での境界条件と無限遠での条件をそれぞれ満たす 2 種類の解をその中間の領域で切りつなぐ方法である．このために**切りつなぎ法**ともよばれる．これを用いてチェスターとブリーチ (1969) は，半径 a の球にはたらく抵抗の抵抗係数 $C_D =$ (抵抗)/[(1/2)ρU^2 (πa^2)] を

$$C_D = \frac{24}{Re}\left[1 + \frac{3}{16}Re + \frac{9}{160}Re^2\left(\log Re + \gamma + \frac{2\log 3}{3} - \frac{323}{360}\right) + \frac{27}{640}Re^3 \log Re + O(Re^3)\right]$$

と計算した．ただし，$Re = \rho U(2a)/\mu$，$\gamma = 0.57721\cdots$ はオイラー定数．

さらに大きな Re での抵抗を解析的に求めるのは困難であるが，現在では数値計算によってかなり高い Re 領域まで調べられている．他方，実験的にはそれが実験室で実現可能なかぎり任意形状の物体の任意の Re に対して調べることができる．もっとも，実験で求めにくい物理量（たとえば渦度など）

や実現がむずかしい状況を調べるには数値計算の方が容易な場合もあり，両者は相補い合っていると言えよう．

高い Re では慣性の影響が大きいので，流体の密度 $\rho(ML^{-3}$ の次元)，物体の大きさ L，運動の速さ U を用いて次元解析すると，抵抗は ρU^2L^2 に比例することがわかる（速度の 2 乗に比例した抵抗はニュートンの抵抗法則とよばれる）．球を過ぎる流れと抵抗係数の Re 依存性を 8 - 22 図に示すが，この図の $Re \ll 1$ の直線部分がストークスの抵抗則を，$Re = 10^2 \sim 10^5$ における平坦な曲線の部分がニュートン則に対応する．レイノルズ数が $Re^* = 3 \times 10^5$ 付近に急激に C_D が落ち込んだ領域がある．この現象は球の後方にできる乱流領域の大きさの変化による：（i）Re^* より小さいときには，球の全面に沿って発達した層流の境界層が，球の前端から測って約 80° のところで球から剥離し，後方に大きな乱流領域を形成するが，（ii）Re^* を超えたあたりで，前方側の境界層の中が乱流になり，剥離点が後方に（前端から 120° 付近へ）移動する．その結果，後方の乱流領域はかえって狭くなり，抵抗は減少する．$Re \sim 3 \times 10^5$ は，野球の投球やバレーボールのサーブなどで変化球を生む領

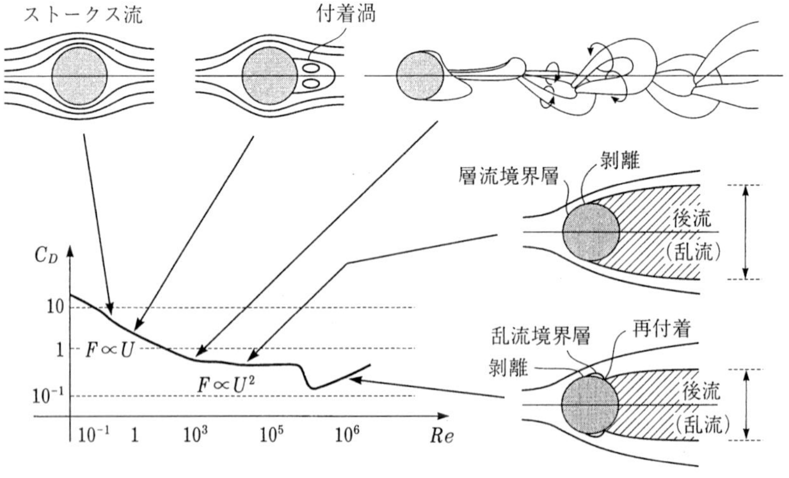

8 - 22 図　球の周りの流れと抵抗係数，レイノルズ数依存性

域である（§8.1参照）．

一般に，抵抗の大きさは物体後方にできる乱流領域の大きさにほぼ比例する．流れに沿った細長い物体では，後方にできる乱流領域が非常に狭く抑えられている（これを**流線形物体**という）ので，球のような**にぶい物体**に比べて抵抗の大きさははるかに小さくなっている．ところで，にぶい物体において Re が Re^* の値に達していない場合でも，物体表面上に凹凸をつけることによって流れを乱し，Re^* を超えた場合の流れと類似のものにすればやはり抵抗係数を減少させることができる．ゴルフボールのディンプルはこれを積極的に利用して飛距離の増加を図ったものである．

余　談

生物の知っていた流体力学 I —— 抵抗を減らす工夫，おもに形状について

（i）　流線形

マスやイルカなどの体形，カジキやマグロなどの外遊性の魚のひれ(「月尾びれ」)の断面，鳥の翼の断面などはどれも流線形をしている．これは物体背後の後流領域を小さくして抵抗によるエネルギー損失を最小にする工夫であり，自動車，船，高速電車などの車体の設計，自転車競技用のヘルメット，… などさまざまな分野で応用されている．

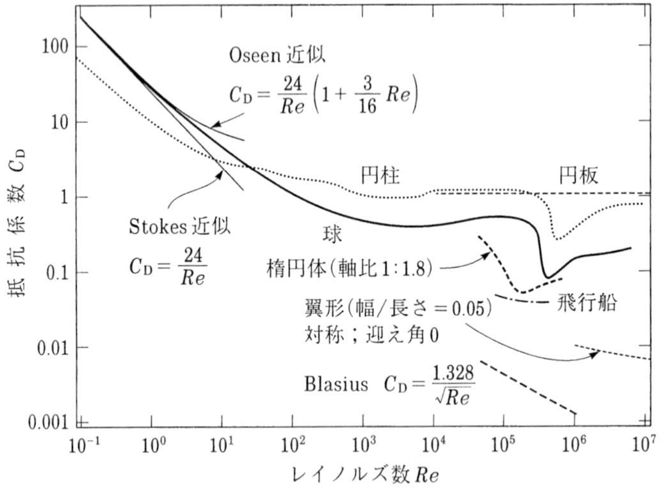

8-23 図　物体の形と抵抗係数

（ii）　多体の干渉，流れの利用

粘性流体中の集団運動では互いの存在が流れに複雑に影響する．たとえば，物体の背後に後流とよばれる速度の遅い領域が作られるので，この中にある物体にはたらく抵抗は小さくなる．群れの中で力の強いリーダーが先頭に立ち，その後流の中に力の弱い仲間を包み込んで移動するような知恵が，自然界では誰から教わることなく備わっていたようである．その1つの現れが鳥や魚の一列縦隊である．スポーツの世界でも同様で，たとえばマラソンやスケートで先頭に立つ競技者の流体力学的負担は明らかに大きい．優勝するためにいつ先頭に立つかという心理的・肉体的な駆け引きがいっそう興味をそそる由縁であろう．さらに，多数の後流の重なりによる周期構造を利用した結果，渡り鳥のV

字パターンや群魚のダイヤモンドパターンが見られることになるが，これも彼らには周知の事実であろう．イルカはしばしば船の船首付近で長い時間かなりのスピードで泳ぐので，そのパワーが注目されていたが，実は彼らが船首付近にできる波に助けられて前方に押されているところに秘密があった．また，後に述べるように（§9.5），大型の鳥は自分の筋力だけで飛ぶことはむずかしいので上昇流を利用して飛翔し滑空する．これを真似たものがグライダーである．

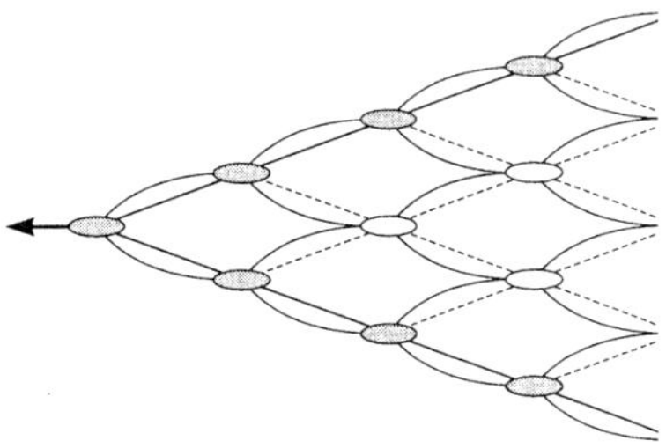

8-24図　V字パターンとダイヤモンドパターン

（iii）　抵抗の少ない場所を選ぶ

トビウオは時には300 m も空中を飛ぶ．イルカもポーパスィングとよばれる水中と空中を交互に出入りする高速遊泳を行う．これらは水中よりも空気中の方が抵抗が小さいことを利用したものである．ある程度以上のスピードであれば，水中からの飛び出しに要するエネルギーを考慮してもこの方が省エネルギーとなっている．水中翼船や競技用のヨットはこれを利用したものである．

（iv）　表面の粗さや柔軟性

より速く泳いだり飛んだりするためには，推力や揚力を得るとともに抵抗を減らす必要がある．単純に考えると表面は滑らかな方が良いように思うが，これは物体の後ろに大きな後流領域を作り，かえって抵抗を増やしてしまうので粗面にする．このことはゴルフボールのディンプルの例でも説明した（§8.5）．同様に，競技用ヨットの船底に凹凸のあるフィルムを貼ったり，スキーのジャンプスーツや水着の表面が特殊な粗面になっているのはこれを応用したものである．ところで，「さめ膚」という言葉があるように，サメの皮膚はざらざらしている．この表面形状と柔軟性が抵抗減少や姿勢制御に役立っているという研究報告も数多くある．

9 非粘性流体の力学

われわれが通常目にする流体の運動ではレイノルズ数がかなり大きい．たとえば，人がゆっくり歩いているときでも，野球のボールを投げたときでも，レイノルズ数は10の5乗程度になってしまう．言い換えれば，これらの流れにおいては，慣性が重要，あるいは粘性が重要でない，ということになる．そこで，この章では，レイノルズ数が大きくなった極限の場合として，非粘性の流体を考えていく．この場合には，流体の基礎方程式に含まれる非線形項をまともに取扱う必要があり，さまざまな数学的解析手段が応用される．逆に，流体力学が，壮麗な数学体系を発達させるための切っ掛けを与えていたとも言える．したがって，流体力学を学ぶことによって，そこで使われている数学に直感的イメージを膨らませることができる．もちろん，非粘性流体というのは一つの理想化であり，この仮定によって説明できない部分が生じた場合には，もとの方程式に立ち帰ってその原因を調べ，新たな方向を探らなければならない．

§9.1 オイラー方程式とベルヌーイの定理

レイノルズ数の定義は $Re = \rho UL/\mu$ であった．ここで，ρ と μ は流体の密度および粘性率，L は物体のおよその大きさ，U は流体運動に特徴的な速度である．この Re が大きい流れというのは ρ, U, L などが大きいときにも起こるが，$\mu \to 0$ の場合にも実現する．そこで，Re が無限大の流れを $\mu = 0$ の場合，すなわち，非粘性流体の流れとみなす．以下ではこの極限的な流れについて調べていく．

（1） オイラー方程式

流体の基礎方程式であるナヴィエ-ストークス方程式 (7.24) において，$\mu = 0$ と置く．簡単のために $\rho =$ 一定 と仮定すると

$$\rho \frac{D\boldsymbol{v}}{Dt} = \rho \boldsymbol{K} - \nabla p \tag{9.1}$$

となる．この式を**オイラー方程式**とよぶ．圧縮性を無視しているので，連続の方程式は (7.28) 式：

$$\operatorname{div} \boldsymbol{v} = 0 \tag{9.2}$$

で与えられる．ここで，(9.2)，(9.1) 式は，それぞれ**質量保存則**，**運動量保存則**を表している．

（2） オイラー方程式の第1積分

オイラー方程式 (9.1) を具体的に書くと，

$$\frac{\partial \boldsymbol{v}}{\partial t} + (\boldsymbol{v} \cdot \nabla)\, \boldsymbol{v} = \boldsymbol{K} - \frac{1}{\rho} \nabla p$$

である．ここで，左辺の非線形項を

$$(\boldsymbol{v} \cdot \nabla)\, \boldsymbol{v} = \nabla\left(\frac{1}{2} v^2\right) - \boldsymbol{v} \times (\nabla \times \boldsymbol{v})$$

のように書き換えると（付録 A [2] の 8)を参照)，(9.1) 式は

$$\frac{\partial \boldsymbol{v}}{\partial t} = \boldsymbol{K} - \nabla\left(\frac{1}{\rho} p + \frac{1}{2} v^2\right) + \boldsymbol{v} \times (\nabla \times \boldsymbol{v}) \tag{9.3}$$

となる．つぎに，いくつかの特別な場合について，(9.3) 式を調べてみよう．

（i） 静止流体

まず，もっとも簡単な例として静止流体 $\boldsymbol{v} = \boldsymbol{0}$ を考えてみよう．この場合には，(9.3) 式は

$$\boldsymbol{K} = \nabla\left(\frac{1}{\rho} p\right)$$

となる．これは，外力が保存力であることを示している．そこで外力のポテンシャルを Π として $\boldsymbol{K} = -\nabla\Pi$ と表すと，

$$\nabla\left(\frac{p}{\rho} + \Pi\right) = \mathbf{0}$$

が成り立つ．この式は，空間のあらゆる方向に対して勾配がないことを意味し，また，仮定により時間的な変化もないので

$$\frac{p}{\rho} + \Pi = 一定 \tag{9.4}$$

でなければならない．鉛直方向（z 方向）に一様な重力場であれば，$\Pi = gz$ であるから，(9.4) 式は $p + \rho gz =$ 一定 となる．ただし，g は重力加速度である．地球では重力の大きさが等しい地点をつないでできる面をジオイドとよぶ．地球構成物質の分布が不均一なために多少の凹凸はあるものの，ジオイドはほぼ球形と考えてよい．上式は，地球規模で見たときに，静止した流体の水面が圧力（大気圧）一定の面になっていることを述べているのにほかならない．

（ii） 渦なし流れ

渦度のない流れは**渦なし流れ**とよばれる．この場合には渦度 $\boldsymbol{\omega} \equiv \nabla \times \boldsymbol{v}$ が $\mathbf{0}$ であるから，やはり速度場はポテンシャル Φ を用いて $\boldsymbol{v} = \nabla\Phi$ と書ける．これらを考慮すると，(9.3) 式は

$$\boldsymbol{K} = \nabla\left(\frac{\partial\Phi}{\partial t} + \frac{1}{\rho}p + \frac{1}{2}v^2\right)$$

となる．これが成り立つためには外力は保存力でなければならない．そこで，外力のポテンシャルを Π とすると，$\boldsymbol{K} = -\nabla\Pi$ であり，

$$\nabla\left(\frac{\partial\Phi}{\partial t} + \frac{1}{\rho}p + \frac{1}{2}v^2 + \Pi\right) = \mathbf{0}$$

となる．この式が空間のあらゆる方向に対して勾配がないことを示しているのは（i）の場合と同じであるが，今度の場合には時間的な変化はあってもよいので

$$\frac{\partial \Phi}{\partial t}+\frac{1}{\rho}p+\frac{1}{2}v^2+\Pi=F(t), \qquad \text{（ただし } F(t) \text{ は任意関数）} \tag{9.5}$$

と書ける．(9.5) 式は**圧力方程式**または**一般化されたベルヌーイの定理**とよばれている．この関係は，渦なし流れ領域全体で成り立つことに注意しよう．

［例題 1］ 渦による表面の凹み

9-1図のように，無限に広い非圧縮非粘性流体が静止状態で $z<0$ の領域を満たしていたとする（一様重力 g）．いま，z 軸を中心とした同心円状の流れ

$$v_\phi=\frac{\Gamma}{2\pi r}, \qquad v_r=v_z=0$$

が作られて定常状態になったとしよう．ただし，Γ は定数で，(r, ϕ, z) は円柱座標系である．このときの自由表面の形を決定せよ．これは§9.3 (5) で述べる渦糸の作る流れである．

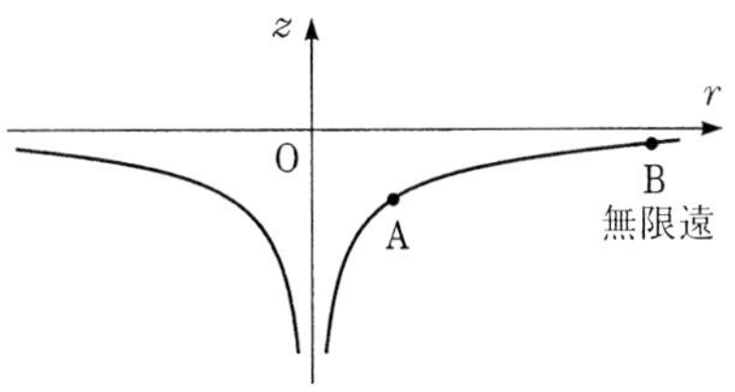

9-1図　渦と自由表面

［解］ この流れは $r \neq 0$ で渦なしである（$\because$ $\omega_z=\frac{1}{r}\frac{\partial}{\partial r}(rv_\phi)=0$, $\omega_r=\omega_\phi=0$）．したがって，$r>0$ で一般化されたベルヌーイの定理が使える．また，定常流であるから $\partial\Phi/\partial t=0$, $F(t)=C$（定数）である．したがって，$\frac{1}{\rho}p+\frac{1}{2}v^2+gz=C$ が領域内のすべての点に対して成立する．いま，無限遠での自由表面の高さを基準の位置 $z=0$ に選ぶと，そこでは $\boldsymbol{v}=\boldsymbol{0}$, $p=p_\infty$（大気圧）であるから，$C=p_\infty/\rho$ である．中心から距離 r の位置での自由表面の高さを z とすると，そこでも圧力は大気圧に等しいから $\frac{1}{\rho}p_\infty+\frac{1}{2}\left(\frac{\Gamma}{2\pi r}\right)^2+gz=\frac{1}{\rho}p_\infty$ が成り立つ．これより $z=-\frac{\Gamma^2}{8\pi^2 g r^2}$ を得る．

(iii)　保存力場内の定常流

定常流では $\partial \boldsymbol{v}/\partial t=0$ である．さらに，外力のポテンシャルを Π（$\boldsymbol{K}=-\nabla\Pi$）とすると

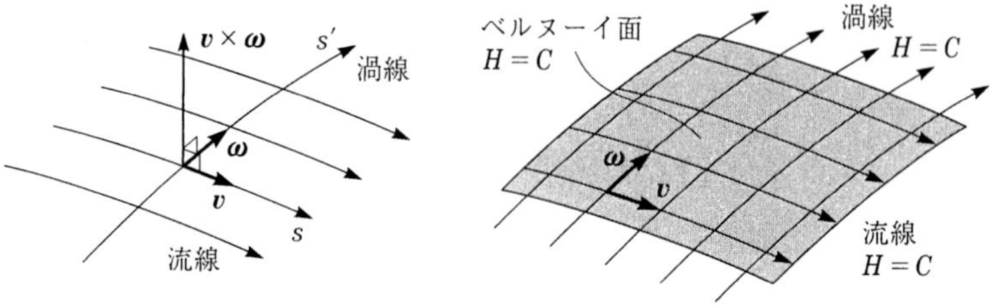

（a）流線，渦線とベルヌーイの定理　　（b）ベルヌーイ面

9-2図

$$\nabla\left(\frac{1}{\rho}p+\frac{1}{2}v^2+\Pi\right)=\boldsymbol{v}\times\boldsymbol{\omega}$$

を得る．ここで $\boldsymbol{v}\times\boldsymbol{\omega}$ は $\boldsymbol{v}$ にも $\boldsymbol{\omega}$ にも垂直である．言い換えれば，$\boldsymbol{v}$ の方向や $\boldsymbol{\omega}$ の方向には成分をもたない（9-2図(a) 参照）．したがって，勾配 ∇ を計算する方向として $\boldsymbol{v}$ に沿った方向，すなわち流線方向の座標 s を選べば

$$\frac{\partial}{\partial s}\left(\frac{1}{\rho}p+\frac{1}{2}v^2+\Pi\right)=0\quad\rightarrow\quad\frac{1}{\rho}p+\frac{1}{2}v^2+\Pi=\text{一定}$$

（流線に沿って）　　(9.6 a)

同様に，渦度 $\boldsymbol{\omega}$ に沿った方向（これを**渦線**とよぶ；§9.3 (3) も参照）の座標 s' を選べば

$$\frac{\partial}{\partial s'}\left(\frac{1}{\rho}p+\frac{1}{2}v^2+\Pi\right)=0\quad\rightarrow\quad\frac{1}{\rho}p+\frac{1}{2}v^2+\Pi=\text{一定}$$

（渦線に沿って）　　(9.6 b)

を得る．(9.6 a, b) 式を**ベルヌーイの定理**（1738年）とよぶ．特に，地表付近では重力は一様なので $\Pi=gz$ である．したがって

$$p+\frac{1}{2}\rho v^2+\rho gz=\text{一定}\qquad\text{（流線または渦線に沿って）}\qquad(9.7)$$

となる．ベルヌーイの定理は，流線（や渦線）ごとに圧力や速度がどのように変化するかを述べた法則であり，異なる流線（や渦線）上の2点間で圧力や速度の関係を与えるものではないことに注意しよう．

［**注**］ ただし，1つの流線に沿って $H \equiv \dfrac{1}{\rho}p + \dfrac{1}{2}v^2 + \Pi = C$（一定）であれば，この流線と交わるすべての渦線に沿っても $H = C$ となるので，すべて同じ C の値をもつ1つの面ができる(9-2図(b)参照)．この面を**ベルヌーイ面**とよぶ．この場合にはこの面上にある“異なる流線（や渦線）”上の2点間で圧力や速度を関係づけている．

なお，容易にわかるように，(9.7)式の第2，3項は，質量 ρ の質点のもつ運動エネルギー，位置エネルギーと同じ形をしている．非粘性流体の運動ではさらに圧力による仕事が加わって，(9.7)式全体が**エネルギー保存則**を表している．(9.4)～(9.7)式はいずれもオイラー方程式(9.1)を一度積分したものになっている．これらを**オイラー方程式の第1積分**という．

［**例題2**］ **トリチェリの定理**

9-3図のように，大きな容器の中に流体が満たされ，底に小さな孔があけられている．小孔から水面までの高さを h，水面には大気圧 p_∞ がかかっている．小孔から流れ出る流体の速度の大きさ v を求めよ．

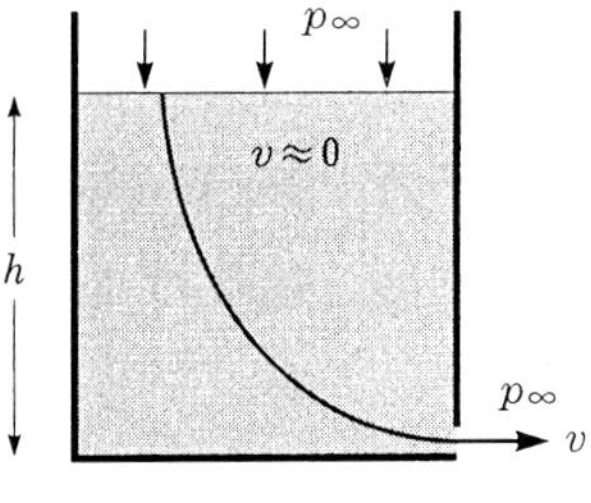

9-3図 容器からの流出

［**解**］ 小孔は非常に小さく，また容器は十分大きいので，流体の流出はほぼ定常的に起こっていると考えられる．すなわち，保存力場での定常運動という条件が成り立つので，水面から小孔にいたる流線についてベルヌーイの定理(9.7)が適用できる．水面では流速がほぼ0，大気圧は水面でも小孔付近でも同じと考えて $p_\infty + \dfrac{1}{2}\rho 0^2 + \rho g h = p_\infty + \dfrac{1}{2}\rho v^2 + \rho g 0$. これより $v = \sqrt{2gh}$ を得る．これは**トリチェリの定理**とよばれる．

［**例題3**］ **ピトー管**

9-4図のように，細長い棒の先端と側壁に小さな孔があけられた装置がある．これらはさらに細い管で連結され，中間に水銀を満たして両者の圧力差が読みとれるようになっている．これを速さ U_∞ の定常流の中に流れと平行に置くとどうなるか．

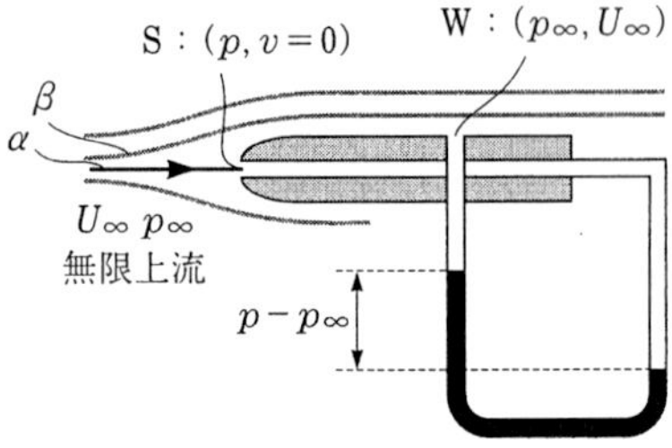

9-4図　ピトー管

［**解**］　この棒は細長いので，流れに平行に置いた場合には流れはほとんど乱されない．すなわち，棒の周りの流れはほぼ非粘性の定常流と考えてよい．この軸の先端にいたる流線 α と，それに隣接する流線 β を考えると，いずれにおいても無限上流では流速は U_∞，圧力は p_∞ となっている．まず，流線 α に沿って考えると，これは棒の先端Sで流速が0，すなわち淀み点になっている．この点での圧力を p と置くと，ベルヌーイの定理(9.7)により

$$p_\infty + \frac{1}{2}\rho U_\infty{}^2 + \rho gh = p + \frac{1}{2}\rho 0^2 + \rho gh$$

となる．他方，流線 β に沿っては，流速も圧力も変化しない．したがって，上式の左辺は側壁上の点Wにおける値と考えてもよい．これより

$$p = p_\infty + \frac{1}{2}\rho U_\infty{}^2, \qquad \text{すなわち} \qquad U_\infty = \sqrt{\frac{2(p-p_\infty)}{\rho}}$$

を得る．淀み点Sでの圧力を淀み圧，あるいは総圧とよぶ．これに対して p_∞ を静圧，$(1/2)\rho U_\infty{}^2$ を動圧とよぶ．この装置は，流れの中にかざすだけで流速が簡便に得られるもので，**ピトー管**とよばれている．現在は，かつてほど使われてはいないが，航空機などには今でも必ず搭載されている．コンピュータや通信機器の発達した現代においても，万が一の事故に備えてのフェイルセーフということであろうか．

［**問題1**］　水平な壁に沿って非粘性流体の一様な定常流がある．無限遠で流速は U_∞，圧力は p_∞ となっている．いま，9-5図のように壁に凸部があったとすると，この部分にはどのような力がはたらくか？

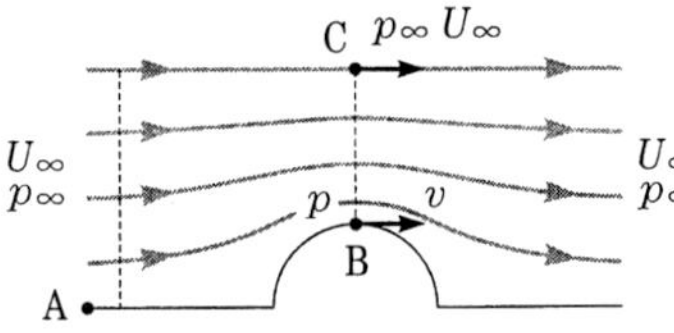

9-5図　吸い上げ効果

［**問題2**］　ボールを投げるときに回転を与

えたとしよう．簡単のために，球ではなく円柱でボールを近似する（9-6図(a) 参照）．ボールの速度を U，回転角速度を ω とする．また，ボールの運動によるもの以外の流れはないとする．ボールにはたらく力を論ぜよ（**マグナス効果**）．

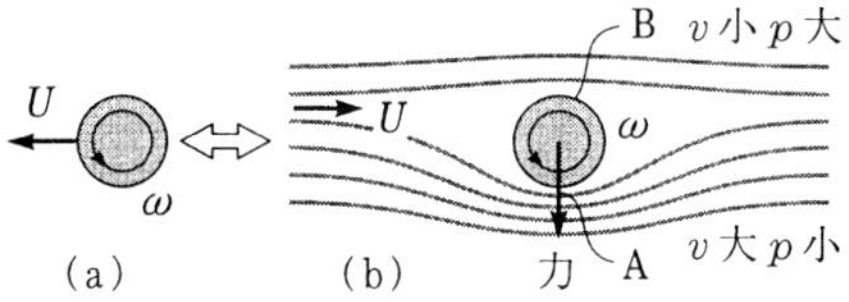

9-6図　マグナス効果

［**問題3**］［例題1］において，通常のベルヌーイの定理（9.6 a）を自由表面に沿って無限遠点BからAまで適用しても同じ結果が得られるが，それは正しいか？

§9.2　流線曲率の定理

非粘性流体の定常流を考えよう．簡単のために外力はないとする．基礎となるオイラー方程式（9.1）は，この場合に，

$$\boldsymbol{v}\cdot\nabla\boldsymbol{v} = -\frac{1}{\rho}\nabla p \tag{9.8}$$

となる．いま，9-7図(a) に示したような"曲がった"流れがあったとする．1つの流線に沿う座標を s，流線の接線方向の単位ベクトルを $\boldsymbol{t}$，流速の大きさを $|\boldsymbol{v}| = v$ と表すと

$$\boldsymbol{v} = v\boldsymbol{t}, \qquad \boldsymbol{v}\cdot\nabla = v\frac{\partial}{\partial s}$$

であるから，

$$\boldsymbol{v}\cdot\nabla\boldsymbol{v} = v\frac{\partial}{\partial s}(v\boldsymbol{t}) = v\frac{\partial v}{\partial s}\boldsymbol{t} + v^2\frac{\partial \boldsymbol{t}}{\partial s} = \frac{\partial}{\partial s}\left(\frac{v^2}{2}\right)\boldsymbol{t} + \frac{v^2}{R}\boldsymbol{n} \tag{9.9}$$

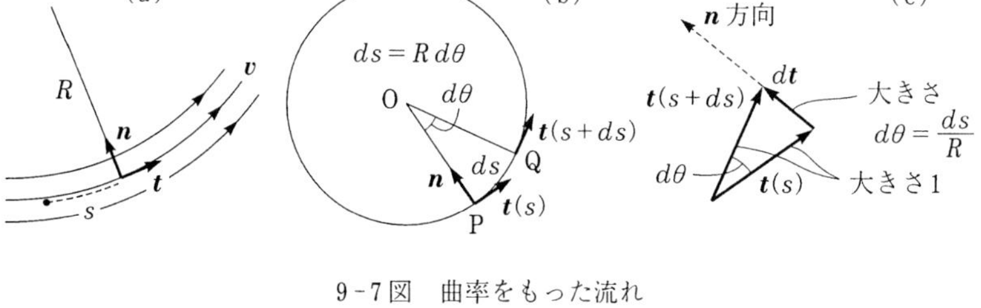

9-7図　曲率をもった流れ

を得る．最右辺の変形においては微分幾何学でよく知られた結果：

$$\frac{\partial \boldsymbol{t}}{\partial s} = \frac{1}{R}\boldsymbol{n} = \kappa \boldsymbol{n} \tag{9.10}$$

を使った．ここで，R は曲率半径，κ は曲率である．

［**問題 4**］ (9.10) 式を導け．

さて，(9.9) 式を (9.8) 式に代入すると

$$\nabla p = -\rho\left[\frac{\partial}{\partial s}\left(\frac{v^2}{2}\right)\boldsymbol{t} + \frac{v^2}{R}\boldsymbol{n}\right]$$

となるので，$\boldsymbol{t}$ 方向および $\boldsymbol{n}$ 方向の圧力勾配は

$$\boldsymbol{t}\text{ 方向：}\quad \frac{\partial p}{\partial s} = -\rho\frac{\partial}{\partial s}\left(\frac{v^2}{2}\right) \tag{9.11}$$

$$\boldsymbol{n}\text{ 方向：}\quad \frac{\partial p}{\partial n} = -\rho\frac{v^2}{R} \tag{9.12 a}$$

あるいは

$$\frac{\partial p}{\partial r} = \rho\frac{v^2}{R} \tag{9.12 b}$$

となる．(9.11) 式を積分するとベルヌーイの定理 (9.6 a) の“外力部分”を省略したものが得られる．(9.12) 式は流線とは垂直な方向，すなわち，“曲がった”流れを円弧で近似したときの円の中心から外に向かう方向にプラスの圧力勾配があることを示している（円の半径方向と $\boldsymbol{n}$ が逆向きであることに注意せよ）．その大きさは密度，曲率，および速度の 2 乗，に比例する．これは**流線曲率の定理**とよばれている．

［**例題 4**］ 鉛直に置かれた円筒形の容器内で，水が軸の周りに剛体的に回転している．このときの水面の形を求めよ．

［**解**］ 流速場は定常的である．また，流線は円弧状で，周方向成分は $v = \omega r$ である．(9.12 b) 式から $\dfrac{\partial p}{\partial r} = \rho\dfrac{v^2}{r} = \rho r\omega^2$．積分して $p(r, z) = p_0(z) + \dfrac{1}{2}\rho r^2\omega^2$ を得る．ただし，$p_0(z)$ は回転軸上 ($r = 0$) での圧力である．同じ高さで比較すれば，中心部が低圧部，周辺にいくほど高圧部になっている．回転のないときに水平

であった界面にはいたるところ大気圧 p_∞ がはたらくので，圧力の低い中心部は押し込まれて凹むことになる．水面の形を決定するために，中心での水面の位置を基準 $z=0$ にとり（したがって $p_0(0)=p_\infty$），ここから r だけ離れた点での水面の高さを ζ とすると，圧力 $p(r,z)$ は大気圧 p_∞ と水圧 $\rho g\zeta$ の和に等しいので $z=0$ の高さで $p_\infty+\rho g\zeta=p_\infty+\dfrac{1}{2}\rho r^2\omega^2\equiv p(r,0)$，これより $\zeta=\dfrac{1}{2g}r^2\omega^2$ を得る．これは回転放物面である．

［**問題 5**］ 非粘性流体中に水平方向に一様な定常流がある．この流れの中に，円弧状の板をその凸側が上になるように置いたとき，この板にはたらく力を求めよ．

［**問題 6**］ 川の蛇行について，9-8図をヒントに考察せよ．

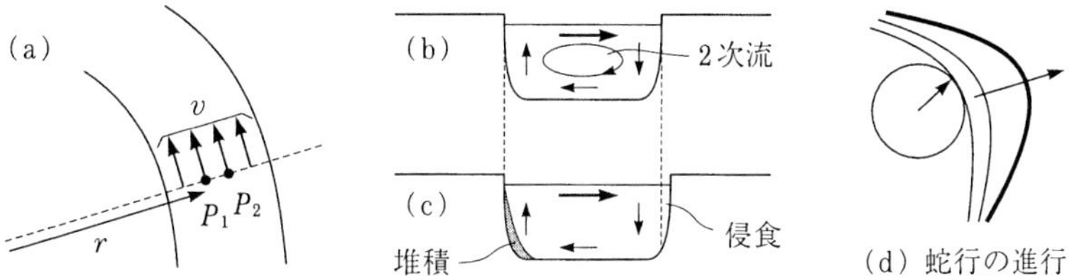

9-8図

§9.3　渦度と循環定理

(1)　渦 と は

われわれの身の回りには“渦”が満ちあふれている．縄文土器をはじめとして世界各地の遺跡から出土した土器の紋様，アッシリアや古代ペルシャの神殿のレリーフ，古代ギリシャの装飾品，アレキサンダー大王の宮殿のタイル，銅鐸や銅鏡の紋様，バイキングや十字軍兵士の武器やペンダント，ニューギニアの祭礼用の楯，レオナルド・ダ・ヴィンチのスケッチ，山水画や風景を描いた浮世絵，などなど，およそ水の豊かな文化に直結してほとんど例外なく“渦”が祭礼や装飾芸術のモチーフとして扱われている．また，海の渦や竜巻きを扱った文学作品も枚挙に暇がない．大きさも，顕微鏡下で観測されるものから，渦巻き銀河までさまざまである（§8.1　レイノルズの相似

（a）銅鐸の模様

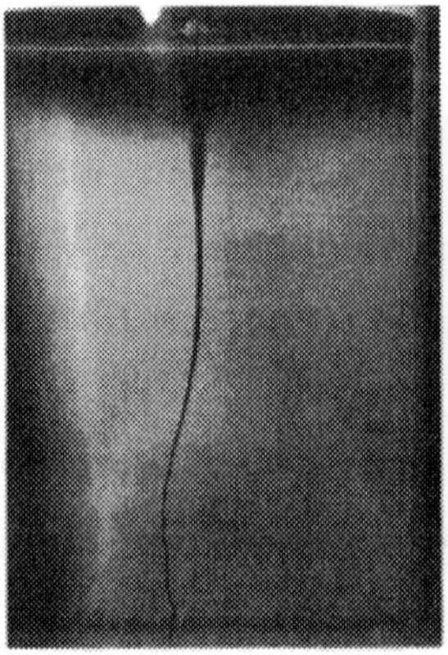

（b）吸い込みによる渦

（c）渦巻き銀河

9-9図　身近な渦文様

則も参照）．一方では，台風や竜巻きのように恐れられ，他方では鳴門の渦潮のように観光の対象となるものも“渦”である．それほど身近な存在でありながら，渦とは何かと問われると答はそう簡単ではない．

（2）渦と渦度

通常われわれが頭に描く“渦”においては，流体はある点の周りで閉じた流線を描いて回っている．他方，われわれは流体の回転運動にともなう物理量として渦度を定義した（§7.1）．まず，次の例を見てみよう．

（例1）　速度場が $\boldsymbol{v} = (-\Omega y, \Omega x, 0)$ のとき，ただし Ω は定数：

これは剛体回転的な流れで（§7.1 (2)），流線は同心円群である．渦度は $\boldsymbol{\omega} = (0, 0, 2\Omega)$，したがって，渦度の z 成分は全領域に存在し，しかも一定である．すなわち，どこかに渦度が集中しているということはない．また，剛体回転なので流体粒子相互の位置は変らない．

（例2）　速度場が $\boldsymbol{v} = (-\Omega y/r^2, \Omega x/r^2, 0)$ のとき，ただし Ω は定数で $r^2 = x^2 + y^2$：

渦度は $r > 0$ で $\boldsymbol{\omega} = (0, 0, 0)$，すなわち渦なし流れである．ただし

$r=0$ は特異点なので別に扱う必要がある．$r>0$ では渦度はないが，流線は同心円群であり，渦のイメージに合っている．

(例 3)　単純ずれ流れ $\boldsymbol{v}=(ky, 0, 0)$ のとき，ただし k は定数：

流線は x 軸に平行である．しかし，渦度は $\boldsymbol{\omega}=(0, 0, -k)$，すなわち，渦度の z 成分は全領域に存在し，しかも一定である．渦度は存在しているが，流れは平行なので，いわゆる渦のイメージではない．

これらの例からわかることは，流線が円弧状であっても渦度があるとは限らないこと，また，流線が円弧状でなくても渦度は存在すること，などである．では，渦度の有無は，これらの流れの中の流体粒子の運動にどのような影響を与えているのであろうか．

たしかに，(例 1) と (例 2) では流体粒子がともに円弧状の流線を描いて動くので流線を見るだけでは区別がつかない．しかし，このときの流体粒子の回転運動には違いがある．実際，(例 1) の流れは剛体回転であるから，9 - 10図(a) のように流体粒子の外側に向いた面は常に外向きになるように向きを変えながら円弧に沿って動く．したがって，流線に沿って 1 周したときに流体粒子も自身の周りに 1 回転する．すなわち**自転運動**である．これに対して (例 2) の流れでは，図(b) のように流体粒子の特定の方向に向いた面は常に同じ向きを向きながら円弧に沿って動く．これは**公転運動**になってい

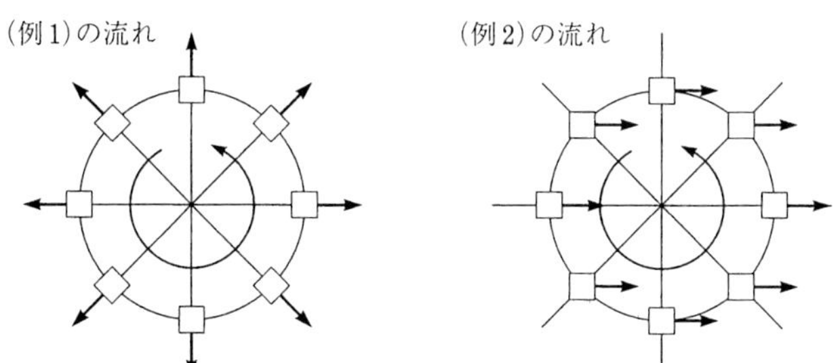

(a) 剛体回転流れ (自転運動)　　(b) 渦なし流れ (公転運動)

9 - 10 図

る．

［**問題 7**］（例 3）の単純ずれ流れと渦度分布の関係を説明せよ．

もう 1 つ“渦”と渦度の比較をしておこう．9 - 11 図は円柱を過ぎる粘性流体の流れをレイノルズ数 $Re = UD/\nu$（D：円柱の直径，U：無限上流の一様流速，ν：動粘性率）が 40 のときに計算したものである．(a)は流線を，(b)は等渦度線を表す．前者は円柱の下流側に「双子渦」が付着した状態を示しており，インクやトレーサー粒子はこの領域で閉曲線を描くように，いわゆる渦のイメージで回っている．しかし等渦度線を見ると，この領域にはほとんど渦度がない．したがって，円柱背後の“渦”は流体粒子の公転運動の領域である．これに対して，渦度の大きさが最大になる点 P_1，P_2 は，円柱の上流側にある．流れが淀み点から円柱表面に沿って流れていくうちに，速度の大きさも向きもその外側を流れる一様流に急速に近づいていく．しかし，粘性があるので，円柱表面の流速は 0 である．そのために点 P_1，P_2 付近で速度勾配（(例 3)の k に相当）が最もきつくなるのである．

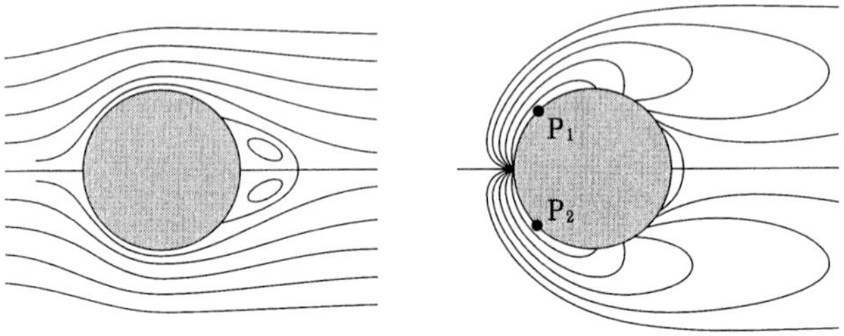

（a）流　線　　　（b）等渦度線

9 - 11 図　渦と渦度の違い：円柱を過ぎる流れ（概念図 $Re = 40$）

以上見てきたように，われわれが一般に想像する“渦”は流線が閉曲線群になっているものであり，流体力学的な議論をするときにしばしば登場する渦度という物理量とは必ずしも一致しない．

(3)　渦線と渦管

流体力学では，定義の明確な渦度を用いて議論する．渦度はベクトル量であるから，大きさと向きをもつ．そこで，渦度に沿った方向に線をつないでできる一続きの曲線を**渦線**とよぶ．流線の定義と同様に，この曲線上に微小な変位ベクトル $d\boldsymbol{r}$ をとると，渦線は

$$d\boldsymbol{r} \,/\!/\, \boldsymbol{\omega} \qquad \text{すなわち} \qquad \frac{dx}{\omega_x} = \frac{dy}{\omega_y} = \frac{dz}{\omega_z} \tag{9.13}$$

を解いて得られる．渦線は，流体領域内で分岐したり交差したりすることはない．もし，そのようなことが起こったとすると，その場所でベクトルの向きが2通り以上あることになり矛盾するからである．つぎに，流体中に閉曲線をとり，その上の各点を通る渦線を考えると，これらは管状の曲面を作る．これを**渦管**という．これらはいずれも数学的な概念であり，渦線は太さが0の「線」，渦管は厚さが0の「面」である．

(4)　循　環

流体中に勝手な閉曲線 C をとり，これに沿って積分

$$\Gamma(C) = \int_C \boldsymbol{v} \cdot d\boldsymbol{s} = \int_C v_s \, ds \tag{9.14}$$

を定義する．ここで，$d\boldsymbol{s}$ は閉曲線 C 上の微小な線要素ベクトル，$ds = |d\boldsymbol{s}|$ はその大きさ，v_s は速度ベクトル $\boldsymbol{v}$ の接線成分である．(9.14) 式で定義した $\Gamma(C)$ を曲線 C に沿う**循環**とよぶ．

(9.14) 式は，閉曲線を微小部分 $d\boldsymbol{s}$ に分割し，各部分ごとに $d\boldsymbol{s}$ 方向の速度成分と距離 $|d\boldsymbol{s}|$ の積 $\boldsymbol{v} \cdot d\boldsymbol{s} (= v_s \, ds)$ を計算して加え合わせた（積分した）ものを表している．したがって，9-12図(a) のように閉曲線に沿った特定の方向に流れが作られている場合，すなわち流体が循環している場合には，この和（積分）が有限な値になる．これに対して図(b) の一様流や (c) のような一様に乱れた流れでは，曲線の各部分で得られた $\boldsymbol{v} \cdot d\boldsymbol{s}$ が全体として打ち消し

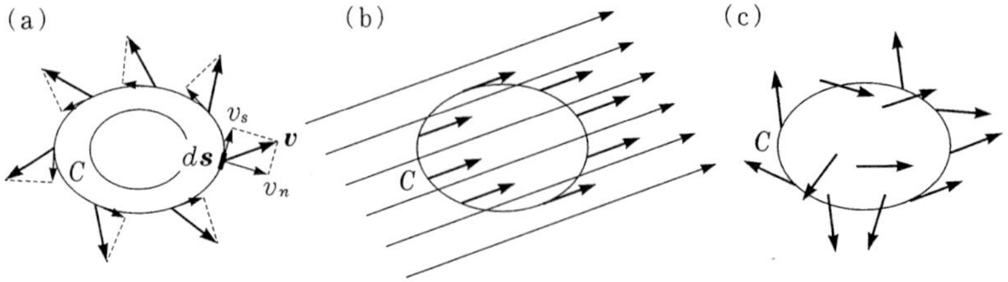

9-12図 循環のある流れ(a)と循環のない流れ(b),(c)

合ってしまうので $\Gamma = 0$ となる.

さて，ストークスの定理(付録A [3]の2))を利用して(9.14)式を書き換えると

$$\Gamma(C) = \iint_S \mathrm{rot}\, \boldsymbol{v} \cdot d\boldsymbol{S} = \iint_S (\mathrm{rot}\, \boldsymbol{v})_n\, dS = \iint_S \boldsymbol{\omega} \cdot d\boldsymbol{S} \qquad (9.15)$$

となる. ここで，S は閉曲線 C で囲まれた面であり，その縁を左回りに回るときに左側にある面が正の向き $\boldsymbol{n}$ をもっているとの約束の上で面ベクトルを定義する. 同様にして向き $\boldsymbol{n}$ を定義した微小面(面積の大きさ：dS)を面要素ベクトルとよび，$d\boldsymbol{S} = dS\,\boldsymbol{n}$ と表す. また，$(\ldots)_n$ はベクトルの $\boldsymbol{n}$ 方向の成分を表す. もし，渦線がほぼ直線的に伸びていれば，(9.15)式は循環が渦度の大きさと面積の積であることを意味している.

［**例題 5**］ (2)の(例 1)，(例 2)について，循環を計算せよ. ただし，C は xy 面内にある半径 r の円とする.

［**解**］ (例 1)では $\boldsymbol{\omega}$ の z 成分 2Ω は一定である. したがって(9.15)式は $\Gamma = 2\pi\Omega r^2$ となる. (例 2)では速度場が周方向成分 v_ϕ だけをもち，$v_\phi = \Omega/r$ であることに注意して(9.14)式を計算する：

$$\Gamma(C) = \int_C v_s\, ds = \int_0^{2\pi} v_\phi r\, d\phi = \int_0^{2\pi} \frac{\Omega}{r} r\, d\phi = 2\pi\Omega = \text{一定}$$

この例からわかるように，回転しているように見える流れであれば，循環 Γ は存在する. 特に，(例 2)では，$r > 0$ で渦なしであったが，$r = 0$ をも含めた全領域で考えれば循環は存在しているので，渦が存在しているという通常のイメージと合

う．このように，循環は“渦”を特徴づけるのに都合がよさそうである．これについては，(6)以下でもう少しくわしく述べる．

(5) 渦　糸

z 軸に沿って大きさ一定の渦度分布 $\boldsymbol{\omega} = (0, 0, \omega)$

$$\omega = \begin{cases} \omega_0 & (r \leqq a) \\ 0 & (r > a) \end{cases} \tag{9.16}$$

がある（9 - 13 図(a)）．このときの循環や流れは，

$$\Gamma(C) = \begin{cases} \pi r^2 \omega_0 & (r \leqq a) \\ \pi a^2 \omega_0 & (r > a) \end{cases} \tag{9.17}$$

$$v_\phi = \frac{\Gamma}{2\pi r} = \begin{cases} \dfrac{\omega_0 r}{2} & (r \leqq a) \\ \dfrac{\omega_0 a^2}{2r} & (r > a) \end{cases} \tag{9.18}$$

である．それぞれの分布を図(b)，(c) に示す．

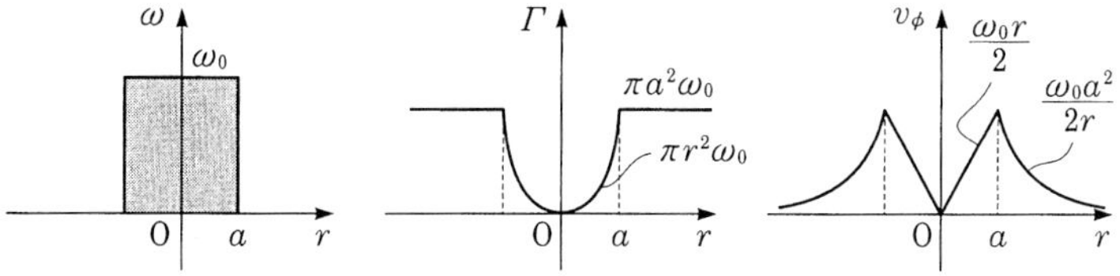

(a) 一様な渦度分布　(b) 循　環　(c) 周方向速度

9 - 13 図

[**問題** 8]　(9.17)，(9.18) 式を求めよ．

$r > a$ で循環 Γ が一定であるということは，この流れが Γ の大きさによって特徴づけられることを示唆している．そこで，循環 $\Gamma = \pi a^2 \omega_0$ を一定に保ちながら半径 a を 0 に近づけ，ω_0 を増加させると，渦度が $r = 0$ に集中した特異的な流れ場となる．$r > 0$ の領域では渦なしである．このように，循環という物理的な実体をもち“渦度が紐状に集中した領域”を**渦糸**とよぶ．これは，力学で質点を定義した

のと似たような理想化であり，渦糸は渦のもつ物理的性質を備えてはいるが幾何学的な太さはない．ここでは，直線的な渦度分布を考えたが，「渦糸」は渦度の集中した領域が曲線的に分布したものであっても同様に定義される．

（6） 渦 定 理

（i） ケルヴィンの循環定理

保存力場での非圧縮・非粘性流体の流れがある．ある時刻において閉曲線 C に沿う循環 $\Gamma(C)$ は (9.14) 式により計算される．さて，時間の経過にともなってこの閉曲線が流れとともに移動していくとき，$\Gamma(C)$ はどのような変化を受けるか考えてみよう．この場合には，C 上にある特定の流体粒子を追いかけていくのであるから，ラグランジュ的な循環の変化を計算することになる．まず，

$$\frac{D\Gamma}{Dt} = \frac{D}{Dt}\int_C \boldsymbol{v}\cdot d\boldsymbol{s} = \int_C \frac{D}{Dt}(\boldsymbol{v}\cdot d\boldsymbol{s}) = \int_C \frac{D\boldsymbol{v}}{Dt}\cdot d\boldsymbol{s} + \int_C \boldsymbol{v}\cdot\frac{D}{Dt}(d\boldsymbol{s})$$

ここで，第3辺に移るときに微分 D/Dt と積分（これは閉曲線を無限に小さく分割して加算する操作）が可換であることを，また第4辺では，積の微分の関係を用いた．つぎに，最右辺の前半部分にはオイラー方程式：

$$\frac{D\boldsymbol{v}}{Dt} = -\nabla\left(\frac{p}{\rho} + \Pi\right) \qquad \text{（ただし，外力のポテンシャルを } \Pi \text{ とした）}$$

を代入し，また，後半部分は

$$\boldsymbol{v}\cdot\frac{D}{Dt}(d\boldsymbol{s}) = \boldsymbol{v}\cdot d\left(\frac{D\boldsymbol{s}}{Dt}\right) = \boldsymbol{v}\cdot d\boldsymbol{v} = d\left(\frac{v^2}{2}\right)$$

（∵　$d\boldsymbol{s}$ の d は微小線分，D/Dt は微分で，これらは可換）

と書き換えると，

$$\frac{D\Gamma}{Dt} = -\int_C \nabla\left(\frac{p}{\rho} + \Pi\right)\cdot d\boldsymbol{s} + \int_C d\left(\frac{v^2}{2}\right) = \left[\frac{v^2}{2} - \left(\frac{p}{\rho} + \Pi\right)\right]_C$$

を得る．$[\quad]_C$ は閉曲線上のある点から始めて1周したときの値の差をとることを意味する．ここで，v，p/ρ，Π はいずれも空間的に1価関数であるから，

最右辺の値は 0 となる．したがって，

「流体とともに動く閉曲線について計算した循環は保存される」　(9.19 a)

という結果を得る．これを**ケルヴィンの循環定理**という．

（ii）　ヘルムホルツの渦定理

渦管の表面上に勝手な閉曲線 C を考える．この上では面ベクトルと渦度ベクトルは常に直交しているから，$\boldsymbol{\omega}\cdot d\boldsymbol{S}=0$ であり，(9.15) 式から $\Gamma(C)=0$ となる．特に，この閉曲線として，9 - 14 図(a) のようなものを考えても $\Gamma(C)=0$ という結果は変らない．他方，循環は(9.14) 式のように，閉曲面の縁を回る線積分で計算してもよい．さらに，線積分はいくつかの部分に分割して計算することができる（図(b) 参照）．したがって，

$$
\begin{aligned}
\Gamma(C) &= \iint_S \boldsymbol{\omega}\cdot d\boldsymbol{S} = 0 = \int_C v_s\,ds \\
&= \int_{\mathrm{AA'A''}} v_s\,ds + \int_{\mathrm{A''B}} v_s\,ds + \int_{\mathrm{BB'B''}} v_s\,ds + \int_{\mathrm{B''A}} v_s\,ds
\end{aligned}
$$

となる．

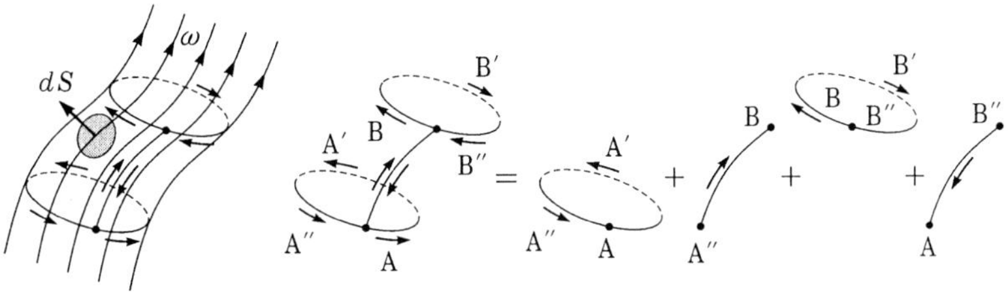

（a）渦管上の閉曲線に沿う循環　　（b）閉曲線の分解

9 - 14 図

ここで，最右辺の第 2，4 項は連続的な場の中で同じ積分経路上を互いに逆向きに積分するので，結果は相殺する．また，積分の向きを逆にすると積分値の符号が逆になるので

$$\int_{AA'A''} v_s\, ds = -\int_{BB'B''} v_s\, ds = \int_{B''B'B} v_s\, ds$$

となる．経路 AA′A″と B″B′B は，いずれも渦管を一定の方向にとり巻くように回る閉曲線である．これに沿う循環が等しいということは，

「1つの渦管について，これを同方向にとり巻くどのような閉曲線をとっても，それに沿う循環が保存される」　(9.19 b)

ことを意味する．これを**ヘルムホルツの渦定理**という．この保存則により，渦管は流体中で途切れることはなく，境界まで伸びているか，あるいは自分自身で閉じて輪を形成していなくてはならないことになる．後者のような渦を**渦輪**とよぶ．

もし，渦管の直断面内の渦度の大きさ ω が一様であるとすると，直断面積を S として，「ωS = 一定」が渦管に沿って成り立つ．たとえば，じょうご形の竜巻の上層部では渦度が小さくても，地上付近では断面積が小さくなるために渦度は非常に強くなり，強風や低圧による多大な被害をもたらすということが起こる．

(iii)　ラグランジュの渦定理

ヘルムホルツの渦定理により，渦は保存される（不滅である）ことになるが，このことはまた，新たに渦を作ることもできない（不生である）ということを意味している．すなわち，

「保存力の下での非粘性流体では，渦は不生不滅である」　(9.19 c)

これを**ラグランジュの渦定理**という．これは，われわれの経験と必ずしも合わないように思うかもしれないが，それはあくまで“保存力場での非粘性流体の流れ”という条件の下での話であることに注意しよう．

現実の流体には粘性があり，たとえば物体の近くでは速度勾配（したがって渦度）の大きな領域が作られる．これはやがて物体から剥離し，渦度の集中した領域を自己形成して遠方まで運ばれていく．また，回転によるコリオリの力，熱対流における浮力，電気抵抗のある電磁流体での電磁力，などの

9 - 15図　粘性流体中での渦の生成と“非粘性的領域”

非保存力がはたらく場合にも，渦が生成される可能性がある．他方，粘性などの影響で作られた渦領域（高渦度領域）もやがては粘性摩擦により次第に減衰し消えていく．

余　談

渦　対・渦　輪

（i）　渦対・渦輪の移動速度：　循環 Γ の渦糸の周りの流れは（9.18）式から

$$v_\phi = \frac{\Gamma}{2\pi r} \qquad (r > 0) \tag{9.18$'$}$$

と表されることがわかった．ただし，渦糸は直線的であると仮定し，これに沿って円柱座標系の z 軸を選んである．いま，循環 $-\Gamma$ の渦糸がこれと平行に距離 h を隔てて置かれているとする（9 - 16図(a) 参照）．渦糸は“自身の周りには（9.18)$'$ 式のような流れを作り，また，それが置かれている位置での速度場に乗って移動する”という性質をもっている．これにより，一方の渦糸は他方に対して互いに速さ

$$U = \frac{\Gamma}{2\pi h} \tag{9.20 a}$$

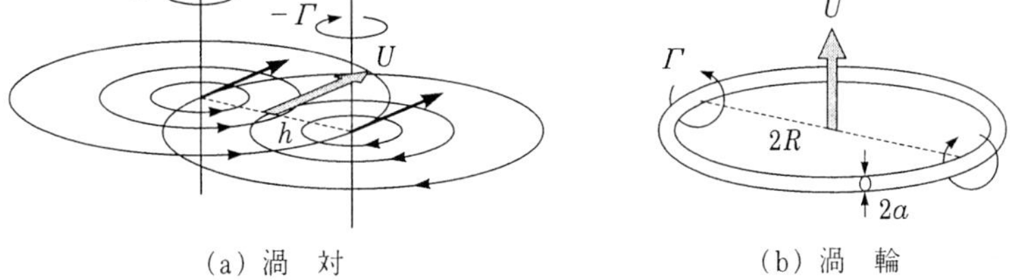

（a）渦　対　　（b）渦　輪

9 - 16図

で両者を結ぶ線分に垂直な方向に動かそうとする(図(a))．その結果，2つの渦糸は両者を結ぶ線分に垂直に共通の速度 U で平行移動する．これを**渦対**という．渦対は，循環が大きいほど，あるいは接近しているほど，移動速度が速い．**渦輪**は渦対と類似しており，直径を挟んで向かい合う部分が互いに同方向の速度を誘起するので，それ自身で並進運動を行う（図(b)）．くわしい計算によると，太さ $2a$，直径 $2R$ の渦輪の移動速度は

$$U = \frac{\Gamma}{4\pi R}\left(\log\frac{8R}{a} - \frac{1}{4}\right) \qquad (9.20\,\mathrm{b})$$

と表される．渦対も渦輪も一定のエネルギー，運動量，移動速度をもつので一種の粒子のように振舞う．

（ii）渦対・渦輪の相互作用：　2つの渦糸A，Bの循環の大きさが異なる場合はどうであろうか．それぞれの渦糸の循環を Γ_A, Γ_B，位置ベクトルを $\boldsymbol{r}_A$，$\boldsymbol{r}_B$，また両者の距離を h とする．前者が速さ $U_A = \Gamma_B/2\pi h$，後者が $U_B = \Gamma_A/2\pi h$ で両者を結ぶ線分に垂直に動くことは前と同様である．したがって，循環がともに同符号の場合には，これらの渦糸はA，Bを $\Gamma_B : \Gamma_A$ に内分する点Gを中心に回転する（9-17図(a)参照)．すなわち，それぞれの位置ベクトルを $\boldsymbol{r}_A$, $\boldsymbol{r}_B$ と置くと，点Gの座標は $\boldsymbol{r}_G = (\Gamma_A\boldsymbol{r}_A + \Gamma_B\boldsymbol{r}_B)/(\Gamma_A + \Gamma_B)$ で与えられる．循環の符号が互いに異なる場合にも，同じ式で定義される点Gの周りを動くが，この場合には点Gは線分AB上ではなく，それらを結ぶ延長線上にある．このために，図(b)のような円弧状の経路を描きながら並進運動をする．ただし $\Gamma_A + \Gamma_B \neq 0$ とした．これが0となる特別な場合が，前掲の渦対であった．台風は地球スケールの渦糸とみなすことができる．回転の向きは地球の自転によって決まり，北半球では反時計回り，南半球ではその逆である．ところで，台風が同時期に多発すると，2つの台風が接近して進んで来ることがある．このような場合には，上で述べた図(a)に類似した振舞が見られ，Gに相当する点の周りを回転しながら北上してくるので，きわめて複雑な進路をとることになる．

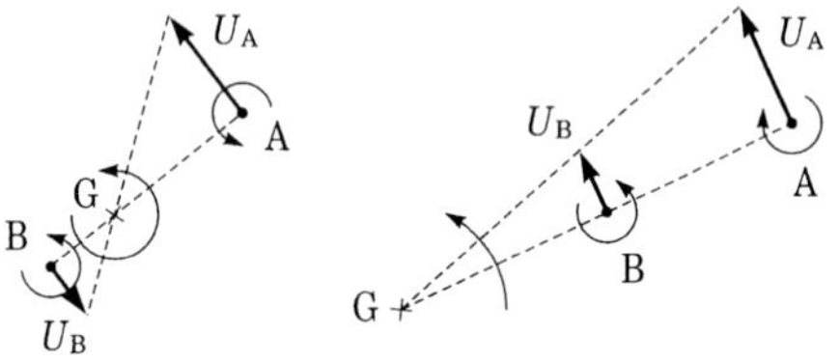

（a）循環が同符号　　（b）循環が異符号

9-17図　2つの渦糸の相互作用

つぎに，2つの渦対が軸を共通にして前後に置かれた場合を考えてみよう．後方にある渦対は前方の渦対の間隔を広げるような速度を，また前方の渦対は後方の渦対の間隔を狭めるような速度を誘起する（9-18図参照)．後方の渦対は

間隔が狭まると(9.20 a) 式にしたがって進行速度が大きくなり，前方の渦対は逆に間隔が広がって進行速度が遅くなる．その結果，後方の渦対は前方の渦対を追い抜く．その後は，渦対の前後関係が入れ代り，同様の過程がくり返されることになる．前後に置かれた渦輪の場合にも同様に「追い抜き」が起こる．さて，実在の流体には粘性があるために，この過程が無限にくり返されることはないが，何回かの追い抜き現象が実験的に確認されている．

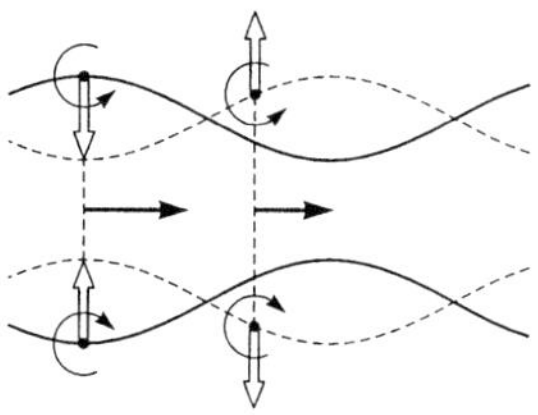

9-18図　渦対・渦輪の追い抜き

渦糸や渦輪がさらに多く存在する場合には，複雑な相互作用が引き起こされ，カオスや乱流状態になると考えられるが，詳細は他書を参照されたい．

§9.4　渦なし運動

(1)　渦なし運動とポテンシャル問題

渦なしの流れでは $\boldsymbol{\omega} \equiv \mathrm{rot}\,\boldsymbol{v} = \boldsymbol{0}$ であるから，速度 $\boldsymbol{v}$ はあるポテンシャル関数から導かれる．これを**速度ポテンシャル**とよび，Φ と表すと

$$\boldsymbol{v} = \mathrm{grad}\,\Phi \tag{9.21}$$

と書ける．非圧縮の流体ではさらに $\mathrm{div}\,\boldsymbol{v} = 0$ であるから，(9.21) 式を代入して

$$\Delta\Phi = 0 \tag{9.22}$$

を得る．すなわち，非圧縮非粘性の渦なし流れは，“与えられた境界条件を満たす調和関数を求める”というポテンシャル問題と同等である．

物体の周りの流れが決まると(すなわち，Φ が確定すると(9.21) 式により $\boldsymbol{v}$ が決まる)，圧力場 p は (9.5) 式から

$$p = \rho\left(F(t) - \frac{\partial\Phi}{\partial t} - \frac{1}{2}v^2 - \Pi\right) \tag{9.23}$$

によって求められる．ただし，Π は外力のポテンシャルである．式 (9.23)を圧力方程式とよぶのはこのためである．物体にはたらく力を計算するときには，この圧力を物体表面で積分すればよい．

（2） 渦なし流れの例

ラプラス方程式 (9.22) を満たす簡単な調和関数とその流れを調べてみよう．

（a）
$$\Phi = Ux \qquad (U \text{ は定数}) \tag{9.24}$$

これが (9.22) 式を満たすことは容易に確かめられるであろう．速度場は

$$\boldsymbol{v} = (u, v, w) = (U, 0, 0) \tag{9.25}$$

である．これは x 軸に平行な**一様流**である（9-19図(a) 参照）．さらに，一般に a, b, c を定数として $\Phi = ax + by + cz$ としたものは一様流：$\boldsymbol{v} = (a, b, c)$ である．

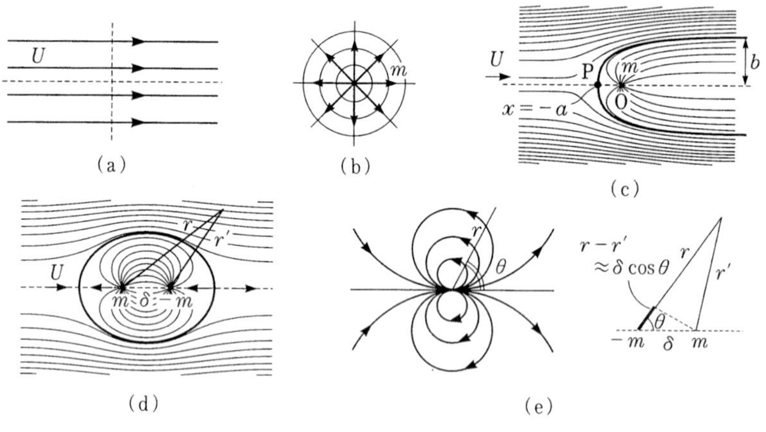

9-19図　簡単な調和関数とその流れ

（b）
$$\Phi = -\frac{m}{r} \qquad (m \text{ は定数}) \tag{9.26}$$

ラプラス方程式の球対称な解がこの形である．実際

$$\Delta\Phi = \frac{1}{r^2}\frac{d}{dr}\left(r^2\frac{d\Phi}{dr}\right) = 0$$

を解けば，(9.26) が得られる（付録 B [2] 参照）．さて，速度場は

$$v_r = \frac{\partial\Phi}{\partial r} = \frac{\partial}{\partial r}\left(-\frac{m}{r}\right) = \frac{m}{r^2}, \qquad v_\theta = v_\phi = 0 \tag{9.27}$$

であるから，流れは原点から放射状に湧き出し（$m > 0$），あるいは吸い込まれる（$m < 0$）．前者を**湧き出し流**，後者を**吸い込み流**とよぶ．あるいは後者は前者で符号が逆になった場合と理解すればよいので，両者のいずれも湧き出し流とよぶこともある．図(b) を参照．湧き出しの総量 Q は原点を中心とした半径 R の球面上で流速を積分することにより

$$Q = \int_{r=R} v_r \, dS = \int_{r=R} \frac{m}{r^2} dS = \frac{m}{R^2} 4\pi R^2 = 4\pi m \qquad (9.28)$$

と計算される．これから $v_r = Q/4\pi r^2$，$\Phi = -Q/4\pi r$ と表すと，ポテンシャル Φ や速度場 $\boldsymbol{v}$ は電磁気学でよく知られた“点電荷”の作る電位 Φ や電場 $\boldsymbol{E}$（クーロンの法則）と形式的には同じであることがわかる．もちろん，比例係数は分野ごとあるいは単位系の選び方により異なる．

（c）　$$\Phi = Ux - \frac{m}{r} \qquad \text{（ただし } U,\ m \text{ は定数で } m > 0\text{）} \qquad (9.29)$$

ラプラス方程式は線形であるから，Φ や $\boldsymbol{v}$ については解の重ね合せが可能である（これに対して圧力 p は (9.23) に示したように速度の2乗の項を含むので重ね合せができないことに注意せよ）．そこで前述の一様流(a)と湧き出し流(b)を加えたものが (9.29) である．このときの流れは図(c) に示したようなものとなる．x 軸上の点 P では湧き出しによる左向きの流れと右向きの一様流がつり合って淀み点となっている．ここで点 P の座標を $x = -a$，$y = 0$ と置くと

$$u = U - \frac{m}{a^2} = 0, \qquad \therefore \quad a = \sqrt{\frac{m}{U}} \qquad (9.30)$$

である．無限下流では流れはいたるところ一様流と平行で，原点から湧き出した流体はすべて円筒内を流れる．そこで，この円筒の半径を b と置くと

$$U\pi b^2 = 4\pi m, \qquad \therefore \quad b = \sqrt{\frac{4m}{U}} = 2a \qquad (9.31)$$

となる．また，無限遠にいたる途中では，流体は図の太い実線で示したような回転対称な領域内を流れる．このように，(9.29) 式の表す流れの領域は，

図の太い実線の内外で分けられ，流体が相互に出入りすることはない．非粘性の流体では，流体は物体表面に沿って滑ることが許されるので，湧き出しを含む側の領域をそれと同じ形の物体で置き換えても外側の流れには影響しない．したがって，この例は半無限の柱状回転体を過ぎる流れと考えてもよい．

（d）
$$\Phi = Ux - \frac{m}{r} + \frac{m}{r'} \tag{9.32}$$

これは，前節(c)の一様流と湧き出しの系に加えてさらに同じ強さの吸い込みを置いたもので，図(d) に示したように，湧き出した流体が吸い込まれ有限な領域で閉じた流線ができる．この領域は卵のような形をしており，**ランキンの卵型**とよばれている．その外部の流れは，卵形の物体を過ぎる流れと同じである．特に，湧き出しと吸い込みの距離 δ が接近し，同時に $m\delta$ を一定に保ちながら m を増加させていくと，ランキンの卵は球に近づく．

（e）
$$\Phi = -\frac{D\cos\theta}{r^2} \tag{9.33}$$

これは，(d)において一様流部分を除いた上で湧き出しと吸い込みの距離 δ を接近させ，同時に $m\delta$ を一定に保ちながら m を増加させたときに得られるものである．実際，図(e) に示したような変数を使うと速度ポテンシャルは

$$-m\left(\frac{1}{r'} - \frac{1}{r}\right) = -\frac{m(r - r')}{rr'} \quad \rightarrow \quad -\frac{m\delta\cos\theta}{r^2} = -\frac{D\cos\theta}{r^2} = \Phi$$

（ただし，$m\delta = D =$ 一定 として $\delta \to 0$，$m \to \infty$とする）

となる．これはまた

$$\Phi = -\frac{D\cos\theta}{r^2} = -\frac{Dx}{r^3} = D\frac{\partial}{\partial x}\left(\frac{1}{r}\right) \tag{9.34}$$

と表すこともできる．これを**二重湧き出し**とよぶ．流れの概略を図(e) に示す．流体は x 軸の正の方向に流れ出し，負の方向からもどってくる．もし，向きが逆ならば $-D/r$ を x で偏微分，y 軸の正の方向の二重湧き出しならば D/r を y で偏微分，…… という具合に計算すればよい．再び，電磁気学と

のアナロジーで言えば，これは電気二重極や磁気二重極と同じである．

（3） 循環と速度ポテンシャル

§9.3 (4) で定義した循環を速度ポテンシャルを用いて表すと

$$\Gamma(C) = \int_C \boldsymbol{v}\cdot d\boldsymbol{r} = \int_C \mathrm{grad}\,\Phi\cdot d\boldsymbol{r} = \int_C d\Phi = [\Phi]_C = \Phi_+ - \Phi_- \tag{9.35}$$

となる．(9.35) 式のような線積分では経路の両端での値の差をとる必要がある．しかし，われわれが扱う経路は閉曲線であるから“両端”の位置は物理的には一致する．そこでこの点を始点の意味で使う場合には Φ の添字に＋を，また終点の意味で使うときには－をつけて区別する（9－20 図 (a) 参照）．もし Φ が 1 価関数であれば，$\Phi_+ = \Phi_-$ なので最右辺は 0 である．これに対して，もし Φ が多価関数であれば，$\Phi_+ \neq \Phi_-$ なので $\Gamma(C) \neq 0$ である．

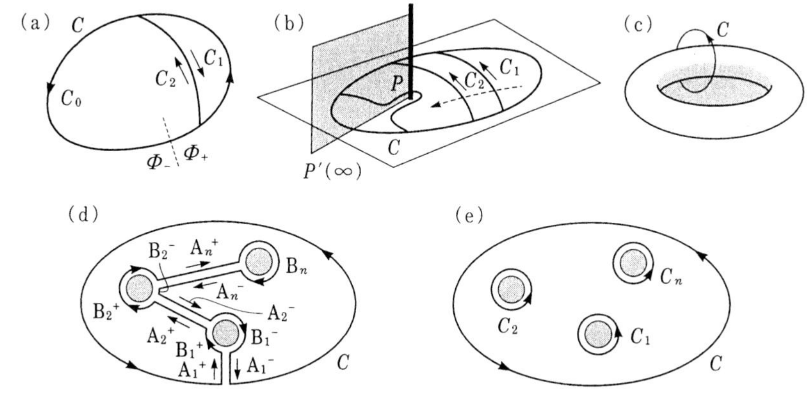

9－20 図　領域の連結性と循環定数

関数が多価であるのはどのような場合であろうか？　身近な例として，らせん階段を考えてみよう．らせん階段では，1 回りすると高さが変化する．つまり，平面図（xy 平面）で見れば同じ位置であっても，階段を何回りしているかで実際の位置（z 座標）は異なっている．実際，この場合の位置エネルギー（単位質量当り）は，階段を回る角度を θ として $\Phi = gh\theta/2\pi$ のように表される．ただし，h は階段を 1 回りしたときに増加する高さ，g は重力加速度である．したがって，Φ は多価関数で $\Gamma(C) = \Phi_+ - \Phi_- = gh$ は 0 でない．このような場合には，仮に xy 平面上で同じ位置にあっても，両者をつなぐことができない．このことを領域が連結していないという．逆に，平面上では，閉曲線に沿って 1 回りして元にもどってきたときに高さの食い違いはない．このように，領域内のどのような閉曲線に対しても値が連続的につながるとき，その領域は**単連結**であるという．

連結した領域内では関数の多価性がないので，$\Gamma(C) = 0$ の条件を満たしたまま(9.35) 式の積分路を自由に変えることができる．すなわち，閉曲線 C を $C_0 + C_1$ のように分解したときに，一部分 C_1 を C_2 のように変更しても $\Gamma(C) = \Gamma(C_0 + C_1) = \Gamma(C_0 + C_1 + (C_2 - C_2)) = \Gamma(C_0 + C_2 + (C_1 - C_2)) = \Gamma(C_0 + C_2) + \Gamma(C_1 - C_2) = \Gamma(C_0 + C_2)$ となるので，C_1 を C_2 で置き換えても同じである（図(a)）．ただし，連結領域内にある経路 $C_1 - C_2$（閉曲線に沿って回ると C_2 の向きが逆になることに注意）についての積分の寄与が 0 であることを考慮した．これを進めると，単連結領域ではどんな閉曲線も 1 点に縮められるということもできる．

ところで，平面に垂直に無限に高い柱が立てられている場合を想像してみよう．図(b) の P 点がそのような特異点であるとする．この場合には，もし初めの閉曲線 C が点 P をとり囲んでいたとすると，その積分路をどのように変形しても，点 P を“抜け出る”ことはできない．同様に，たとえば流体中にドーナツ形の物体があるときに，この中心を通ってループをとり巻くような閉曲線はどのように変形してもここから“抜け出る”ことはできない（図(c) の閉曲線 C）．したがって，領域は連結していない．これに対して，球のように孔のない物体が置かれている場合には，流体中のどのような閉曲線も変形によりこの物体をすり抜けることができる．これは単連結領域であることにほかならない．

連結していない領域であっても，単連結領域に制限することはできる．それには閉曲線を選ぶときに，連結性を破る“特異点”をいつでも避けるように条件をつけておくのである．たとえば，図(b) では，柱を縁として点 P と無限遠点 P′ を結ぶ面を考え，閉曲線がこの面 PP′ を横切らないようにするのである．柱が他にもある場合には，そのおのおのについて同様の制限をつければよい．また，図(c) ではドーナツの中心部分の空洞を面で塞げばよい．このように，連結性をもたせるために導入した面を**切断面**とよぶ．また，切断面を 1 つ考えることによって単連結領域にできるような領域を **2 重連結**，同様に $(n-1)$ 個の切断面によって単連結領域にできるような領域を n 重連結であるという．

さて，ストークスの定理は単連結領域に対して成り立つ関係なので，多重連結領域に当てはめるには注意が必要である．すなわち，$(n+1)$ 重連結領域に対しては n 個の切断を入れて単連結にした上で閉曲線に沿っての循環を考える必要がある．閉曲線 C_0 を図(d) のように“切断”を往復する経路と“特異点”を回る経路の和とすると，循環 $\Gamma(C_0)$ は

$$\Gamma(C_0) = \Gamma(C + A_1{}^+ + B_1{}^+ + A_2{}^+ + B_2{}^+ + \cdots + A_n{}^+ + B_n \\ + A_n{}^- + \cdots + B_2{}^- + A_2{}^- + B_1{}^- + A_1{}^-)$$

と与えられる．ここで，単連結領域内の渦なし流れでは循環が 0（すなわち $\Gamma(C_0) = 0$）であり，また，$A_k{}^+$ と $A_k{}^-$ の積分が打ち消し合うこと，$B_k{}^+ + B_k{}^-$ は閉曲線 $-C_k$ になること（いずれも $k = 1, 2, \cdots, n$）などを考慮すると，

$$\Gamma(C_0) = \Gamma(C - C_1 - \cdots - C_n) = 0$$

すなわち

$$\Gamma(C) = \Gamma(C_1) + \Gamma(C_2) + \cdots + \Gamma(C_n) = \sum_{k=1}^{n} \Gamma_k \qquad \therefore \quad \int_C \boldsymbol{v} \cdot d\boldsymbol{s} = \sum_{k=1}^{n} \Gamma_k \tag{9.36}$$

となる．ただし，閉曲線を反時計回りに回る向きを正とした（図(e) 参照)．このように，$(n+1)$ 重連結領域での渦なし流れを考えると，n 個の循環定数が現れるということに注意したい．具体的な問題は次節で考える．

なお，(9.36) 式は，電磁気学に登場する**アンペールの法則**

$$\frac{1}{\mu_0}\int_C \boldsymbol{B}\cdot d\boldsymbol{s} = \sum_{k=1}^{n} I_k$$

と形式的に同じである．ただし，$\boldsymbol{H}$ は磁場，$\boldsymbol{B}$ は磁束密度，μ_0 は真空の透磁率，I_k は電流であり，$\boldsymbol{v} \Leftrightarrow \boldsymbol{H}$ または $(\boldsymbol{B}/\mu_0)$，$\Gamma \Leftrightarrow I$ の対応がある．静磁場と渦糸による流れ場の間このようなアナロジーを考慮すると，前者における**ビオ－サヴァールの法則**と同様に，循環 Γ の渦糸の微小部分 $\delta\boldsymbol{s}$ が誘起する速度場が

$$\delta\boldsymbol{v} = \frac{\Gamma}{4\pi}\frac{\delta\boldsymbol{s}}{r^2}\times\frac{\boldsymbol{r}}{r} \tag{9.37}$$

となることも推測されるであろう．

［**問題 9**］　循環が Γ の無限に長い直線状渦糸がある．この周りの速度場を(9.37)式を用いて計算せよ．

§9.5　2次元の渦なし流

（1）　複素関数論の応用

2 次元の流れを考える．9－21 図(a) に示したような経路 C 上の積分：

$$\Gamma(\mathrm{A}\to\mathrm{P}) = \int_{\mathrm{A}(C)}^{\mathrm{P}} v_s\,ds, \qquad \Psi(\mathrm{A}\to\mathrm{P}) = \int_{\mathrm{A}(C)}^{\mathrm{P}} v_n\,ds$$

を考えてみよう．ただし，v_s は経路に平行な速度の成分，v_n は経路に垂直な

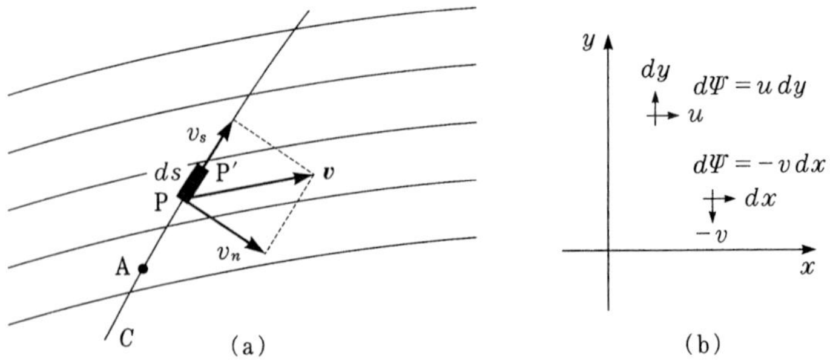

9－21 図　線積分と循環・流量

速度の成分とする．$\Gamma(\mathrm{A} \to \mathrm{P})$ は§9.3 (4) ですでに定義した循環（の一部分）である．他方，$\Psi(\mathrm{A} \to \mathrm{P})$ は線分APを左側から右側へ通り抜ける流量を表している．そこで，この経路上の微小線分PP′（距離 ds）について同様に流量 $d\Psi$ を計算すると

$$d\Psi = v_n\, ds \qquad \text{あるいは} \qquad v_n = \frac{\partial \Psi}{\partial s} \tag{9.38 a}$$

となる．v_n が ds を左側から右側へ流れた流量であることを考慮すると，2次元の直角座標 (x, y)，速度場 (u, v) に対しては

$$u = \frac{\partial \Psi}{\partial y}, \qquad v = -\frac{\partial \Psi}{\partial x} \tag{9.38 b}$$

と表される（図(b) 参照）．また，このとき，渦度の z 成分 ω は

$$\omega = \frac{\partial v}{\partial x} - \frac{\partial u}{\partial y} = -\frac{\partial^2 \Psi}{\partial x^2} - \frac{\partial^2 \Psi}{\partial y^2} = -\Delta \Psi \tag{9.39}$$

である．

一般に，流線に沿った経路 C では $v_n = 0$ であるから $d\Psi = 0$ である．したがって，Ψ は流れに沿って一定である．逆に，ここで定義した関数 Ψ が一定という関係を満たす点は流線を表す．この関数 Ψ を**流れの関数**とよぶ．

［**注**］ 流れの関数の定義そのものには，流体に粘性があるか否か，あるいは渦なし流かどうかは無関係であり，2次元流に対しては常に (9.38 a，b) が成り立つ．

さて，§9.4 (1) で述べたように，渦なしの流れは速度ポテンシャル Φ を用いて $\boldsymbol{v} = \mathrm{grad}\,\Phi$ と表すことができた．これはもちろん2次元流の場合にも成り立つ．そこで，直角座標 (x, y) を用いると，速度場 (u, v) は次の2通りに表現できる：

$$u = \frac{\partial \Phi}{\partial x} = \frac{\partial \Psi}{\partial y}, \qquad v = \frac{\partial \Phi}{\partial y} = -\frac{\partial \Psi}{\partial x} \tag{9.40}$$

これは，複素関数論でよく知られた**コーシー－リーマンの関係式**である．Φ と Ψ がこの関係を満たす場合には，$f = \Phi + i\Psi$ は $z = x + iy$ の解析関数

になっている．すなわち Φ と Ψ は独立ではなく，$\Phi + i\Psi$ という組み合せが変数 $z = x + iy$ について微分可能な関数として表され，Φ や Ψ のいずれか一方が与えられれば他方も決まってしまうことになる．これから

（i）f を z で微分すると

$$\frac{df}{dz} = \frac{\partial f}{\partial x} = \frac{\partial}{\partial x}(\Phi + i\Psi) = \frac{\partial \Phi}{\partial x} + i\frac{\partial \Psi}{\partial x} = u - iv \equiv w \qquad (9.41)$$

のように，速度 u，v が対になって得られる．そこで，w を**複素速度**，f を**複素速度ポテンシャル**とよぶ．

w を極座標表示すると

$$w = |w|e^{-i\theta}, \qquad |w| = \left|\frac{df}{dz}\right| = \sqrt{u^2 + v^2}, \qquad \tan\theta = \frac{v}{u} \qquad (9.42)$$

と表すこともできる．

[問題 10]　(9.41) 式の最左辺の微分 df/dz は，z 平面上でどの方向に微分しても同じ値を与えるであろうか．たとえば，第 2 辺に移るときに，y 軸に平行な方向に微分し，この結果を確認せよ．

関数 f の微分 df/dz が微分の方向によらない有限な確定値をもつことは，実は微分可能であることの必要十分条件でもある．通常の 1 変数関数 $y = f(x)$ の微分でも，右側から極限をとった微分係数と左側から極限をとった微分係数が一致することが微分可能の条件であったことを想起されたい．

（ii）流体中に勝手な閉曲線 C をとり w を積分すると

$$\int_C w\,dz = \int_C \frac{df}{dz}dz = \int_C df = \int_C d\Phi + i\int_C d\Psi$$
$$= [\Phi]_C + i[\Psi]_C = \Gamma + iQ \qquad (9.43)$$

となる．Γ は循環，Q は流量である．特に，閉曲線 C の内部に循環や湧き出しなどの特異点がなければ $\Gamma = 0$, $Q = 0$ であるから (9.43) 式の右辺は 0 となる．これは，“正則（= 微分可能な）関数を C に沿って 1 周積分したときの積分値は 0 である”というコーシーの定理に対応する．

[**問題 11**]　$\int_C d\Phi$, $\int_C d\Psi$ がそれぞれ循環，流量を表すことを全微分の定義にさかのぼって確認せよ．

(iii)　等ポテンシャル線と流線は互いに直交する．

$$(\because)\quad \mathrm{grad}\,\Phi\cdot\mathrm{grad}\,\Psi = \left(\frac{\partial\Phi}{\partial x},\ \frac{\partial\Phi}{\partial y}\right)\left(\frac{\partial\Psi}{\partial x},\ \frac{\partial\Psi}{\partial y}\right)^T$$

$$= (u, v)(-v, u)^T = 0$$

$$\therefore\quad \mathrm{grad}\,\Phi \perp \mathrm{grad}\,\Psi$$

これら以外にも，多くの点で，非圧縮非粘性流体の2次元渦なし流と複素関数論とは共通性をもつ．と言うよりも，むしろ前者は後者の母体であって，これを記述するために美しい数学の体系にまとめられたものが複素関数論であると言ってもよい．以下では，さらに具体的にこのことを見ていこう．

(2)　簡単な複素速度ポテンシャルとその流れ

(a)　　$f = Uz$　　(ただし，U は実定数)　　(9.44)

複素速度は $w = df/dz = U$ である．したがって，これは x 軸に平行な一

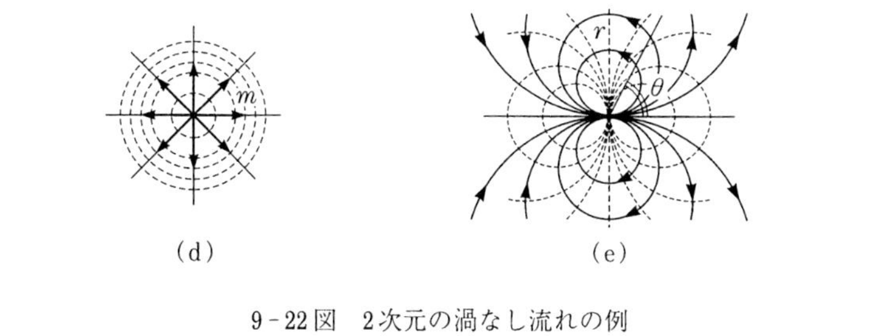

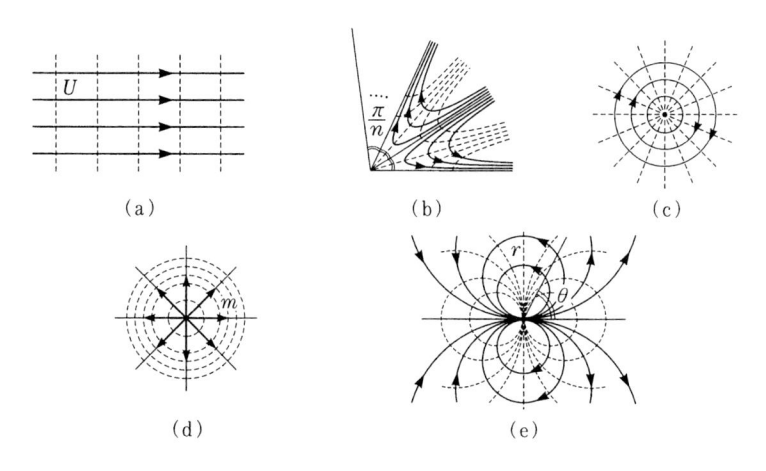

9-22図　2次元の渦なし流れの例

様流を表す．また，$f = U(x + iy) = \Phi + i\Psi$ であるから，$\Phi = Ux$，$\Psi = Uy$ となり，これからも流線が $y =$ 一定 の直線群であることがわかる(9－22図(a) を参照)．他方，y 軸に平行な直線群 ($x =$ 一定) は等ポテンシャル線を与える．これは流線と直交する．もし U が複素数：$U = |U|\exp(-i\alpha)$ であれば，一様流の大きさは $|U|$，向きは x 軸から正の向きに測って角度 α の方向となる．

（b） $f = Az^n$ （ただし，A, n は実定数） (9.45)

複素速度は $w = nAz^{n-1}$ である．$z = re^{i\theta}$ とおくと，速度の大きさは $|w| = nA|z^{n-1}| = nAr^{n-1}$ となる．また，$f = Ar^n\exp(in\theta) = \Phi + i\Psi$ であるから $\Phi = Ar^n\cos(n\theta)$，$\Psi = Ar^n\sin(n\theta)$ となり，これから直線 $\theta = k\pi/n$ が流線であることは直ちにわかる．ただし $k = 0, 1, \cdots$ である．これ以外の流線は「$r^n\sin(n\theta) =$ 一定」を満たすように曲線群を描けばよい（図(b) を参照)．他方，等ポテンシャル線は「$r^n\cos(n\theta) =$ 一定」を満たす曲線群で，流線とは直交する．直線 $\theta = (k\pi)/n$ を固体壁で置き替えても，これらの壁の間にある流体の流れは変らないので，(9.45) 式から導かれる流れは，角度 π/n で交わる 2 つの壁の間の**角を回る流れ**を表す．

［**問題 12**］ 特に，$n = 1$，2 の場合について流れの様子を述べよ．

［**注**］ この流れにおいて，$n < 1$ のときには $|w|$ が原点で無限大になり，また (9.23) 式から圧力が負の無限大になってしまう．これは，2 つの壁の交角が 180° 以上になり，尖った角の頂点で流れの不連続（剥離）が起こることに対応している．

（c） $f = i\kappa\log z$ （ただし，κ は実定数） (9.46)

複素速度は $w = i\kappa/z$ である．極座標で表示すれば $w = i\kappa\exp(-i\theta)/r = \kappa\exp[-i(\theta - \pi/2)]/r$，これから $v_r = 0$，$v_\theta = -\kappa/r$ を得る．また，$f = i\kappa(\log r + i\theta) = \Phi + i\Psi$ であるから，$\Phi = -\kappa\theta$，$\Psi = \kappa\log r$ を得る．流線は同心円群であり，$\kappa > 0$ のときには，時計回りの流れを表す(図(c) を参照)．等ポテンシャル線は「$\theta =$ 一定」，すなわち，原点を通る放射線群で，

流線とは直交する．また，(9.43) 式より

$$\Gamma + iQ = \int_C \frac{df}{dz}dz = \int_C \frac{i\kappa}{z}dz = 2\pi i(i\kappa) = -2\pi\kappa$$

したがって，$\Gamma = -2\pi\kappa$，$Q = 0$ である．この流れは2次元の**渦糸による流れ**である（§9.3 (5) 参照）．

(d)　　$f = m\log z$　　（ただし，m は実定数）　　(9.47)

複素速度は $w = m/z$ である．極座標で表示すれば $w = m\exp(-i\theta)/r$，これから $v_r = m/r$，$v_\theta = 0$ を得る．また，$f = m(\log r + i\theta) = \Phi + i\Psi$ であるから，$\Phi = m\log r$，$\Psi = m\theta$ を得る．流線は放射状の直線群であり，$m > 0$ のときには，中心から外向きの流れを表す(図(d) を参照)．等ポテンシャル線は「$r =$ 一定」，すなわち，同心円群で，流線とは直交する．また，(9.43) 式より

$$\Gamma + iQ = \int_C \frac{df}{dz}dz = \int_C \frac{m}{z}dz = 2\pi im$$

したがって，$\Gamma = 0$，$Q = 2\pi m$ である．この流れを2次元の**湧き出し流**という．

(e)　　$f = -\dfrac{D}{z}$　　（ただし，D は実定数）　　(9.48)

複素速度は $w = D/z^2$ である．また，$f = -D\exp(-i\theta)/r = \Phi + i\Psi$ であるから，

$\Phi = -D\cos\theta/r$，$\Psi = D\sin\theta/r$．したがって，流線 $\Psi =$ 一定は

$$\Psi = \frac{D\sin\theta}{r} = \frac{Dr\sin\theta}{r^2} = \frac{Dy}{r^2} = \text{一定} \quad \rightarrow \quad x^2 + \left(y - \frac{D}{2\Psi}\right)^2 = \left(\frac{D}{2\Psi}\right)^2$$

で与えられる．これは原点で接し中心が y 軸上にある偏心円群である．他方，等ポテンシャル線は，原点で接し中心が x 軸上にある偏心円群で，これも流線と直交する．この流れを2次元の**二重湧き出し流**という．

［**問題 13**］　$z = a$ に強さ m の湧き出し，$z = -a$ に強さ m の吸い込みを置く．積 $D = 2ma$ を一定に保ちながら，$a \to 0$，$m \to \infty$ とすると，(9.48) 式に一致す

ることを示せ．

（3） 円柱を過ぎる流れ

（a） 静止流体中を動く円柱

無限遠で静止している流れ場を表す複素速度ポテンシャル f は一般に z の負のベキの展開で与えられる．これを2次元の極座標系 (r, θ) で表し

$$f = \sum_{n=0}^{\infty} c_n z^{-n} = \sum_{n=0}^{\infty} \frac{1}{r^n}(a_n + ib_n)(\cos n\theta - i\sin n\theta) \qquad (9.49)$$

と表現する．ここに現れた定数 $c_n = a_n + ib_n$ は境界条件を満たすように決める．半径 a の円柱が x 軸方向に一様な速度 U で並進している場合には，境界条件は

$$r = a \quad で \quad v_r = U\cos\theta \qquad (9.50)$$

である．f を実数部 Φ と虚数部 Ψ に分け，円柱表面での v_r を求めると

$$\Phi = \sum_{n=0}^{\infty} \frac{1}{r^n}(a_n \cos n\theta + b_n \sin n\theta)$$

$$\Psi = \sum_{n=0}^{\infty} \frac{1}{r^n}(-a_n \sin n\theta + b_n \cos n\theta)$$

$$(v_r)_{r=a} = \left(\frac{\partial\Phi}{\partial r}\right)_{r=a} = \sum_{n=0}^{\infty} \frac{-n}{a^{n+1}}(a_n \cos n\theta + b_n \sin n\theta)$$

となる．これが（9.50）を満たすためには，

$a_1 = -Ua^2$，　a_0 と b_0 は任意，その他の定数はすべて0

でなければならない．したがって，複素速度ポテンシャルは

$$f = c_0 - \frac{Ua^2}{z} \qquad (9.51)$$

となる．右辺第1項の定数は微分すれば消えてしまうので速度場には影響しない．第2項は前節で見た二重湧き出しである．

（b） 一様流中に静止する円柱

前節とは逆に，一様流中に静止する円柱を考えよう．境界条件は

$$無限遠で一様流： \quad v_x = U, \quad v_y = 0 \qquad (9.52\,a)$$

$$\text{円柱表面}\quad r = a \quad \text{で} \quad v_r = 0 \tag{9.52 b}$$

である．無限遠での条件から複素速度ポテンシャル f は Uz を含むはずである．また，前節の流れを円柱とともに速度 U で x の正の方向に動く観測者から見ると，静止した円柱に x の負の方向の一様流が当たっていることになるから，複素速度ポテンシャルは二重湧き出しの項(ただし，符号は逆になる)も含むはずである．

そこで

$$f = Uz + \frac{Ua^2}{z} \tag{9.53}$$

と置いて，残りの境界条件を確認する．f を実数部 Φ と虚数部 Ψ に分けると

$$\Phi = U\left(r + \frac{a^2}{r}\right)\cos\theta, \qquad \Psi = U\left(r - \frac{a^2}{r}\right)\sin\theta$$

これから

$$v_r = \frac{\partial\Phi}{\partial r} = U\left(1 - \frac{a^2}{r^2}\right)\cos\theta, \qquad v_\theta = \frac{1}{r}\frac{\partial\Phi}{\partial\theta} = -U\left(1 + \frac{a^2}{r^2}\right)\sin\theta \tag{9.54}$$

を得る．$r = a$ で $\Psi = 0$ (あるいは $v_r = 0$) であることから，円柱表面が流線に一致していることがわかり，(9.53)が求める解であることが確認された．また，円柱表面では $v_\theta = -2U\sin\theta$ であるから，$\theta = \pm\pi/2$ で x 軸方向に最大の速度 $2U$ を生じている．

（c）　循環をともなう一般の場合

円柱の外部は 2 重連結領域であるから 1 つの循環定数をもつ流れが可能である(§ 9.4 (3) 参照)．これは円柱を回る同心円的な流れ $f = i\kappa \log z$ をつけ加えても，円柱表面で $v_r = 0$ および無限遠で $|\boldsymbol{v}| \to 0$ の境界条件を破ることがないからである．κ を $\Gamma/2\pi$ とおけば，一様流中に置かれた円柱の周りの流れのもっとも一般的な表現として

$$f = U\left(z + \frac{a^2}{z}\right) + \frac{i\Gamma}{2\pi}\log z \tag{9.55}$$

を得る．流れの様子は Γ の大きさによって分類できる．これを見るために淀み点に着目しよう．

淀み点では $df/dz=0$ であり，(9.55) 式からこれを求めると

$$U\left(1-\frac{a^2}{z^2}\right)+\frac{i\Gamma}{2\pi z}=0$$

すなわち

$$\frac{z}{a}=-\frac{i\Gamma}{4\pi Ua}\pm\sqrt{1-\left(\frac{\Gamma}{4\pi Ua}\right)^2} \qquad (9.56)$$

となる．したがって，淀み点は

(i) $\Gamma<4\pi Ua$ では円柱表面上の 2 点に

(ii) $\Gamma=4\pi Ua$ では円柱上の 1 点 $z=-ia$ に

(iii) $\Gamma>4\pi Ua$ では虚数軸上で円柱内部と外部に 1 つずつ

存在する．それぞれに対応した流れの様子を 9-23 図(i)，(ii)，(iii)に示す．

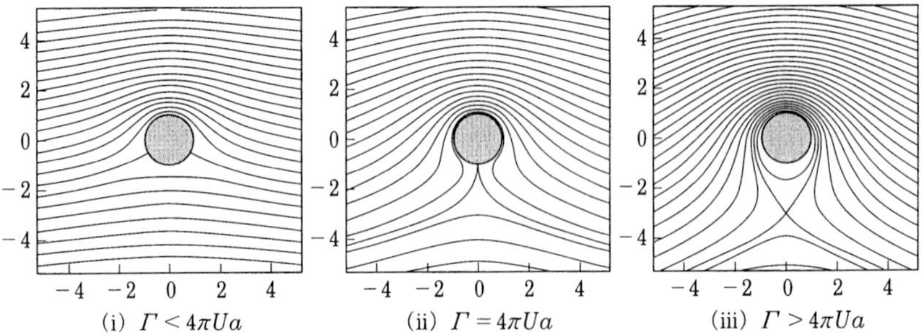

9-23 図　円柱の周りの流れ

(d) 円柱にはたらく力

円柱にはたらく力は圧力を積分して求められる．すなわち，円柱の単位長さ当りにはたらく力 $\boldsymbol{F}=(F_x,F_y)$ は

$$F_x=\int_C(-p)\,ds\cos\theta=\int_{-\pi}^{\pi}(-p)\,a\cos\theta\;d\theta \qquad (9.57\,\mathrm{a})$$

$$F_y = \int_C (-p)\,ds\sin\theta = \int_{-\pi}^{\pi}(-p)\,a\sin\theta\,d\theta \qquad (9.57\,\mathrm{b})$$

を計算すればよい．いま考えている流れは定常流で外力も無視してよいから $p = p_0 - \rho v^2/2$ と表される．そこで，(9.55) 式から Φ を求め，速度を計算する．円柱表面では $v_r = 0$ であるから

$$(v^2)_{r=a} = (v_\theta{}^2)_{r=a} = \left(-2U\sin\theta - \frac{\Gamma}{2\pi a}\right)^2$$

これを (9.57 a，b) 式に代入し，積分を実行すると

$$F_x = 0 \qquad (9.58\,\mathrm{a})$$

$$F_y = \rho U\Gamma \qquad (9.58\,\mathrm{b})$$

を得る．円柱に抵抗がはたらかないというのは直感と矛盾するように思われるので，これを**ダランベールのパラドックス**という．これは非粘性流体の前後対称な流れを考えたために生じたパラドックスで，抵抗がないという結果は現実には起こらない．一方，F_y は流れに対して垂直にはたらく力(これを**揚力**という)で，これが $\rho U\Gamma$ で与えられるという結果は**クッタ - ジューコフスキーの定理**とよばれる．

(4)　平板を過ぎる流れ

(a)　等角写像

複素関数では複素数 $z = x + iy$ から複素数 $w = \Phi + i\Psi$ への対応関係が問題になる．これは複素数から複素数への**変換**ということもできるし，複素平面で考えれば z 平面から w 平面への**写像**ということもできる．この変換あるいは写像を与えるものが複素関数であり，$w = f(z)$ と表される．

たとえば，変換(写像)

$$w \equiv f(z) = z^2 \qquad (9.59\,\mathrm{a})$$

を調べてみよう．まず，複素平面を $z = x + iy$ と $w = \Phi + i\Psi$ で表したとすると

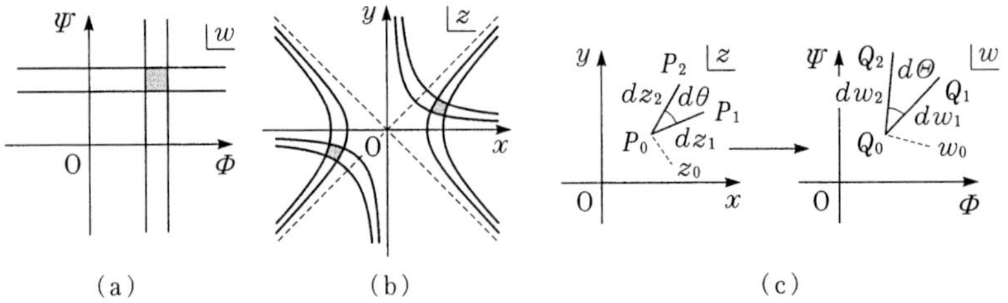

9-24図　等角写像の例

$$w = \Phi + i\Psi = z^2 = (x + iy)^2 = x^2 - y^2 + 2ixy$$

$$\therefore \quad \Phi = x^2 - y^2, \qquad \Psi = 2xy \qquad (9.59\,\mathrm{b})$$

であるから, x-y 平面で双曲線で挟まれた斜線部の領域(9-24図(b)の斜線部) は, Φ-Ψ 平面では Φ= 一定, Ψ= 一定 という長方形領域に写像される(図(a) 参照).

この場合に特徴的なことは, w 平面で「実数部 = 一定 の直線と 虚数部 = 一定 の直線が直交していた」という関係が z 平面においても成り立つということである. 実は, 写像に際して“角度”が等しく保たれるという性質はある条件の下では一般に成り立つ. なぜなら, z 平面での点 $\mathrm{P_0}(z = z_0)$ およびその近傍が w 平面で点 $\mathrm{Q_0}(w = w_0)$ およびその近傍に写像されるとき(図(c) 参照), 対応した点の近くの微小線分 dz_1, dz_2, および dw_1, dw_2 の間には $dw_1 = f'(z_0)\,dz_1$, $dw_2 = f'(z_0)\,dz_2$ の関係があり, $f'(z_0)$ が有限な確定値をとる(すなわち, 微分可能である = 解析的である)ならば $dw_2/dw_1 = dz_2/dz_1$, したがって, 絶対値と偏角を調べることにより $\triangle \mathrm{P_1P_0P_2} \backsim \triangle \mathrm{Q_1Q_0Q_2}$ を得るからである. このように, 写像に際して角度が等しく保たれるものを**等角写像**または**共形写像**とよぶ. 上の例では, $z = 0$ を除いて等角写像が成り立っていた.

$z = x + iy$ 平面の領域 D_z 内で渦なし流れが複素速度ポテンシャル $w \equiv f(z) = \Phi + i\Psi$ により与えられたとする. いま, 変換 $z = g(\zeta)$, $\zeta = \xi + i\eta$ によって, D_z を ζ 平面の領域 D_ζ に写像したとすると, $\Phi + i\Psi = f(z)$

$= f(g(\zeta)) = F(\zeta)$ であるが，$F(\zeta)$ は ζ の解析関数であるから，ζ 平面の領域 D_ζ においてもある1つの渦なし流れを表す．このとき，z 平面での流線（$\Psi(x, y) =$ 一定）は ζ 平面においても流線（$\Psi(\xi, \eta) =$ 一定）に，また，z 平面での等ポテンシャル線（$\Phi(x, y) =$ 一定）は ζ 平面においても等ポテンシャル線（$\Phi(\xi, \eta) =$ 一定）に対応する．特に，定常流では固体境界は流線に一致するから，z 平面の固体境界 B_z は ζ 平面の固体境界 B_ζ に対応する．

［**例題 6**］　$z = \zeta^\alpha (0 < \alpha \leqq 2)$，$z = x + iy$，$\zeta = \xi + i\eta$ について，写像される領域を調べよ．

［**略解**］　$dz/d\zeta = \alpha\,\zeta^{\alpha-1}$ であるから，$\zeta \neq 0$ では等角写像が成り立つ．$\zeta = 0$ を中心として複素数を $\zeta = r\exp(i\theta)$ と $z = R\exp(i\Theta)$ のように表したとすると $R = r^\alpha$，$\Theta = \alpha\theta$ であるから，偏角 Θ は θ の α 倍になっている．したがって，たとえば，ζ 平面で角度 π/α をなす扇形領域が z 平面では半平面に対応している．z 平面で実軸に平行な直線群（9-25図(a)）が ζ 平面では角度 π/α をなす扇形領域に沿った曲線群（図(b)）に対応している．

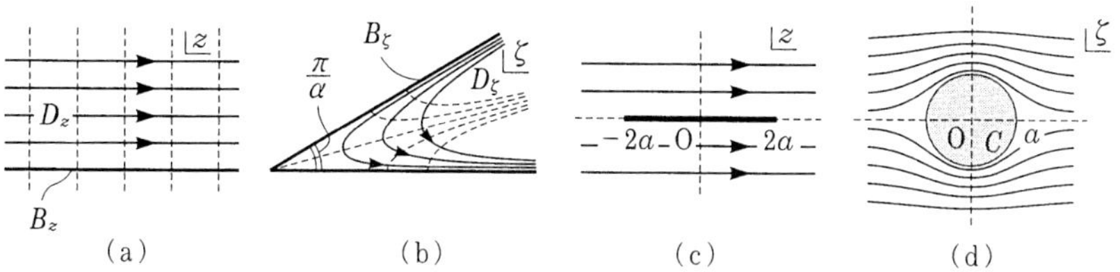

9-25図　(a),(b) 角を回る流れ，(c),(d) ジューコフスキー変換

［**例題 7**］　写像

$$z = \zeta + \frac{a^2}{\zeta} \tag{9.60}$$

を調べよ．この変換は**ジューコフスキー変換**とよばれている．

［**略解**］　この変換では $\zeta = 0$ は特異点であり，$dz/d\zeta = 1 - a^2/\zeta^2$ であるから，$\zeta = \pm a$ で写像の等角性が破れている．さて，ζ 平面上の半径 a の円 C を考えてみよう．C 上の点 $\zeta = a\exp(i\theta)$ は，(9.60) 式により $z = 2a\cos\theta$ と表され，ζ 平面

で円 C 上を回るとき（θ が 0 から 2π まで変化するとき），z 平面では x 軸上の点 $(2a, 0)$ と $(-2a, 0)$ を結ぶ長さ $4a$ の線分を往復する（図(c) 参照）．このような板状の物体を過ぎる流れとして，x 軸に平行な一様流が考えられるが，これを ζ 平面に変換したものは図(d) のような，円柱を過ぎる流れに対応する．

(b) 平板を過ぎる一様流 —— 飛行の理論

x 軸上に置かれた平板（幅 $4a$）に一様流が角度 α で当たっているとすると，複素速度ポテンシャル f は $|z| \gg a$ で近似的に $f(z) \sim U\,e^{-i\alpha}z + \cdots$ $(z = x + iy)$ と表される．平板は変換 $z = \zeta + a^2/\zeta$ により $\zeta = \xi + i\eta$ 平面上の円（半径 a）に等角写像され，z 平面上の一様流のポテンシャルは ζ 平面上でも近似的に $f(\zeta) \sim U\,e^{-i\alpha}\zeta + \cdots$ $(|\zeta| \gg a)$ となる．さらに，ζ 平面を角度 α だけ回転した座標である $\zeta' = e^{-i\alpha}\zeta$ 平面に写像すると一様流のポテンシャルは ζ' 平面上で近似的に $f(\zeta) \sim U\,\zeta' + \cdots$ となる．ζ' 面では円柱に左から一様な流れが当たったものに相当するので，(3) で求めた解がそのまま適用でき，

$$f(\zeta') = U\left(\zeta' + \frac{a^2}{\zeta'}\right) + \frac{i\Gamma}{2\pi}\log\zeta'$$

したがって

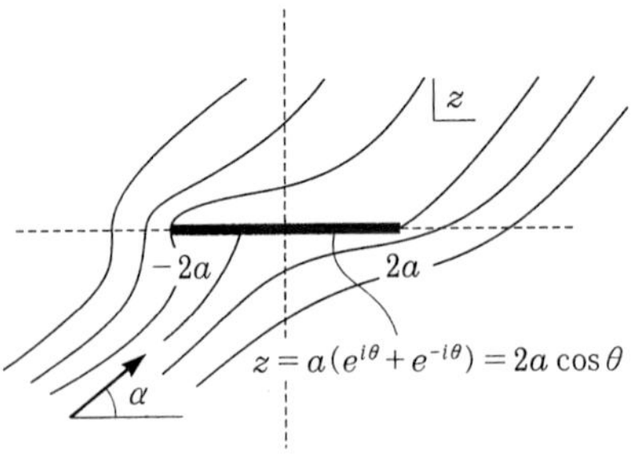

(a) 平板に斜めに当たる流れ

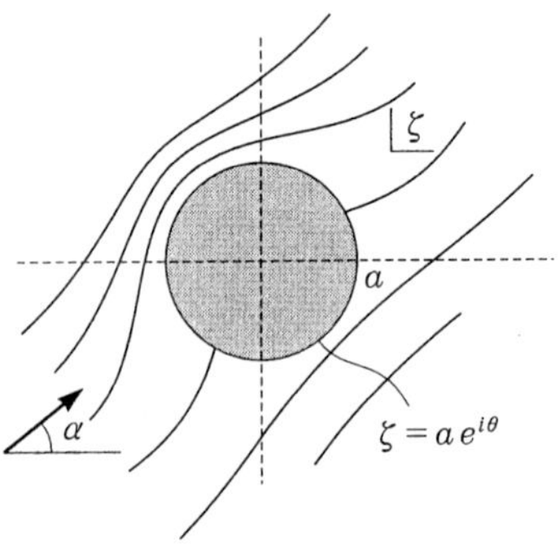

(b) 球を過ぎる流れ

9－26図

$$f(\zeta) = U\left(e^{-i\alpha}\zeta + \frac{a^2 e^{i\alpha}}{\zeta}\right) + \frac{i\Gamma}{2\pi}\log\zeta + \text{定数}$$

を得る．これを $z = \zeta + a^2/\zeta$ で z 平面に写像すれば z 平面上での流れが求められる．複素速度 w は

$$w = \frac{df}{dz} = \frac{(df/d\zeta)}{(dz/d\zeta)} = \left[U\left(e^{-i\alpha} - \frac{a^2 e^{i\alpha}}{\zeta^2}\right) + \frac{i\Gamma}{2\pi\zeta}\right]\Big/\left(1 - \frac{a^2}{\zeta^2}\right)$$

である．平板の両端 $z = \pm 2a$ $(\zeta = \pm a)$ では上式の分母がゼロになるので速度は発散する．しかし現実には平板の後端 $z = 2a$ $(\zeta = a)$ で流れは滑らかに剝れている．そこで，$\zeta = a$ では分子もゼロになって w の発散が抑えられていると考えると

$$U(e^{-i\alpha} - e^{i\alpha}) + \frac{i\Gamma}{2\pi a} = 0$$

このことは非圧縮非粘性渦なし流の理論の枠内では説明できないが，上の計算結果を現実の流れに一致させるために必要な条件である．これを**クッタの条件**，あるいは**ジューコフスキーの仮定**とよぶ．これによって循環の値が決まり

$$\Gamma = 4\pi a U \sin\alpha \tag{9.61}$$

を得る．クッタ‐ジューコフスキーの定理により，平板にはたらく揚力 L は

$$L = \rho U\Gamma = 4\pi a\rho U^2 \sin\alpha \quad (\text{単位長さ当り}) \tag{9.62}$$

となる．

［**問題 14**］　ジャンボジェットの翼の大きさは翼長 l が約 60 m，翼幅 $4a$ が約 8.5 m，全重量 W が約 400 t 重である．翼が水平となす角度（迎え角）α を 15° としてこの重量を支えるために必要な速度を計算せよ．

（5）　ブラジウスの公式

（a）　物体にはたらく力

力を求めるために行った計算の手順は次のようなものになっていた：

$$f \;\to\; \frac{df}{dz} \;\to\; \boldsymbol{v} \;\to\; p \;\to\; \int_C (-p\boldsymbol{n})\,ds \;\to\; \boldsymbol{F} \quad (9.63)$$

すなわち，物体の周りの流れを表す複素速度ポテンシャルが与えられると，それから速度場 $\boldsymbol{v}$ がわかるので，ベルヌーイの定理により圧力を求め，これをその物体表面上で積分すれば力が決まるのである．この最後のステップを具体的に書き表してみよう．まず，力 $\boldsymbol{F}$ の x, y 成分をそれぞれ X, Y とすると

$$X = \int_C (-p\,ds)\cos\theta = \int_C (-p)\,dy, \qquad Y = \int_C (-p\,ds)\sin\theta = \int_C p\,dx$$

である．ここで $\boldsymbol{n}\,ds = (ds\cos\theta,\, ds\sin\theta) = (dy,\, -dx)$ であることを考慮した．これより

$$X - iY = \int_C (-p\,dy - ip\,dx) = -i\int_C p(dx - i\,dy) = -i\int_C p\,d\bar{z}$$

$$= -i\int_C \left(p_0 - \frac{\rho}{2}v^2\right)d\bar{z} = \frac{i\rho}{2}\int_C v^2\,d\bar{z}$$

を得る．ただし，上つきのバーは共役複素数を表す．また，右辺第 3 項から 4 項に移るときにベルヌーイの定理を，第 4 項から 5 項の計算では p_0 は定数なので，$[p_0\bar{z}]_C = 0$ であることを使った．ところで，物体の表面は流線に一致するので $\Psi =$ 一定 である．したがって，$df \equiv d\Phi + i\,d\Psi = d\Phi = d\bar{f}$，これから

$$v^2 d\bar{z} = \frac{df}{dz}\frac{d\bar{f}}{d\bar{z}}d\bar{z} = \frac{df}{dz}df = \left(\frac{df}{dz}\right)^2 dz$$

と変形できる．これを上の式に代入すれば，

$$X - iY = \frac{i\rho}{2}\int_C \left(\frac{df}{dz}\right)^2 dz \qquad (9.64)$$

が得られる．$(df/dz)^2$ は解析関数であるから，積分路としては，物体をとり囲み正則な領域内にある勝手な閉曲線に拡張することができる．(9.64) 式を**ブラジウスの第 1 公式**とよぶ．

（b）　物体にはたらくモーメント

同様にして，力のモーメント $\boldsymbol{M}$ も計算できる．2次元流であるから，$\boldsymbol{M}$ は xy 面に垂直な成分 M_z だけをもつ．物体表面上で位置 $\boldsymbol{r}$ にある微小部分 ds にはたらく力 $d\boldsymbol{F} = (dX, dY)$ が原点の周りに作るモーメントは $dM_z = (\boldsymbol{r} \times d\boldsymbol{F})_z = x\,dY - y\,dX$ であるから，物体全体に対してはこれを表面上で積分すればよい．$dX = -p\,ds\cos\theta = -p\,dy$，$dY = -p\,ds\sin\theta = p\,dx$ を考慮して，

$$M_z = \int_C p(x\,dx + y\,dy) = \frac{1}{2}\int_C p\,d(x^2 + y^2) = \frac{1}{2}\int_C p\,d(z\bar{z})$$
$$= \frac{1}{2}\int_C \left(p_0 - \frac{\rho}{2}v^2\right) d(z\bar{z}) = -\frac{\rho}{4}\int_C v^2\,d(z\bar{z})$$

となる．ただし，ここでも，右辺第3項から4項に移るときベルヌーイの定理を，第4項から5項の計算では p_0 は定数なので，$[p_0 z\bar{z}]_C = 0$ であることを使った．さらに $d(z\bar{z}) = z\,d\bar{z} + \bar{z}\,dz = 2\,\mathrm{Re}(z\,d\bar{z})$，および

$$v^2\,d(z\bar{z}) = 2\,\mathrm{Re}\{v^2 z\,d\bar{z}\} = 2\,\mathrm{Re}\left\{\left|\frac{df}{dz}\right|^2 z\,d\bar{z}\right\} = 2\,\mathrm{Re}\left\{\frac{df}{dz}\frac{d\bar{f}}{d\bar{z}}z\,d\bar{z}\right\}$$
$$= 2\,\mathrm{Re}\left\{\frac{df}{dz}d\bar{f}\,z\right\} = 2\,\mathrm{Re}\left\{\frac{df}{dz}df\,z\right\} = 2\,\mathrm{Re}\left\{\left(\frac{df}{dz}\right)^2 z\,dz\right\}$$

を考慮すれば（ただし，Reは実数部をとることを意味する）

$$M_z = -\frac{\rho}{2}\mathrm{Re}\int_C \left(\frac{df}{dz}\right)^2 z\,dz \tag{9.65}$$

が得られる．ここでも，積分路としては，物体をとり囲む正則な領域内にある勝手な閉曲線に拡張することができる．(9.65) 式を**ブラジウスの第2公式**とよぶ．

（c）　力とモーメントの一般表現

一様流中に物体が置かれており，速度場が

$$\frac{df}{dz} = U + \frac{a_0 + ib_0}{z} - \frac{a_1 + ib_1}{z^2} + \cdots \tag{9.66}$$

のように与えられているとする．これは，物体の影響が無限遠で消えること，

および速度場 $w = df/dz$ が空間座標の１価関数であること，を考慮した一般的な表現になっている．数学的にはローラン級数展開とよばれるものである．(9.66) 式を積分すれば，このときの複素速度ポテンシャルは

$$f = Uz + (a_0 + ib_0)\log z + \frac{a_1 + ib_1}{z} + \cdots \tag{9.67}$$

となる．これを (9.64)，(9.65) 式に代入して力やモーメントを計算すると

$$\begin{aligned} X &= -2\pi\rho U a_0 \\ &= -\rho U Q \end{aligned} \tag{9.68 a}$$

$$\begin{aligned} Y &= 2\pi\rho U b_0 \\ &= \rho U \Gamma \end{aligned} \tag{9.68 b}$$

$$\begin{aligned} M_z &= 2\pi\rho(a_0 b_0 - U b_1) \\ &= \frac{\rho Q \Gamma}{2\pi} - 2\pi\rho U b_1 \end{aligned} \tag{9.69}$$

を得る．ただし，$\Gamma = 2\pi b_0$ は循環定数，$Q = 2\pi a_0$ は湧き出し量である．

(9.68 b) 式は (9.58 b) のクッタ - ジューコフスキーの定理である．これに対して，(9.68 a) から，湧き出しは上流側に，吸い込みは下流側にそれぞれ引かれることがわかる．$Q = 0$ の場合には力がはたらかないが，これがダランベールのパラドックス (9.58 a) として知られた結果と一致する．

［**問題 15**］ (9.68 a, b)，(9.69) 式を導け．

以上の結果は，物体にはたらく力やモーメントを計算するには，複素速度ポテンシャル (9.67) の $1/z$ までの展開係数がわかればよいということを示している．物理的には，これらは“一様流”，“湧き出し（吸い込み）”や“渦糸”，“二重湧き出し”に対応するものである．

余　談

生物の知っていた流体力学II—— 揚力や推力と抵抗

（i）推力や揚力を得る方法

①　イカやクラゲは包み込んだ流体をジェット状に噴射したときの反作用を利用して推進する．今日のロケットの原型である．

②　ある種の生物では，小さなボートのように“オール”を漕いで進む．力を入れて漕ぐとオールが流体を押す力の反作用で逆方向に進むのである．オールをもどすときはオールの傾きを変えたりゆっくり動かしたりして抵抗を極力小さくする．水生の昆虫の仲間，2本の鞭毛をもったミドリムシの仲間，繊毛虫，ハコフグのようなずんぐりしていて体がしなやかに曲がらない魚，カモのパドリングなども，この型の泳ぎと考えられる．

③　ウナギのような泳ぎでは，体全体を波打たせて後方に波を送り，その反作用で進む．コウイカはゆっくり動くときにひれに波を送って泳ぐし，また鞭毛虫や繊毛虫の仲間にも波を送って泳ぐものがある（繊毛の1本1本の動きを見れば②のオールの動きと区別がなくても，多数のオールが協調して波を送るところが異なる）．この波動推進型の泳ぎでは前進後退が自由にできる．

④　ワシやアホウドリなどの大型の鳥では，体重が重くはばたき飛行に必要な筋力がないので，空気の流れを利用した滑空や滑翔を行う．これは翼に当たる空気の相対的な流れが下方に曲げられたときに，その反作用として揚力がはたらくことを利用したものである（§9.5(4) を参照）．彼らは崖や斜面を吹き上げる流れ，あるいは熱対流による上昇流を利用して飛翔し，その後に行きたいところへ滑空していく．グライダーもこれと同じ方法をとっている．ある報告によれば，マダラハゲワシが旋回せずに32 km も滑空し，その間の降下距離はわずか520 m という驚くべき滑空性能を示したとのことである．アホウドリなどの海鳥では波の斜面に沿って上昇する風に乗り，またムササビなどの哺乳

（a）大型飛行鳥の滑空

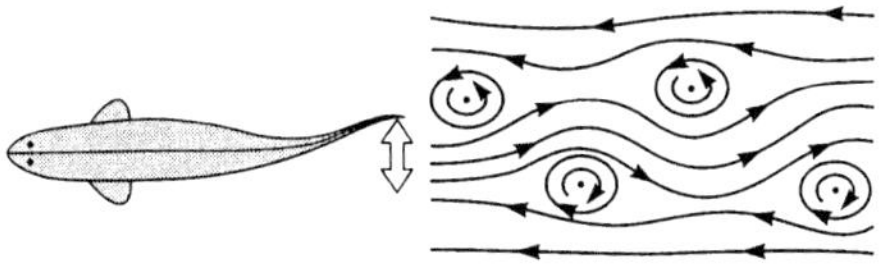

（b）尾びれ（振動翼）による推進

9-27図

類では木を登って高い位置に到達した後は前者と同様に滑空する．

⑤ アジのような魚は体の後方 1/3 程度を左右に振りながら推進する．尾を左右に振るたびに渦糸の列が放出される（渦の回転の向きが通常のカルマン渦列と逆であることに注意）．渦列は後方へ進み，魚はその反作用で前方へ推力を得る．鳥のはばたきも魚の尾の振り方と類似しているが，はばたきは左右対称で，体重を支える揚力を得るために上下には非対称である．翼を打降ろすときに毎回渦輪が斜め下向きに放出され，その反作用で揚力と推力を得る．

ペンギンの手やイルカの尾びれなどは言わば水中の翼である．この水中翼では，打ち下し時には上前向き，打ち上げ時には下前向きの揚力が得られ，常に推力が得られるように調節されている．これは鳥の場合と異なり，体重を支える力が不要だからである．

流体力学の世界では幾何学的に相似な物体であっても，レイノルズ数が異なれば流体力学的相似性は成り立たない．これは§8.1 で述べたことの裏返しの表現である．したがって，翼や水中翼のはばたきによる推進方法は微生物の世界では通用しない．レイノルズ数が小さく，相対的に粘性の影響が大きいために，はばたき飛行による推進は不可能だからである．これに代って，鞭毛や繊毛の波動推進や，らせん状の鞭毛の回転による推進（回転の向きにより前進後退），などが登場する．波動推進と言っても，ウナギではレイノルズ数 Re が 10^6 程度，鞭毛虫では 0.01 程度であるから，見かけ上は似たような運動形態であっても，その流体力学的特性はかなり異なっている．

（ii） 高い揚力や推力，高速移動のための工夫

鳥が離着陸するときは翼面積を大きくする．これは手や腕と体との間隔を広げる操作によって実現されている．§9.5 (4) で述べたように，揚力は翼面積，流れに対する翼の角度（迎え角）の sin，および速度の 2 乗に比例するので，速度が小さいときに十分な揚力を得るためには翼面積を大きくする必要がある．これを応用したものが，初期の飛行機の複葉翼や，飛行機が離着陸時に主翼の後縁のフラップを伸ばして翼面積を調節する装置である．また，多くの水生昆虫の脚の断面はオールのようになっており，そこに長い剛毛が並んでいる．後者を広げると実効的な面積は著しく拡大され，またリカバリーストローク時は折り畳んで幅を狭くすることができる．これも面積を変化させる仕掛けの一つである．

鳥は翼面積を増すだけでなく迎え角を大きくすることによっても揚力を高めている．飛行機では機体と翼の相対位置は固定されているので，主翼だけをねじって角度を変えることはできない．そこで，離陸時には十分速度が上がったところで水平尾翼の揚力を小さくし，後部を下げることによって主翼の迎え角

を大きくする．スキーのジャンプ姿勢にも流体力学の知識が生かされている．古くは体を起こしたままジャンプしたようであるが，今では体全体を翼の断面のような形に前傾して迎え角をもたせ，さらにはV字型の飛行姿勢によって翼面積の増加と安定性を図っている．

§9.5 (4) の非粘性流体の計算結果では，抵抗が0であり，揚力は翼面積が同じならば差がないように思われる．しかし，実際には抵抗を考えなければならず，翼弦長 c と翼の差し渡し長さ L の比（L/c をアスペクト比とよぶ）や翼の形などを考慮した最適化が必要である．くわしい説明は省略して，生物界での飛行や遊泳形態の変化を概念的に示す．たとえば，ハトは低速滑空の場合には9‐28図(a) のように翼を大きく真横に広げているが，高速滑空になると(b)のように翼を体に引き寄せて面積を小さくするとともに，全体が三角形に近い形になっている．また，マグロやアマツバメなど高速移動の生物では，ひれや翼の先が後方へ曲がり三日月形になっている．このような後方に傾いた翼や三角形の翼（デルタウィング）は実際のジェット機や超音速旅客機の設計に生かされている．

（a）ハトの低速滑空　（b）ハトの高速滑空　（c）三角翼　（d）三日月尾

9‐28図

（iii）失速を防ぐ工夫

着陸のために速度を下げると失速する恐れがある．鳥は低速でも十分な揚力を維持するために翼面積を広げるだけでなく，翼の前縁にある羽の房の角度を変え，翼の周りの流れを滑らかにして流れの剥離を抑えている．この原理は航空機における前縁スラットとよばれる細長い薄板（補助翼）に応用されている．

長い研究の末に到達した多くの知見が，身近な生物の形態や運動においてははるか昔から実現されていた，ということに驚きを禁じえないのは筆者だけであろうか．

付録 A　よく使うベクトル演算

［1］ $\boldsymbol{A} = (A_x, A_y, A_z)$，$\boldsymbol{B} = (B_x, B_y, B_z)$ はベクトル，$A_x, A_y, \cdots$ などは直角座標系での成分．

1) $\boldsymbol{A}\cdot\boldsymbol{B} = A_xB_x + A_yB_y + A_zB_z$

2) $\boldsymbol{A}\times\boldsymbol{B} = (A_yB_z - A_zB_y)\boldsymbol{e}_x + (A_zB_x - A_xB_z)\boldsymbol{e}_y + (A_xB_y - A_yB_x)\boldsymbol{e}_z$

3) $\boldsymbol{A}\times(\boldsymbol{B}\times\boldsymbol{C}) = (\boldsymbol{A}\cdot\boldsymbol{C})\boldsymbol{B} - (\boldsymbol{A}\cdot\boldsymbol{B})\boldsymbol{C}$

［2］ $\boldsymbol{A}$，$\boldsymbol{B}$，$\boldsymbol{v}$，∇ はベクトル，a，b，c はスカラー．

1) $\nabla(ab) = a\nabla b + b\nabla a$

$\nabla(\boldsymbol{A}\cdot\boldsymbol{B}) = (\boldsymbol{B}\cdot\nabla)\boldsymbol{A} + (\boldsymbol{A}\cdot\nabla)\boldsymbol{B} + \boldsymbol{B}\times(\nabla\times\boldsymbol{A}) + \boldsymbol{A}\times(\nabla\times\boldsymbol{B})$

$\boldsymbol{A}\times(\nabla\times\boldsymbol{A}) = \frac{1}{2}\nabla A^2 - (\boldsymbol{A}\cdot\nabla)\boldsymbol{A}$，　ただし　$A = |\boldsymbol{A}|$

2) $\nabla\cdot(c\boldsymbol{A}) = (\nabla c)\cdot\boldsymbol{A} + c(\nabla\cdot\boldsymbol{A})$

$\nabla\times(c\boldsymbol{A}) = (\nabla c)\times\boldsymbol{A} + c(\nabla\times\boldsymbol{A})$

3) $\nabla\cdot(\boldsymbol{A}\times\boldsymbol{B}) = \boldsymbol{B}\cdot(\nabla\times\boldsymbol{A}) - \boldsymbol{A}\cdot(\nabla\times\boldsymbol{B})$

$\nabla\times(\boldsymbol{A}\times\boldsymbol{B}) = (\boldsymbol{B}\cdot\nabla)\boldsymbol{A} - (\boldsymbol{A}\cdot\nabla)\boldsymbol{B} - \boldsymbol{B}(\nabla\cdot\boldsymbol{A}) + \boldsymbol{A}(\nabla\cdot\boldsymbol{B})$

4) $\nabla\cdot(\nabla\times\boldsymbol{A}) \equiv \mathrm{div}\,\mathrm{rot}\,\boldsymbol{A} = 0$

5) $\nabla\times(\nabla c) \equiv \mathrm{rot}\,\mathrm{grad}\,c = \boldsymbol{0}$

6) $\nabla\cdot(\nabla c) \equiv \mathrm{div}\,\mathrm{grad}\,c = \Delta c$

7) $\nabla\times(\nabla\times\boldsymbol{A}) \equiv \mathrm{rot}\,\mathrm{rot}\,\boldsymbol{A} = \nabla(\nabla\cdot\boldsymbol{A}) - \Delta\boldsymbol{A}$

8) $$\boldsymbol{v}\cdot\nabla\boldsymbol{A} = \frac{1}{2}[\mathrm{grad}\,(\boldsymbol{v}\cdot\boldsymbol{A}) + \mathrm{rot}\,\boldsymbol{v}\times\boldsymbol{A} + \mathrm{rot}\,\boldsymbol{A}\times\boldsymbol{v} - \mathrm{rot}\,(\boldsymbol{v}\times\boldsymbol{A}) + \boldsymbol{v}(\mathrm{div}\,\boldsymbol{A}) - \boldsymbol{A}(\mathrm{div}\,\boldsymbol{v})]$$

$$\boldsymbol{v}\cdot\nabla\boldsymbol{v} = \frac{1}{2}\mathrm{grad}\,(v^2) + \mathrm{rot}\,\boldsymbol{v}\times\boldsymbol{v} = \frac{1}{2}\mathrm{grad}\,(v^2) - \boldsymbol{v}\times\boldsymbol{\omega}$$

ただし $\boldsymbol{\omega} = \mathrm{rot}\,\boldsymbol{v}$

[**3**]

1)　$\iint_S \boldsymbol{A}\cdot d\boldsymbol{S} = \iiint_V \mathrm{div}\,\boldsymbol{A}\,dV$　（ガウスの定理）

ただし V は閉曲面 S の内部の領域.

$\iiint_V (\nabla\phi)\cdot(\nabla\psi)\,dV = \iint_S \phi(\nabla\psi)\cdot d\boldsymbol{S} - \iiint_V \phi\Delta\psi\,dV$　（グリーンの定理）

2)　$\int_C \boldsymbol{A}\cdot d\boldsymbol{s} = \iint_S \mathrm{rot}\,\boldsymbol{A}\cdot d\boldsymbol{S}$　（ストークスの定理）

ただし S は閉曲線 C で囲まれた面.

[**4**]　ベクトルの分解：　与えられたベクトル $\boldsymbol{v}$ はスカラーポテンシャル ϕ とベクトルポテンシャル $\boldsymbol{A}$ を用いて

$$\boldsymbol{v} = \mathrm{grad}\,\phi + \mathrm{rot}\,\boldsymbol{A}, \qquad \text{ただし} \quad \mathrm{div}\,\boldsymbol{A} = 0$$

のように分解できる．無限遠で $\boldsymbol{v} \to 0$ であれば，ϕ や $\boldsymbol{A}$ は逆に

$$\phi = \iiint_V \frac{\mathrm{div}\,\boldsymbol{v}(\boldsymbol{r}')}{4\pi|\boldsymbol{r}-\boldsymbol{r}'|}dV', \qquad \boldsymbol{A} = -\iiint_V \frac{\mathrm{rot}\,\boldsymbol{v}(\boldsymbol{r}')}{4\pi|\boldsymbol{r}-\boldsymbol{r}'|}dV'$$

で与えられる．

付録B　よく使う曲線座標系での表式

［1］ 円柱座標系 (r, ϕ, z)

（i） 勾配，発散，回転，ラプラシアン

$$\operatorname{grad} f = \left(\frac{\partial f}{\partial r}, \frac{1}{r}\frac{\partial f}{\partial \phi}, \frac{\partial f}{\partial z}\right)$$

$$\operatorname{div} \boldsymbol{A} = \frac{1}{r}\frac{\partial}{\partial r}(rA_r) + \frac{1}{r}\frac{\partial}{\partial \phi}A_\phi + \frac{\partial}{\partial z}A_z$$

$$\operatorname{rot} \boldsymbol{A} = \left(\frac{1}{r}\frac{\partial A_z}{\partial \phi} - \frac{\partial A_\phi}{\partial z},\quad \frac{\partial A_r}{\partial z} - \frac{\partial A_z}{\partial r},\quad \frac{1}{r}\frac{\partial}{\partial r}(rA_\phi) - \frac{1}{r}\frac{\partial A_r}{\partial \phi}\right)$$

$$\Delta f = \frac{1}{r}\frac{\partial}{\partial r}\left(r\frac{\partial f}{\partial r}\right) + \frac{1}{r^2}\frac{\partial^2 f}{\partial \phi^2} + \frac{\partial^2 f}{\partial z^2}$$

$$= \frac{\partial^2 f}{\partial r^2} + \frac{1}{r}\frac{\partial f}{\partial r} + \frac{1}{r^2}\frac{\partial^2 f}{\partial \phi^2} + \frac{\partial^2 f}{\partial z^2}$$

（ii） ストレステンソル

$$p_{rr} = -p + 2\mu\frac{\partial v_r}{\partial r}, \qquad p_{r\phi} = \mu\left(\frac{1}{r}\frac{\partial v_r}{\partial \phi} + \frac{\partial v_\phi}{\partial r} - \frac{v_\phi}{r}\right)$$

$$p_{\phi\phi} = -p + 2\mu\left(\frac{1}{r}\frac{\partial v_\phi}{\partial \phi} + \frac{v_r}{r}\right), \qquad p_{\phi z} = \mu\left(\frac{\partial v_\phi}{\partial z} + \frac{1}{r}\frac{\partial v_z}{\partial \phi}\right)$$

$$p_{zz} = -p + 2\mu\frac{\partial v_z}{\partial z}, \qquad p_{zr} = \mu\left(\frac{\partial v_z}{\partial r} + \frac{\partial v_r}{\partial z}\right)$$

（iii） ナヴィエ-ストークス方程式（非圧縮性流体）

$$\frac{\partial v_r}{\partial t} + (\boldsymbol{v}\cdot\operatorname{grad})\, v_r - \frac{{v_\phi}^2}{r} = -\frac{1}{\rho}\frac{\partial p}{\partial r} + \nu\left(\Delta v_r - \frac{2}{r^2}\frac{\partial v_\phi}{\partial \phi} - \frac{v_r}{r^2}\right)$$

$$\frac{\partial v_\phi}{\partial t} + (\boldsymbol{v}\cdot\operatorname{grad})\, v_\phi + \frac{v_r v_\phi}{r} = -\frac{1}{\rho r}\frac{\partial p}{\partial \phi} + \nu\left(\Delta v_\phi + \frac{2}{r^2}\frac{\partial v_r}{\partial \phi} - \frac{v_\phi}{r^2}\right)$$

$$\frac{\partial v_z}{\partial t} + (\boldsymbol{v}\cdot\operatorname{grad})\, v_z = -\frac{1}{\rho}\frac{\partial p}{\partial z} + \nu\,\Delta v_z$$

ただし

$$(\boldsymbol{v}\cdot\operatorname{grad}) f = v_r\frac{\partial f}{\partial r} + \frac{v_\phi}{r}\frac{\partial f}{\partial \phi} + v_z\frac{\partial f}{\partial z}$$

（iv）　連続の方程式（非圧縮性流体）

$$\frac{1}{r}\frac{\partial}{\partial r}(rv_r) + \frac{1}{r}\frac{\partial}{\partial \phi}v_\phi + \frac{\partial}{\partial z}v_z = 0$$

（v）　流れの関数 ψ と速度成分（非圧縮性軸対称流の場合）

$$v_r = \frac{1}{r}\frac{\partial \psi}{\partial z}, \qquad v_z = -\frac{1}{r}\frac{\partial \psi}{\partial r}$$

［**2**］　球座標系 (r, θ, ϕ)

（i）　勾配，発散，回転，ラプラシアン

$$\mathrm{grad}\, f = \left(\frac{\partial f}{\partial r}, \frac{1}{r}\frac{\partial f}{\partial \theta}, \frac{1}{r\sin\theta}\frac{\partial f}{\partial \phi}\right)$$

$$\mathrm{div}\, \boldsymbol{A} = \frac{1}{r^2}\frac{\partial}{\partial r}(r^2 A_r) + \frac{1}{r\sin\theta}\frac{\partial}{\partial \theta}(\sin\theta\, A_\theta) + \frac{1}{r\sin\theta}\frac{\partial A_\phi}{\partial \phi}$$

$$\mathrm{rot}\, \boldsymbol{A} = \left(\frac{1}{r\sin\theta}\frac{\partial}{\partial \theta}(\sin\theta\, A_\phi) - \frac{1}{r\sin\theta}\frac{\partial A_\theta}{\partial \phi}, \right.$$

$$\left. \frac{1}{r\sin\theta}\frac{\partial A_r}{\partial \phi} - \frac{1}{r}\frac{\partial}{\partial r}(rA_\phi), \quad \frac{1}{r}\frac{\partial}{\partial r}(rA_\theta) - \frac{1}{r}\frac{\partial A_r}{\partial \theta}\right)$$

$$\Delta f = \frac{1}{r^2}\frac{\partial}{\partial r}\left(r^2\frac{\partial f}{\partial r}\right) + \frac{1}{r^2\sin\theta}\frac{\partial}{\partial \theta}\left(\sin\theta\frac{\partial f}{\partial \theta}\right) + \frac{1}{r^2\sin^2\theta}\frac{\partial^2 f}{\partial \phi^2}$$

（ii）　ストレステンソル

$$p_{rr} = -p + 2\mu\frac{\partial v_r}{\partial r}$$

$$p_{\theta\theta} = -p + 2\mu\left(\frac{1}{r}\frac{\partial v_\theta}{\partial \theta} + \frac{v_r}{r}\right)$$

$$p_{\phi\phi} = -p + 2\mu\left(\frac{1}{r\sin\theta}\frac{\partial v_\phi}{\partial \phi} + \frac{v_r}{r} + \frac{v_\theta\cot\theta}{r}\right)$$

$$p_{r\theta} = \mu\left(\frac{1}{r}\frac{\partial v_r}{\partial \theta} + \frac{\partial v_\theta}{\partial r} - \frac{v_\theta}{r}\right)$$

$$p_{\theta\phi} = \mu\left(\frac{1}{r\sin\theta}\frac{\partial v_\theta}{\partial \phi} + \frac{1}{r}\frac{\partial v_\phi}{\partial \theta} - \frac{v_\phi\cot\theta}{r}\right)$$

$$p_{\phi r} = \mu\left(\frac{\partial v_\phi}{\partial r} + \frac{1}{r\sin\theta}\frac{\partial v_r}{\partial \phi} - \frac{v_\phi}{r}\right)$$

（iii）　ナヴィエ‐ストークス方程式（非圧縮性流体）

$$\frac{\partial v_r}{\partial t} + (\boldsymbol{v}\cdot\mathrm{grad})\,v_r - \frac{{v_\theta}^2 + {v_\phi}^2}{r}$$

$$= -\frac{1}{\rho}\frac{\partial p}{\partial r} + \nu\left(\Delta v_r - \frac{2}{r^2\sin\theta}\frac{\partial}{\partial\theta}(\sin\theta\, v_\theta) - \frac{2}{r^2\sin\theta}\frac{\partial v_\phi}{\partial\phi} - \frac{2v_r}{r^2}\right)$$

$$\frac{\partial v_\theta}{\partial t} + (\boldsymbol{v}\cdot\mathrm{grad})\,v_\theta + \frac{v_r v_\theta}{r} - \frac{{v_\phi}^2\cot\theta}{r}$$

$$= -\frac{1}{\rho r}\frac{\partial p}{\partial\theta} + \nu\left(\Delta v_\theta - \frac{2\cos\theta}{r^2\sin^2\theta}\frac{\partial v_\phi}{\partial\phi} + \frac{2}{r^2}\frac{\partial v_r}{\partial\theta} - \frac{v_\theta}{r^2\sin^2\theta}\right)$$

$$\frac{\partial v_\phi}{\partial t} + (\boldsymbol{v}\cdot\mathrm{grad})\,v_\phi + \frac{v_r v_\phi}{r} + \frac{v_\theta v_\phi\cot\theta}{r}$$

$$= -\frac{1}{\rho r\sin\theta}\frac{\partial p}{\partial\phi} + \nu\left(\Delta v_\phi + \frac{2}{r^2\sin\theta}\frac{\partial v_r}{\partial\phi} + \frac{2\cos\theta}{r^2\sin^2\theta}\frac{\partial v_\theta}{\partial\phi} - \frac{v_\phi}{r^2\sin^2\theta}\right)$$

ただし　$$(\boldsymbol{v}\cdot\mathrm{grad})f = v_r\frac{\partial f}{\partial r} + \frac{v_\theta}{r}\frac{\partial f}{\partial\theta} + \frac{v_\phi}{r\sin\theta}\frac{\partial f}{\partial\phi}$$

（iv）　連続の方程式（非圧縮性流体）

$$\frac{1}{r^2}\frac{\partial}{\partial r}(r^2 v_r) + \frac{1}{r\sin\theta}\frac{\partial}{\partial\theta}(\sin\theta\, v_\theta) + \frac{1}{r\sin\theta}\frac{\partial}{\partial\phi}v_\phi = 0$$

（v）　流れの関数 ψ と速度成分（非圧縮性軸対称流の場合）

$$v_r = -\frac{1}{r^2\sin\theta}\frac{\partial\psi}{\partial\theta}, \qquad v_\theta = \frac{1}{r\sin\theta}\frac{\partial\psi}{\partial r}$$

問 題 解 答

第 1 章

［問題 1］ $k = ES/l$ となる．並列接続の場合には断面積 S が，また直列接続の場合には l がそれぞれ加算される．したがって，並列の場合 $k_p = k_1 + k_2$，直列の場合 $1/k_s = 1/k_1 + 1/k_2$ となる．(強さの等しい n 本のバネを並列接続した場合には $k_p = nk_1$，直列接続の場合には $k_s = k_1/n$ となる．)

［問題 2］ 略

［問題 3］ (b) では 1 方向の張力 f により $\Delta x_1/x = f/E$，この変位により 2 方向の変位は $\Delta y_1/y = -\sigma\Delta x_1/x = -\sigma f/E$．(c) では 2 方向の圧力 f により $\Delta y_2/y = -f/E$，この変位により 1 方向の変位は $\Delta x_2/x = -\sigma\Delta y_2/y = \sigma f/E$．これらを重ね合わせると，たとえば，1 方向の相対変位は $\Delta x/x = (\Delta x_1 + \Delta x_2)/x = (1+\sigma)f/E$ などとなる．

［問題 4］ 略

［問題 5］ (1.8)，(1.12) 式を連立させて解けばよい．

第 2 章

［問題 1］ 略

［問題 2］ $I = \int_{-a}^{a} dy \int_{-\sqrt{a^2-y^2}}^{\sqrt{a^2-y^2}} y^2\, dx = \dfrac{\pi a^4}{4}$

［問題 3］ 着目する点 P より先にある長さ $(L-x)$ 部分の質量が，その部分の重心に集中していると考えると，P 点にかかるモーメントは

$$EI\, u''(x) = \frac{L-x}{2} \times [(L-x)\sigma_0 g]$$

である．これを積分し，$x=0$ で $u = u' = 0$ の境界条件を課すと $u = \sigma_0 g \dfrac{x^4 - 4Lx^3 + 6L^2x^2}{24EI}$ を得る．

第 3 章

［問題 1］ 略

［問題 2］ 鋼鉄のヤング率を $E = 2.0 \times 10^{11}$[N/m^2]，密度を $\rho = 7.9 \times 10^3$[kg/m^3] とすると $v = 5.0 \times 10^3$[m/s] となる．実測値は 5120[m/s] である．

［問題 3］ 水では $K = 2.2 \times 10^9$[N/m^2]，$\rho = 1.0 \times 10^3$[kg/m^3] として計算すると $v = 1.5 \times 10^3$[m/s] となる．実測値は $v = 1500$[m/s] である．

［問題 4］ (3.5)，(3.18) 式，および (1.12) 式から $v_{(縦波)}/v_{(横波)} = \sqrt{E/G} = \sqrt{2(1+\sigma)}$．ポアソン比 σ が $0 \leqq \sigma \leqq 1/2$ の範囲内にあるとすると，この比は $\sqrt{2} \sim \sqrt{3}$ の間にある．

［問題 5］ 解 (3.26) において，固定端 $x = 0$ で $z = \dfrac{\partial z}{\partial x} = 0$，自由端 $x = l$ で $\dfrac{\partial^2 z}{\partial x^2} = \dfrac{\partial^3 z}{\partial x^3} = 0$ の条件を課す．これにより

$$X(x) = A\left[(\sin \alpha_n x - \sinh \alpha_n x) - \frac{\sinh \xi_n + \sin \xi_n}{\cosh \xi_n + \cos \xi_n}(\cos \alpha_n x - \cosh \alpha_n x)\right]$$

を得る．ただし，$\xi_n = \alpha_n l = l\sqrt{\omega_n/\kappa v}$ は $\cosh \xi_n \cos \xi_n + 1 = 0$ を満たし，$\xi_1 = 1.8751$，$\xi_2 = 4.6941$，$\xi_3 = 7.8548$，$\xi_4 = 10.996$，$\xi_5 = 14.137$，… である．これから逆に振動数は $\omega_n = \kappa v(\xi_n/l)^2$ となる．解-1 図に $n = 1, 2, \cdots$ のおのおのに対応する振動のモードを示す．

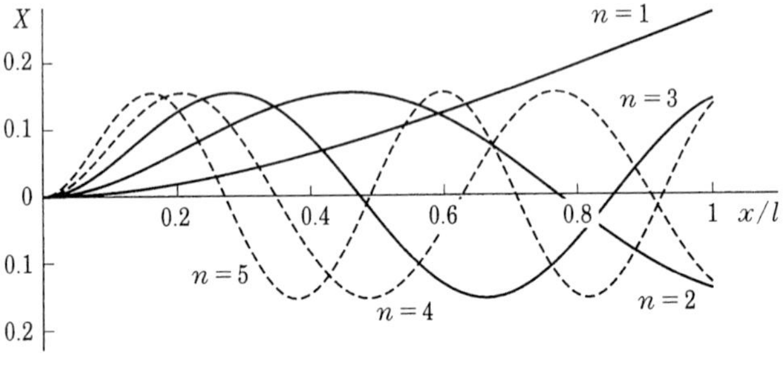

解-1図 ハーモニカのリードの振動モード

音叉の場合には 3-9 図(b) のように棒の途中に変位が 0 となる点がある．この点を支持点として境界条件を当てはめればよい．このような問題では A, B, … に対する同次方程式が得られ，自明な解 ($A = B = C = D = 0$) のほかに特定の α_n (これを**固有値**という) に対して解が存在する．このような解を求める問題を一般に固有値問題という．

第 4 章

［問題 1］（ヒント） 4 - 5 図(b) の場合には

$$\boldsymbol{\Omega}\cdot\delta\boldsymbol{r} = \begin{pmatrix} 0 & -\zeta & 0 \\ \zeta & 0 & 0 \\ 0 & 0 & 0 \end{pmatrix}\begin{pmatrix} \delta x \\ \delta y \\ \delta z \end{pmatrix} = (-\zeta\,\delta y,\ \zeta\,\delta x,\ 0)$$

$$\boldsymbol{\Theta}\times\delta\boldsymbol{r} = \begin{vmatrix} \boldsymbol{i} & \boldsymbol{j} & \boldsymbol{k} \\ 0 & 0 & \zeta \\ \delta x & \delta y & \delta z \end{vmatrix} = -\zeta\,\delta y\,\boldsymbol{i} + \zeta\,\delta x\,\boldsymbol{j}$$

［問題 2］（1） e_{ij} の独立な成分は 6 個，したがって $e_{ij}e_{kl}$ は $6^2 = 36$ 個の独立な成分をもつ．

（2） e_{ij} と e_{kl} の入れ替えに対して不変なので $e_{ij}e_{kl}$ にかかる係数の行列（6 行 6 列）は対称である．したがって，その成分は，$(36-6)/2+6=21$．

［問題 3］ この場合には，内外の境界面に異なる圧力がはたらいているので (4.37) の右辺の p にあたるものはあらかじめ決められないが，これが p_a, p_b によって決まるある一定値になることは明らかであろう．したがって，本文と同様の議論が展開できる(ただし p は未知量として扱う)．すなわち，球座標系で $u_r = C_0 r + \dfrac{C_1}{r^2}$，($C_0, C_1$ は定数)，の形の解を利用する．これから

$$e_{rr} = \frac{\partial u_r}{\partial r} = C_0 - \frac{2C_1}{r^3}, \qquad \mathrm{div}\,\boldsymbol{u} = \frac{1}{r^2}\frac{\partial}{\partial r}(r^2 u_r) = 3C_0$$

$$\therefore\quad p_{rr} = \lambda(\mathrm{div}\,\boldsymbol{u}) + 2\mu e_{rr} = (3\lambda+2\mu)C_0 - \frac{4\mu}{r^3}C_1$$

これに境界条件：$r=a$ で $p_{rr} = -p_a$，$r=b$ で $p_{rr} = -p_b$ を課すと

$$C_0 = \frac{a^3 p_a - b^3 p_b}{(3\lambda+2\mu)(b^3-a^3)}, \qquad C_1 = \frac{a^3 b^3 (p_a - p_b)}{4\mu(b^3-a^3)}$$

を得る．特別な場合として，

（i） $a\to 0$ のときには $C_0 \to -p_b/(3\lambda+2\mu) = -p_b/(3K)$, $C_1 \to 0$ となる．この場合には中のつまった球になり，(4.39) 式に一致する．

（ii） $b\to\infty$ のときには，$C_0 \to -p_b/(3K)$，$C_1 \to (p_a - p_b)a^3/4\mu$ となる．これは無限に広い弾性体中に半径 a の球形空洞がある場合に相当する．

（iii） $a \to b$ の場合には，卵の殻のように薄い球殻に対応する．

第 5 章

［問題 1］ 半径 $r(\leqq a)$ の球面上の重力加速度 g' は，その内部にある質量 $M(r)$ が中心に集中しているとして万有引力の法則を適用したものと同じ（ガウスの法則）なので，

$$mg' = G\frac{M(r)\,m}{r^2}, \qquad mg = G\frac{M(a)\,m}{a^2}, \qquad M(r) = \frac{4\pi r^3\rho}{3}, \quad M(a) = \frac{4\pi a^3\rho}{3}$$

$$\therefore \quad \frac{g'}{g} = \frac{M(r)}{M(a)}\frac{a^2}{r^2} = \frac{r}{a}$$

である．ただし，g は半径 a の球面上における重力加速度，$M(a)$ は半径 a の球の質量，G は万有引力定数，m は試験用に置いた質点の質量である．

［問題 2］ (5.8) 式を続けて積分して

$$\mathrm{div}\,\boldsymbol{u} \equiv \frac{1}{r^2}\frac{d}{dr}(r^2u_r) = \frac{\rho g r^2}{2(\lambda + 2\mu)\,a} + C_1 \qquad (C_1\text{ は積分定数})$$

$$u_r = \frac{\rho g r^3}{10(\lambda + 2\mu)\,a} + \frac{C_1 r}{3} + \frac{C_2}{r^2} \qquad (C_2\text{ も積分定数})$$

を得る．中心 $r = 0$ で変位は 0 であるから $C_2 = 0$ でなければならない．このとき，ひずみテンソルの各成分は

$$e_{rr} = \frac{\partial u_r}{\partial r} = \frac{3\rho g r^2}{10(\lambda + 2\mu)\,a} + \frac{C_1}{3}, \qquad e_{\theta\theta} = \frac{u_r}{r}, \qquad e_{\phi\phi} = \frac{u_r}{r}$$

それ以外はすべて 0 となる．つぎに，球面上の応力が 0 であることから

$$[p_{rr}]_{r=a} = [\lambda(\mathrm{div}\,\boldsymbol{u}) + 2\mu\, e_{rr}]_{r=a} = \frac{\rho g(5\lambda + 6\mu)\,a}{10(\lambda + 2\mu)} + \left(\lambda + \frac{2\mu}{3}\right)C_1 = 0$$

$$\therefore \quad C_1 = -\frac{3(5\lambda + 6\mu)\,\rho g a}{10(\lambda + 2\mu)(3\lambda + 2\mu)}$$

と決まる．以上より，半径方向の変位 (5.9) 式が得られる．これから，球表面上での変位を求めると

$$u_r(a) = -\frac{\rho g a^2}{5(3\lambda + 2\mu)} = -\frac{(1 - 2\sigma)\,\rho g a^2}{5E}$$

であり，$\sigma \neq 1/2$ であれば必ず収縮する．また，変位の大きさが最大になる位置は $r^* = \sqrt{\dfrac{5\lambda + 6\mu}{3(3\lambda + 2\mu)}}\,a = \sqrt{\dfrac{3 - \sigma}{3(1 + \sigma)}}\,a$ であり ($\sqrt{5/9} \leqq r^*/a \leqq 1$)，そのときの変位は

$$u_r^* = -\frac{\rho g a^2}{15\sqrt{3}\,(\lambda + 2\mu)}\left(\frac{5\lambda + 6\mu}{3\lambda + 2\mu}\right)^{3/2}$$

$$= -\frac{(1 - 2\sigma)(1 + \sigma)}{15\sqrt{3}\,(1 - \sigma)}\left(\frac{3 - \sigma}{1 + \sigma}\right)^{3/2}\frac{\rho g a^2}{E}$$

である．応力は

$$p_{rr} = -\frac{(3-\sigma)\rho g a}{10(1-\sigma)}\left(1-\frac{r^2}{a^2}\right), \quad p_{\theta\theta} = p_{\phi\phi} = -\frac{(3-\sigma)\rho g a}{10(1-\sigma)}\left(1-\frac{1+3\sigma}{3-\sigma}\frac{r^2}{a^2}\right)$$

となる．

［**問題 3**］　境界の形が 2 次曲線であることから $f(z) = \phi + i\psi = ikz^2$ と仮定すると，$\phi = -2kxy$，$\psi = k(x^2 - y^2)$ を得る．これを境界条件（5.31 b）に代入して

$$\begin{aligned} \mathrm{Im}\, f(z) - \frac{\Theta}{2L}r^2 &= \psi - \frac{\Theta}{2L}r^2 \\ &= k(x^2 - y^2) - \frac{\Theta}{2L}(x^2 + y^2) \\ &= -\left[\left(\frac{\Theta}{2L} - k\right)x^2 + \left(\frac{\Theta}{2L} + k\right)y^2\right] \\ &= C\,(\text{定数}) \end{aligned}$$

これが $x^2/a^2 + y^2/b^2 = 1$ に一致するためには $k = \dfrac{(a^2 - b^2)\Theta}{2(a^2 + b^2)L}$ とすればよい．これより断面の湾曲は

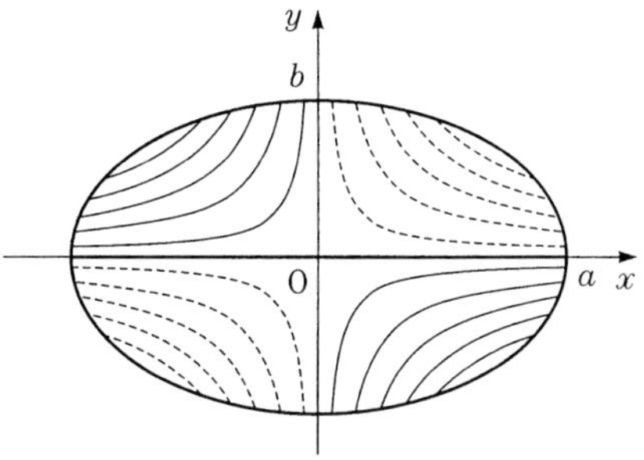

解 - 2 図　楕円柱のねじりによる湾曲

$$\phi = -2kxy = -\frac{(a^2 - b^2)\Theta}{(a^2 + b^2)L}xy$$

第　6　章

［**問題 1**］　$p = p_\infty + \rho g h = 1.0 \times 10^5 + (1.0 \times 10^3)(9.8)(10^4)$
$= 9.8 \times 10^7\ \mathrm{Pa}$（≒ 980 気圧）

［**問題 2**］　略

［**問題 3**］　円柱座標（解 - 3 図参照）で考える．流速は軸方向だけで $u = u(r)$．2 次元の場合と同様に $r \sim r + dr$ の薄い円筒殻の部分にはたらく力のつり合いを求める．半径 r の円筒面にはたらく接線方向の力は $F(r) = \mu\left(\dfrac{du}{dr}\right)_r \times S(r)$．ただし $S(r) = 2\pi r l$ は円筒の側面

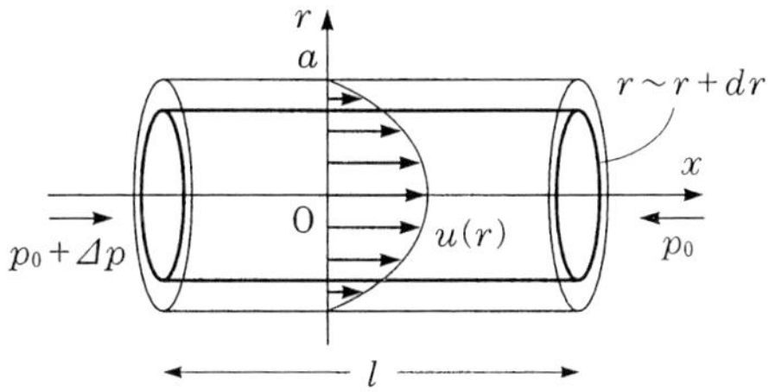

解 - 3 図　管内の流れ

積である．(6.8) 式を導いたのと同様にして，$\dfrac{1}{r}\dfrac{d}{dr}\left(r\dfrac{du}{dr}\right) = -\dfrac{\Delta p}{\mu l}$. これを積分し，$r=a$ で $u=0$，また流体領域内で速度が有限とすると

$$u = \frac{\Delta p}{4\mu l}(a^2 - r^2), \qquad Q = \frac{\pi a^4 \Delta p}{8\mu l}$$

を得る．なお，(8.12) 式も参照．

第 7 章

［問題 1］ x, y, z, t が独立変数であることに注意して

$$\frac{Dx}{Dt} = \frac{\partial x}{\partial t} + u\frac{\partial x}{\partial x} + v\frac{\partial x}{\partial y} + w\frac{\partial x}{\partial z} = u$$

（座標 x の時間変化は x 方向の速度 u に等しい）

$$\frac{Du}{Dt} = \frac{\partial u}{\partial t} + u\frac{\partial u}{\partial x} + v\frac{\partial u}{\partial y} + w\frac{\partial u}{\partial z}$$

（右辺第 2 項は u について 2 次であり，非線形であることに注意）

$$\frac{D(ab)}{Dt} = \left(\frac{\partial a}{\partial t}b + a\frac{\partial b}{\partial t}\right) + u\left(\frac{\partial a}{\partial x}b + a\frac{\partial b}{\partial x}\right) + \cdots = \left(\frac{Da}{Dt}\right)b + a\left(\frac{Db}{Dt}\right)$$

［問題 2］ ニュートン流体では (7.17) 式が成立するから

$$(\mathrm{div}\, P)_i = \frac{\partial}{\partial x_j}p_{ij} = \frac{\partial}{\partial x_j}[-p\,\delta_{ij} + \lambda(\mathrm{div}\,\boldsymbol{v})\,\delta_{ij} + 2\mu e_{ij}]$$

である．ここで上式の右辺第 1，2 項は

$$\frac{\partial}{\partial x_j}[-p\,\delta_{ij} + \lambda(\mathrm{div}\,\boldsymbol{v})\,\delta_{ij}] = \frac{\partial}{\partial x_i}[-p + \lambda(\mathrm{div}\,\boldsymbol{v})] = [-\nabla p + \lambda\nabla(\mathrm{div}\,\boldsymbol{v})]_i$$

また，右辺第 3 項は

$$\mu\frac{\partial}{\partial x_j}\left(\frac{\partial v_j}{\partial x_i} + \frac{\partial v_i}{\partial x_j}\right) = \mu\frac{\partial}{\partial x_i}\left(\frac{\partial v_j}{\partial x_j}\right) + \mu\frac{\partial^2 v_i}{\partial {x_j}^2} = [\mu\nabla(\mathrm{div}\,\boldsymbol{v}) + \mu\Delta\boldsymbol{v}]_i$$

と計算されるから，

$$\mathrm{div}\, P = -\nabla p + (\lambda + \mu)\nabla(\mathrm{div}\,\boldsymbol{v}) + \mu\Delta\boldsymbol{v}$$

［問題 3］ ある時刻に表面にあった流体粒子を P とする（解 - 4 図(a)）．これが，つぎの時刻に図 (b)のように流体の内部で観測されたと仮定しよう．われわれは流

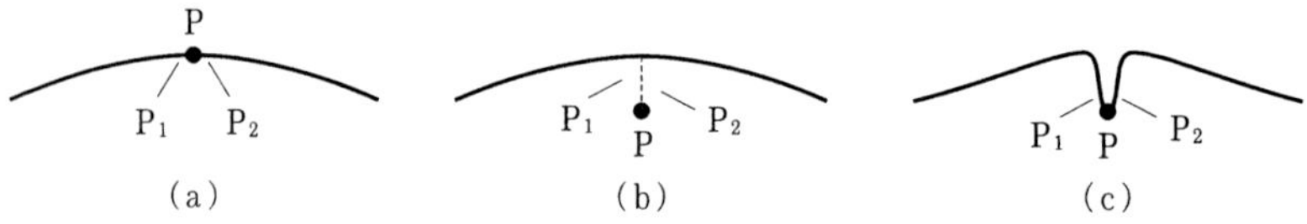

解 - 4 図

体という連続媒質を考えているので，表面上にあって点Pに限りなく隣接した流体粒子 $P_1, P_2, \cdots$ などを考えると，つぎの時刻においても，これらの点は点Pに隣接していなければならない．つまり，内部の点に見えた点Pも，実は図(c)のように，表面の流体粒子とつながっていることになる．したがって，やはり表面を形成している．

第 8 章

[問題 1]　略

[問題 2]　$\eta = y/2\sqrt{\nu t}$ という変数を導入し，t や y の微分を η で表現すると

$$\frac{\partial}{\partial t} = \frac{\partial \eta}{\partial t}\frac{d}{d\eta} = -\frac{\eta}{2t}\frac{d}{d\eta}, \qquad \frac{\partial}{\partial y} = \frac{\partial \eta}{\partial y}\frac{d}{d\eta} = \frac{1}{2\sqrt{\nu t}}\frac{d}{d\eta}, \qquad \frac{\partial^2}{\partial y^2} = \frac{1}{4\nu t}\frac{d^2}{d\eta^2}$$

であるから，これらを (8.14) 式に代入して (8.19) 式を得る．

[問題 3]　解を (8.38) と表し，(8.35)，(8.39) を代入すると

$$u = U - \frac{A}{2\mu}\left(\frac{1}{r} + \frac{x^2}{r^3}\right) - \frac{a_0 x}{r^3} - a_1\left(\frac{1}{r^3} - \frac{3x^2}{r^5}\right) + a_2(\cdots) + \cdots$$

$$v = -\frac{A}{2\mu}\left(\frac{xy}{r^3}\right) - \frac{a_0 y}{r^3} + a_1\left(\frac{3xy}{r^5}\right) + a_2(\cdots) + \cdots$$

$$w = -\frac{A}{2\mu}\left(\frac{xz}{r^3}\right) - \frac{a_0 z}{r^3} + a_1\left(\frac{3xz}{r^5}\right) + a_2(\cdots) + \cdots$$

となる．$r = a$ で $\boldsymbol{v} = \boldsymbol{0}$ という境界条件を満たすためには，$A = (3/2)\mu a U$，$a_1 = (1/4)a^3 U$，その他の係数 $= 0$，とすればよい(同じような振舞をする項の係数を比較する)．これを上の式に代入すれば，球の周りの流れ (8.41) を得る．

[問題 4]　略

[問題 5]　(8.49) 式で表される純粋ずれ流れは，8-14 図に示したように $y = -x$ の方向から原点に向かって流れ込み，$y = x$ の方向に流れ出ていく．これは圧力場 p も $xy < 0$ の領域で高く，$xy > 0$ の領域で低くなっていることを意味する．したがって，p は xy に比例すると考えられる．この xy 依存性と圧力場が調和関数であること，すなわち(8.30) 式の形で表されること，を考慮して $p = \dfrac{\partial^2}{\partial x\,\partial y}\left(\dfrac{1}{r}\right) = \dfrac{3xy}{r^5}$ のような基本解を仮定する（これでうまくいかなければさらに高次の微分をとり込んでいけばよい）．そこでこれを (8.28) の第1式に代入すると

$$\mu\,\Delta \boldsymbol{v}_1 = \nabla p = \nabla\left[\frac{\partial^2}{\partial x\,\partial y}\left(\frac{1}{r}\right)\right] = \nabla\left[\frac{\partial^2}{\partial x\,\partial y}\left(\frac{\Delta r}{2}\right)\right] = \Delta\left\{\nabla\left[\frac{\partial^2}{\partial x\,\partial y}\left(\frac{r}{2}\right)\right]\right\}$$

$$\therefore\quad \mu \boldsymbol{v}_1 = \nabla\left[\frac{\partial^2}{\partial x\,\partial y}\left(\frac{r}{2}\right)\right] + \mu \boldsymbol{v}_0$$

となる．ここで $\boldsymbol{v}_0$ は $\Delta\boldsymbol{v}_0=\boldsymbol{0}$ の解であり，$\boldsymbol{v}_1$ が全体として(8.28)の第2式，すなわち連続の式を満たすように決める：

$$\begin{aligned}\operatorname{div}(\mu\boldsymbol{v}_1)&=\operatorname{div}\left\{\nabla\left[\frac{\partial^2}{\partial x\,\partial y}\left(\frac{r}{2}\right)\right]\right\}+\operatorname{div}(\mu\boldsymbol{v}_0)\\&=\frac{\partial^2}{\partial x\,\partial y}\left(\frac{\Delta r}{2}\right)+\mu\operatorname{div}\boldsymbol{v}_0\qquad(\because\ \operatorname{div}\nabla=\Delta)\\&=\frac{\partial^2}{\partial x\,\partial y}\left(\frac{1}{r}\right)+\mu\left(\frac{\partial v_{0x}}{\partial x}+\frac{\partial v_{0y}}{\partial y}+\frac{\partial v_{0z}}{\partial z}\right)=0\end{aligned}$$

これは x と y の対称性を考慮して

$$v_{0x}=-\frac{1}{2\mu}\frac{\partial}{\partial y}\left(\frac{1}{r}\right)=\frac{y}{2\mu r^3},\qquad v_{0y}=-\frac{1}{2\mu}\frac{\partial}{\partial x}\left(\frac{1}{r}\right)=\frac{x}{2\mu r^3},\qquad v_{0z}=0$$

と選べば満たされる．以上で $\boldsymbol{v}_1$ が求められた．これらを成分に分けて表現すると

$$u_1=\frac{1}{2\mu}\frac{3x^2y}{r^5},\qquad v_1=\frac{1}{2\mu}\frac{3xy^2}{r^5},\qquad w_1=\frac{1}{2\mu}\frac{3xyz}{r^5},\qquad p_1=\frac{3xy}{r^5}\tag{8.51}$$

となる．また，同次方程式(8.29)の解は，容易に確かめられるように $\boldsymbol{v}_2=\operatorname{grad}\Phi$ によって与えられる．ただし $\Delta\Phi=0$.

無限遠で純粋ずれ流れがあるときに，原点に半径 a の球を置いたときの境界条件は

$$r\to\infty\quad で\quad \boldsymbol{v}\to(8.49)\ 式；\quad r=a\quad で\quad \boldsymbol{v}=\boldsymbol{0}$$

である．そこで解を(8.49)，$\boldsymbol{v}_1$，$\boldsymbol{v}_2$ の重ね合せで表現する．ここで Φ は調和関数であり，$r\to\infty$ で $\operatorname{grad}\Phi\to\boldsymbol{0}$，かつ $u=\dfrac{\partial\Phi}{\partial x}\propto y$，$v=\dfrac{\partial\Phi}{\partial y}\propto x$ であるから

$$\Phi=B\frac{\partial^2}{\partial x\,\partial y}\left(\frac{1}{r}\right)+\cdots=\frac{3Bxy}{r^5}+\cdots$$

の形の解が妥当である．したがって

$$\begin{aligned}u&=y\left[\Omega+\frac{3A}{2\mu}\frac{x^2}{r^5}+3B\left(\frac{1}{r^5}-\frac{5x^2}{r^7}\right)+\cdots\right]\\v&=x\left[\Omega+\frac{3A}{2\mu}\frac{y^2}{r^5}+3B\left(\frac{1}{r^5}-\frac{5y^2}{r^7}\right)+\cdots\right]\\w&=\frac{3A}{2\mu}\frac{xyz}{r^5}+3B\left(-\frac{5xyz}{r^7}\right)+\cdots\end{aligned}$$

となる．$r=a$ で $\boldsymbol{v}=\boldsymbol{0}$ という境界条件を満たすためには

$$A=-\frac{10\mu\Omega a^3}{3},\qquad B=-\frac{\Omega a^5}{3}$$

とすればよい．これから，球の周りの流れ(8.50)を得る．

［**問題6**］ 3次元ストークス流の一般解(8.54)で $\boldsymbol{A}=(0,0,A/r)$ と置くと

$$v_x = (\nabla \times \boldsymbol{A})_x = \frac{\partial}{\partial y}\left(\frac{A}{r}\right) = -\frac{Ay}{r^3}, \qquad v_y = -\frac{\partial}{\partial x}\left(\frac{A}{r}\right) = \frac{Ax}{r^3}, \qquad v_z = 0$$

これは(8.47)で求めたロートレットと同じ形である．ただし，A 倍の違いを除く．すなわち，z 方向に軸をもったロートレットは上の表現では A の z 成分に調和関数 $1/r$ を与えることにより得られる．

[問題 7]　$u = U_\infty f'(\eta)$ とおくと $\dfrac{\partial u}{\partial x} = \dfrac{du}{d\eta}\dfrac{\partial \eta}{\partial x} = -\dfrac{\eta U_\infty}{2x}f''(\eta)$．これを連続の方程式 (8.75) に代入して y で積分すると

$$v = -\int \frac{\partial u}{\partial x}dy = \int \frac{\eta U_\infty}{2x}f''(\eta)\frac{dy}{d\eta}d\eta = \frac{1}{2}\sqrt{\frac{\nu U_\infty}{x}}\int \eta f''(\eta)\,d\eta$$
$$= \frac{1}{2}\sqrt{\frac{\nu U_\infty}{x}}(\eta f' - f)$$

となる．これらを (8.76) 式に代入して整理すると (8.80) を得る．

[問題 8]　粘性率 μ の流体中を代表的な大きさ a の物体が速さ U で動いたとする．大きさ a は長さ L の次元，速さ U は LT^{-1} の次元，粘性率 μ は $ML^{-1}T^{-1}$ の次元であることから，力の次元 MLT^{-2} を作るためには μUa の組合せしか許されない．

第 9 章

[問題 1]　無限上流の点 A や凸部の上方の点 C では流速は U_∞，圧力は p_∞ である．凸部の頂点 B では，流れの領域が狭められたために流速は増加し (図の点線で示したように断面積が小さくなっている)，$v(> U_\infty)$ になっている．そこで A, B を通る流線に対してベルヌーイの定理を適用すると $p_\infty + \dfrac{1}{2}\rho U_\infty{}^2 = p + \dfrac{1}{2}\rho v^2 =$ 一定，の関係を得る．この定数は C を通る流線上の値とも等しい．したがって，点 B と C での圧力差は $p - p_\infty = -\dfrac{1}{2}\rho(v^2 - U_\infty{}^2) < 0$ となり，点 B では，面を吸い上げるような力がはたらく．たとえば，かまぼこ形のビニールハウスが強風で吸い上げられることになる．

[問題 2]　いま，円柱とともに動く座標系で考えたとすると，円柱には速度 U の流れが逆向きに当たっていることになる．円柱が回転することによって，物体近傍の点 A の側では U より速く，また点 B の側では U より遅くなるので，9 - 6 図 (b) のような流れ場が作られる．これは流体の粘性を考慮して直感的に得られたイメージで，実際，物体に隣接した領域ではこのような流れが実現される．他方，これから少し離れた領域では，流体の粘性が効かない非粘性の取扱いが成り立つ．そこで，

ベルヌーイの定理を用いると，$p + \frac{1}{2}\rho v^2 = C$（一定）の関係が，点Aを通る流線についても点Bを通る流線についても成り立つ．無限上流では，両者は同じ一定値 C をもつからである．したがって，Aの側の方がBの側よりも v が大きいということは，Aの側の方がBの側よりも p が低いことを表している．このために，円柱にはBからAに向かう力がはたらき，カーブのような変化球が生じることになる．

［問題3］ ［例題1］において，通常のベルヌーイの定理を自由表面に沿って無限遠点BからAまで適用しても，同じ結果が得られるように思うかもしれないが，それは正しくない．この流れは z 軸を中心とした同心円状であり，BからAへの経路は流線とも渦線とも一致しないからである．

［問題4］ 9-7図(b)のように，半径 R の円周上で ds だけ離れた2点P, Qにおける接線ベクトル $\boldsymbol{t}(s)$ および $\boldsymbol{t}(s+ds)$ を考える．扇形OPQの中心角 $d\theta$ とは $ds = R\,d\theta$ の関係がある．2点P, Qでの接線ベクトルの差 $d\boldsymbol{t}$ は $d\boldsymbol{t} = \boldsymbol{t}(s+ds) - \boldsymbol{t}(s) = \frac{\partial \boldsymbol{t}}{\partial s}ds$ であるが，9-7図(c)からもわかるように，このベクトルは大きさが $d\theta$ で，向きは $\boldsymbol{n}$ 方向である．したがって $\frac{\partial \boldsymbol{t}}{\partial s}ds = d\theta\,\boldsymbol{n} = \frac{ds}{R}\boldsymbol{n}$，　すなわち $\frac{\partial \boldsymbol{t}}{\partial s} = \frac{1}{R}\boldsymbol{n} = \kappa\boldsymbol{n}$ を得る．

［問題5］ 円弧の中心から外向きに r をとると，(9.12b)式により流体には内向きの力が作用する．このような“曲がった”定常流れを作り出しているのは円弧状の板であるから，板には，反作用として外向きの力がはたらいていなければならない．これが，翼にはたらく**揚力**を与える．揚力についてのくわしい理論は§9.5(4)を参照．

［問題6］ はじめ，真直ぐに流れていた川が9-8図(a)のようにわずかに湾曲したとする．流れは川底や川岸の近くを除いてほぼ一様と考えられ，レイノルズ数も非常に大きい．したがって，流れの大部分は非粘性流体の円弧状の層流と考えてよい．さて，現実には静止した川底や川岸が存在しているので，粘性を考慮した場合にはこれらに隣接して速度勾配の大きな領域（境界層）が形成されている(図(b)参照)．この境界層の中では速度が遅く，また厚さ方向の圧力変化は小さい((8.71)式)．また，(9.12b)式により $\partial p/\partial r > 0$ であるから，円弧状の川岸の内側よりも外側の方が圧力は高い．このために底面付近では内向きの流れが誘起され，循環的な2次流が形成される．この2次流は外側の川岸を侵食し，そ

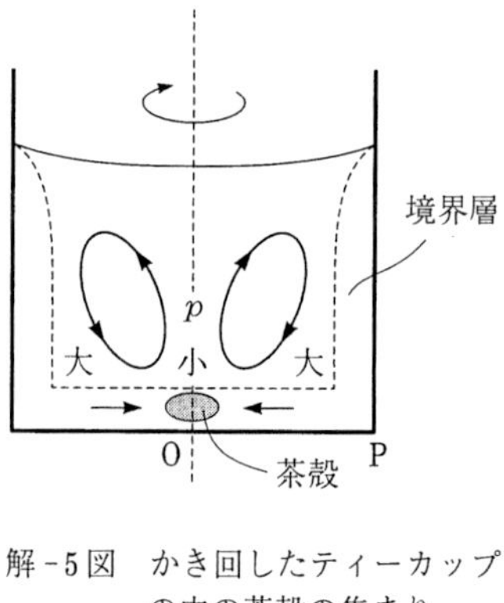

解-5図　かき回したティーカップの中の茶殻の集まり

の土砂を内側の川岸に堆積していく(図 (c)参照). この過程がくり返されて, 図 (d) のように流れの湾曲, すなわち川の蛇行がいっそう進むことになる.

[**注**] 茶殻の微粒子などの入った湯呑みをかき回しているときに底の中心部分に茶殻が集まってくるのも, 9 - 8 図 (b)で述べたのと同様の 2 次流が軸対称的に作られていることによる.

[**問題 7**] 単純ずれ流れは, 並進運動と回転運動の和である. 一様流の部分は渦度をもたない. 他方, 流体粒子の運動から「並進部分」を差し引いた「回転部分」の作る渦度はいたるところ同じである.

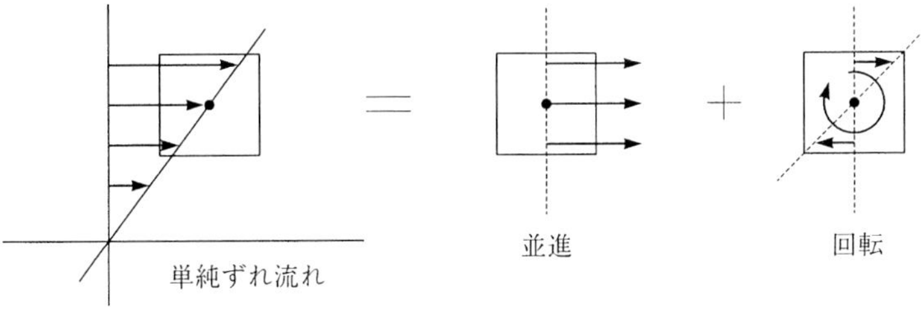

解 - 6 図 単純ずれ流れの分解

[**問題 8**] この渦度分布 による流れは, 半径 a の内側の領域では剛体回転 ((2)の(例 1)に対応), 半径 a の外側では渦なし ((2)の(例 2)に対応) の流れである. まず, この問題が z 軸の周りに軸対称であることに注目し, C として半径 r の円を選ぶ. (9.15) 式から

$$\Gamma(C) = \{\pi r^2 \omega_0 \quad (r \leqq a)\ ; \quad \pi a^2 \omega_0 \quad (r > a)\} \tag{9.17}$$

を得る (9 - 13 図 (b) 参照). 速度場は周方向成分 v_ϕ だけをもち, $\Gamma = 2\pi r v_\phi$ なので, v_ϕ は

$$v_\phi = \frac{\Gamma}{2\pi r} = \left\{\frac{\omega_0 r}{2} \quad (r \leqq a)\ ; \qquad \frac{\omega_0 a^2}{2r} \quad (r > a)\right\} \tag{9.18}$$

となる (9 - 13 図 (c) を参照).

[**問題 9**] 解 - 7 図のように, 直線状渦糸を z 軸とする円柱座標系 (r, ϕ, z) を選ぶ. 対称性から, 速度場は ϕ 成分 v_ϕ だけである. 渦糸から距離 a だけ離れた点 P を考えると, 点 P に渦糸上の微小部分 ds が誘起する速度場は (9.37) 式から

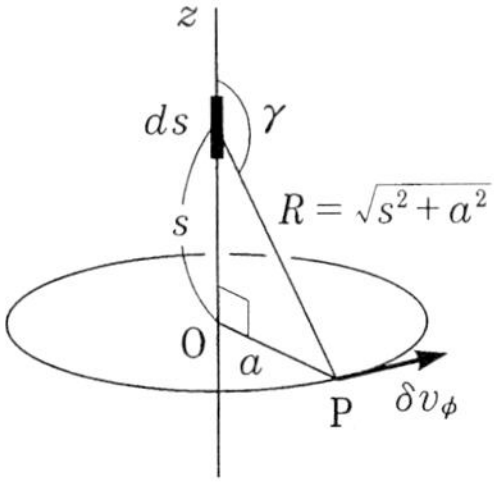

解 - 7 図

$$\delta v_\phi = \frac{\Gamma}{4\pi} \frac{ds \sin\gamma}{R^2} = \frac{\Gamma}{4\pi} \frac{a\, ds}{R^3}$$

$$\text{ただし} \quad R = \sqrt{s^2 + a^2}$$

となる．これを $s=-\infty$ から ∞ まで積分して $v_\phi=\Gamma/2\pi a$ を得る．これは§9.3 (5) と一致する．

［**問題 10**］

$$\frac{df}{dz}=\frac{\partial f}{\partial(iy)}=\frac{1}{i}\frac{\partial}{\partial y}(\Phi+i\Psi)=\frac{1}{i}\frac{\partial\Phi}{\partial y}+\frac{\partial\Psi}{\partial y}=\frac{v}{i}+u=u-iv=w$$

［**問題 11**］

$$\int_C d\Phi=\int_C\left(\frac{\partial\Phi}{\partial x}dx+\frac{\partial\Phi}{\partial y}dy\right)=\int_C(u\,dx+v\,dy)$$
$$=\int_C \boldsymbol{v}\cdot\boldsymbol{t}\,ds=\int_C v_s\,ds=\Gamma(C)$$
$$\int_C d\Psi=\int_C\left(\frac{\partial\Psi}{\partial x}dx+\frac{\partial\Psi}{\partial y}dy\right)=\int_C(-v\,dx+u\,dy)$$
$$=\int_C \boldsymbol{v}\cdot\boldsymbol{n}\,ds=\int_C v_n\,ds=Q(C)$$

ここで，閉曲線に沿う微小線分 ds の接線方向の単位ベクトル $\boldsymbol{t}\propto(dx,dy)$，および法線方向の単位ベクトル $\boldsymbol{n}\propto(dy,-dx)$ であることを用いた．

［**問題 12**］ $n=1$ の場合は (a) と一致する．また，$n=2$ の場合には (9.45) を直接計算して $f=Az^2=A(x+iy)^2=A(x^2-y^2+2ixy)=\Phi+i\Psi$．これから，$\Phi=A(x^2-y^2)$，$\Psi=2Axy$ を得る．

流線も等ポテンシャル線も双曲線群で，互いに直交している．

［**問題 13**］ 題意より複素速度ポテンシャルは $f=m\log(z-a)-m\log(z+a)$ と置ける．これを $|a/z|\ll 1$ としてテイラー展開すると

$$f=m\left[\log\left(1-\frac{a}{z}\right)-\log\left(1+\frac{a}{z}\right)\right]=m\left[\left(-\frac{a}{z}+\cdots\right)-\left(\frac{a}{z}+\cdots\right)\right]$$
$$=-\frac{2ma}{z}+\cdots=-\frac{D}{z}+\cdots\ \rightarrow\ -\frac{D}{z}$$

となる．ただし，$\log(1+\varepsilon)=\varepsilon-\dfrac{\varepsilon^2}{2}+\dfrac{\varepsilon^3}{3}-\dfrac{\varepsilon^4}{4}+\cdots$ $(\varepsilon\ll 1)$ の結果を使った．

［**問題 14**］ 翼全体の受ける揚力 F は $F=Ll=\pi(4al)\rho U^2\sin\alpha=\pi S\rho U^2\sin\alpha$ である．ただし，翼の面積を $S=4al$ と置いた．さて，この航空機が浮き上がるためには F が W より大きくなければならない．すなわち

$$W\leqq\pi S\rho U^2\sin\alpha\ \rightarrow\ U\geqq\sqrt{\frac{W}{\pi S\rho\sin\alpha}}$$

これに $W=400$ t 重 $=3.9\times10^6\,\mathrm{kg\,m/s^2}$，$\rho=1.3\,\mathrm{kg/m^3}$，$S=510\,\mathrm{m^2}$ などを代入すると，$U\geqq 85\,\mathrm{m/s}$ (時速 310 km 以上) となる．W/S は**翼面荷重**とよばれる．翼が大きければ，より低速で飛行できる．

[**問題 15**] まず，(9.66) 式から

$$\left(\frac{df}{dz}\right)^2 = U^2 + \frac{2U(a_0 + ib_0)}{z} + \frac{(a_0^2 - b_0^2 - 2Ua_1) + 2i(a_0 b_0 - Ub_1)}{z^2} + \cdots$$

また，複素平面での周回積分では一般に $\int_C \frac{1}{z} dz = 2\pi i$, $\int_C z^n dz = 0 \quad (n \neq -1)$ であるから

$$X - iY = \frac{i\rho}{2}\int_C \frac{2U(a_0 + ib_0)}{z} dz = -2\pi\rho U(a_0 + ib_0)$$

を得る．同様にして (9.65) 式に代入し

$$M_z = -\frac{\rho}{2} \mathrm{Re} \int_C \left\{\cdots + \frac{(a_0^2 - \cdots) + 2i(a_0 b_0 - Ub_1)}{z^2} + \cdots\right\} z\, dz$$

$$= 2\pi\rho(a_0 b_0 - Ub_1) = \frac{\rho Q\Gamma}{2\pi} - 2\pi\rho Ub_1$$

索　　引

ア

アインシュタインの粘度式　Einstein's viscosity formula　137
アーチ　arch　25
アルキメデスの原理　Archimedes' principle　86
アンペールの法則　Ampère' law　184
圧縮率　compressibility　8
圧力抵抗　pressure drag　135
圧力方程式　pressure equation　159, 177
粗さ　roughness　153, 155

イ

位相速度　phase velocity　125
一様な伸び　uniform strain　5, 51
一様流　uniform flow　135, 178, 187
一般化されたベルヌーイの定理　generalized Bernoulli's theorem　159
今井の一般解　Imai's general solution　138
色つき流線(流脈線)　streak line　96

ウ

渦　vortex　165 ～ 177
渦糸　vortex filament　129, 159, 171, 189, 219
渦管　vortex tube　169
渦線　vortex line　160, 169
渦対　vortex pair　175
渦度　vorticity　103, 130, 139, 166
渦なし流れ　irrotational flow　158, 166, 177 ～, 184 ～
渦輪　vortex ring　174 ～ 177
運動量保存則　law of conservation of momentum　64 ～ 66, 108 ～ 109, 157

エ

永久ひずみ　permanent strain　7
エネルギー保存則　law of conservation of energy　111 ～ 113, 161
エラスティカ　elastica　28 ～ 29
円柱を過ぎる流れ　flow past a circular cylinder　121, 190 ～

オ

オイラー　Leonhard Euler (1707 - 1783)　16, 19, 151, 156
オイラー方程式(剛体回転)　Euler's equation　16 ～ 18, 37
オイラー方程式(流体運動)　Euler's equation of motion　156 ～ 157
応力　stress　5, 44 ～, 82, 99 ～
応力緩和　stress relaxation　90
応力テンソル　stress tensor　46, 99
応力 - ひずみ曲線　stress-strain curve　6
音速　sound velocity　35

カ

回転　rotation または curl　51, 101
ガウス分布　Gaussian probability function　127
ガウスの定理　Gauss' theorem　65, 109, 110, 112 ～ 113, 205
カップレット(ロートレット)　couplet　136, 217
カルマン渦列　von Kármán's vortex street　121, 202
可視化　visualization　47, 63, 95 ～ 98
滑空　gliding　201
角を回る流れ　corner flow　188
慣性モーメント(幾何学的)　moment of inertia　19 ～ 20
慣性モーメント(剛体)　moment of inertia (of a rigid body)　16, 37

キ

球を過ぎる流れ　flow past a sphere　133 ～, 152, 180
境界条件　boundary condition　41, 77, 115
境界層　boundary layer　128, 143, 152
境界層近似　boundary layer approximation　143 ～ 149
曲率　curvature　29, 164
切りつなぎ法　matched asymptotic expansion　151

ク

クエットの流れ　Couette flow　93, 123
クッタ - ジューコフスキーの定理　Kutta-Joukowski's theorem　193, 200
クッタの条件　Kutta condition　197
クラドニ図形　Chladni's figure　42
グリーンの定理　Green's theorem　205
クロネッカーのデルタ　Kronecker's delta　54
クントの実験　Kundt's experiment　35

ケ

ケルヴィン　Lord Kelvin (1824 - 1907), William Thomson　90, 172
ケルヴィンの循環定理　Kelvin's circulation theorem　172 ～ 173
ケルヴィンモデル　Kelvin model　90

コ

格子振動　lattice vibration　2
光弾性　photo-elasticity　48
剛性率(ずれ弾性率)　modulus of rigidity　10, 59, 88
剛体　rigid body　4
剛体回転　rigid-body rotation　16, 52, 102
降伏点　yield stress　7
後流(伴流)　wake　121, 152, 154
誤差関数　error function　127
コーシー - リーマンの関係式　Cauchy-Riemann's relations　73, 140, 185

固定端　clamped end　41
固有振動　characteristic frequency　42, 210
固有値　eigenvalue　210

サ

座屈　buckling　27 ～ 28
サスペンション　suspension　137
サン・ブナンの問題
Saint Venant's principle　68 ～ 72
三角翼　delta wing　203

シ

ジェット　jet　129, 201
ジオイド　geoid　158
ジューコフスキーの仮定
Joukowski's hypothesis　197
ジューコフスキー変換
Joukowski transform　195
支持端　supported end　41
地震波　seismic wave　80
質量保存則　law of conservation of mass　111, 157
自由端　free end　41
重調和関数　biharmonic function　140
循環　circulation　169, 172, 181, 186, 197, 200
純粋なずれ　pure shear strain　12, 52
純粋なずれ流れ
simple shearing flow　102, 135
初期条件　initial condition　115

ス

水圧器　hydraulic press　84
吸い込み　sink　179, 189
推力　thrust　201
ストークス　George Gabriel Stokes (1819 - 1903)　142
ストークス近似
Stokes' approximation　129 ～ 142
ストークスの抵抗法則　Stokes' resistance formula　133 ～ 135, 152
ストークスの定理　Stokes' theorem　170, 205
ストークスレット　stokeslet　132, 139
ストレスレット　stresslet　137, 215 ～ 216
スネルの法則　Snell's law　78
すべりなしの条件(粘着の条件)
no-slip condition　116
すべりの条件　slip condition　116
ずれ　shear strain　10, 52, 88, 104
ずれ応力(せん断応力)
shearing stress　10, 44, 86
ずれ弾性率(剛性率)　shear modulus　10, 59, 88
ずれ粘稠化　shear thickening　90
ずれ流動化　shear thinning　90

セ

静圧　static pressure　162
静水圧　hydrostatic pressure　83
接線応力　tangential stress　10, 44, 86, 148
切断面　cut　183

せん断応力(ずれ応力)
shearing stress　10, 44, 86
全反射　total reflection　79

ソ

総圧　total pressure　162
総和規則　summation convention　54
相似解　similarity solution　126, 147
速度ポテンシャル
velocity potential　177, 185
塑性　plasticity　4

タ

ダイアディック　dyadic product　46, 55
ダランベールのパラドックス
d'Alembert's paradox　193, 200
体積弾性率　bulk modulus　8, 58
体積粘性率　bulk viscosity　105
体積ひずみの波　dilatational wave　76
体積力　body force　45, 108
縦波　longitudinal wave　33, 75
単純ずれ流れ　simple shear flow
86, 104, 135, 167, 219
単連結　simply connected　182
弾性エネルギー　elastic energy　57
弾性限界　elastic limit　6
弾性体　elastic body　4
弾性テンソル
elastic modulus tensor　53
弾性ヒステリシス　elastic hysteresis　7

チ

遅延弾性ひずみ
retarded elastic strain　90
力のモーメント　moment of force
15, 18, 24 ~ 27
中立面　neutral plane　18
調和関数　harmonic function　130, 131, 177, 185

テ

抵抗係数　drag coefficient　150 ~ 153
テンソル　tensor　46, 55, 99

ト

動圧　dynamic pressure　162
動的粘弾性
dynamic viscoelasticity　92
動粘性率　kinematic viscosity　88, 120
等角写像または共形写像
conformal mapping　193
等方的　isotropic　54 ~ 57, 103
特異摂動法　singular perturbation　151
トラス　truss　27
トリチェリの定理
Torricelli's theorem　161
トルク　torque　15

ナ

ナヴィエ　Louis Marie Henri Navier (1785-1836)　66
ナヴィエ-ストークスの方程式

Navier-Stokes' equation(s)　108～109, 206, 208
ナヴィエの方程式　Navier's equation　66
流れの可視化　flow visualization　95～98, 121
流れの関数　stream function　139, 185, 207～208

ニ

二重連結　doubly connected　183, 191
二重湧き出し　doublet　180, 189, 190
にぶい物体　bluff body　153
ニュートン　Sir Isaac Newton(1643-1727)　142
ニュートンの抵抗法則　Newton's law of resistance　152
ニュートン流体　Newtonian fluid　87, 104

ネ

ねじれ振動　torsional oscillation　16
ねじれ波　torsional wave　36～37, 77
ねじれ秤り　torsion balance　16
熱流　heat flux　113
粘性率　viscosity　86～88, 104
粘弾性　viscoelasticity　4, 90
粘着の条件(すべりなしの条件)　no-slip condition　116

ハ

場　field　105
剥離　separation　121, 152, 188, 197, 203
ハーゲン-ポアズイユ流　Hagen-Poiseuille's flow　71, 95, 124, 213
パスカルの原理　Pascal's principle　84
ハメルの流れ　Hamel's flow　129, 142
橋　bridge　24
発散　divergence　51, 102
波動方程式　wave equation　32, 34, 37, 75～77
梁　beam　21～24
伴流(後流)　wake　121, 152, 154

ヒ

非圧縮性流体　incompressible fluid　111, 115, 118, 177
非粘性流体　inviscid fluid　116, 156
ビオ-サヴァールの法則　Biot-Savart's law　184
ピトー管　Pitot tube　161
飛翔　soaring　201
ひずみ　strain　5
ひずみ速度テンソル(変形速度テンソル)　rate-of-strain tensor　99～101
ひずみテンソル　strain tensor　49
引っ張り強さ(破壊強さ)　tensile stress　7
比熱比　specific-heat ratio　34, 114

フ

フォークトモデル　Voigt model　90
フックの法則　Hooke's law　5

ブラジウスの第 1 公式
Blasius' 1st formula　198
ブラジウスの第 2 公式
Blasius' 2nd formula　199
プラントル　Ludwig Prandtl (1875 - 1953)　71, 146
フーリエの法則　Fourier's law　113
複素関数　functions of complex variables　184
複素速度　complex velocity　186
複素速度ポテンシャル　complex velocity potential　186 ～
複素弾性率　complex modulus　92
複素粘性率　complex viscosity　92
分岐現象　bifurcation　28
分子動力学　molecular dynamics　1

ヘ

平均自由行程　mean free path　3
平板　flat plate　124 ～ 128, 146 ～ 149, 193 ～ 197
平面波　plane wave　33, 75
ベルヌーイ　Daniel Bernoulli (1700 - 1782)　19, 160, 161
ベルヌーイ - オイラーの法則
Bernoulli-Euler's law　19
ベルヌーイの定理
Bernoulli's theorem　159 ～ 160
ベルヌーイ面　Bernoulli's surface　161
ヘルムホルツの渦定理　Helmholtz's vortex theorem　173 ～ 174
変位　displacement　5 ～ 12, 30 ～, 53
変形する表面　deformable surface　117

ホ

ポアズイユ流　Poiseuille's flow　71, 93 ～ 95, 123, 213
ポアソン比　Poisson's ratio　7
ポアソン方程式　Poisson's equation　71 ～ 72, 123
ボイルの法則　Boyle's law　8
ポテンシャル論
potential theory　177
法線応力　normal stress　5, 44, 82

マ

マクスウェルモデル
Maxwell model　92
マグナス効果　Magnus effect　163
曲げ　bending　18
曲げの波　flexural wave　38
摩擦抵抗　friction drag　135

ム

迎え角　angle of attack　197, 202
無次元化　non-dimensionalization　119, 126

メ

面積力　surface force　45, 108

ヤ

ヤング率　Young's modulus　5

ヨ

揚力　lift　193, 197, 201, 218
翼　wing　197, 201 ～ 203, 220
横波　transverse wave　37, 75

淀み圧 stagnation pressure 162
淀み点 stagnation point 97, 129, 162, 192

ラ

ラヴ波 Love's wave 80
ラグランジュ Joseph Louis Lagrange (1736 - 1813) 107, 174
ラグランジュの渦定理 Lagrange's theorem on vortex 174
ラグランジュ微分 Lagrangian derivative 107
ラプラス方程式 Laplace equation 130 ~ 131, 177
ラメの弾性定数 Lamé's elastic constant 55
ランキンの卵型 Rankine's ovoid 180
乱流 turbulent flow 121, 149, 152

リ

流跡線 path line 96
流線 streamline 96, 160
流線曲率の定理 curvature theorem 163 ~ 164
流線形物体 streamlined body 153 ~ 154
流体 fluid 4
流動曲線 flow curve 89
流脈線(色つき流線, 流条線) streak line 96

レ

レイノルズ Osborne Reynolds (1842 - 1912) 118, 120, 130
レイノルズ数 Reynolds number 120, 130
レイノルズの相似則 Reynolds' law of similarity 118 ~ 120
レイリー Lord Rayleigh (1842 - 1919) 80, 125
レイリー波 Rayleigh's wave 80
レイリー問題 Rayleigh's problem 125
レオロジー rheology 89
連続体 continuum 3
連続の方程式 equation of continuity 109 ~ 111, 207 ~ 208

ロ

ロートレット(カップレット) rotlet 136, 217

ワ

湧き出し source 179, 189, 200

著 者 略 歴

1949 年 (昭和 24 年) 神奈川県出身．県立湘南高等学校より東京大学理学部物理学科卒(1972 年)．同大学院理学系研究科物理学専門課程修了(1977 年)．東大工学部物理工学科助手，同理学部物理学科助手，東京農工大学工学部物理システム工学科教授を経て，現在 東京農工大学名誉教授．1985～6 年にわたり英国ケンブリッジ大学応用数学理論物理学教室客員研究員．理学博士．専攻は流体力学，複雑系物理学．

主な著書訳書：カンパニエーツ理論物理学講義「相対論と電磁力学」，「流体力学」，「電磁気学＝物質中の電磁気学＝」(以上訳書，東京図書)，「混相流体の力学」(共著，朝倉書店)，理工系数学のキーポイント「微分方程式」(岩波書店)

基礎物理学選書 26．　**連続体の力学**

2000 年 4 月 25 日　第 1 版発行
2003 年 6 月 30 日　第 3 版発行
2024 年 5 月 15 日　第 3 版20刷発行

検　印
省　略

定価はカバーに表示してあります．

さ　の　　おさむ
著 作 者　佐　野　　理

発 行 者　吉　野　和　浩

〒102-0081 東京都千代田区四番町 8-1
発 行 所　電　話(03)3262-9166
株式会社　裳　華　房

印 刷 所
株式会社デジタルパブリッシングサービス
製 本 所

一般社団法人
自然科学書協会会員

ISBN 978-4-7853-2137-6

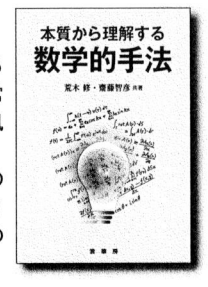

主な物理量とその次元

力学に関する基本物理量である長さ, 時間, 質量の次元をそれぞれ L, T, M で表すと, たとえば,

[位置 $\boldsymbol{x}$] $= L$,　[速度 $\boldsymbol{v}$] $= L/T$,　[加速度 $\boldsymbol{a}$] $= L/T^2$,　[力 $\boldsymbol{F}$] $= ML/T^2$,

[(力の)モーメント $\boldsymbol{N}$] $= ML^2/T^2$,　[密度 ρ] $= M/L^3$

また, [応力 f, または p_{ij}] = [圧力 p] $= M/(T^2L) =$ [単位体積当りのエネルギー $(1/2)\rho v^2$]

などとなる. ただし, $[Q]$ は物理量 Q の次元を表す.

弾性体関係

物理量	次元
変位(ひずみ) $\boldsymbol{u} = (u, v, w)$	L
ひずみテンソル e_{ij}	[無次元]
ヤング率 E	$M/(T^2L)$
ポアソン比 σ	[無次元]
体積弾性率 K	$M/(T^2L)$
ずれ弾性率 G	$M/(T^2L)$
慣性モーメント I (回転運動)	ML^2
慣性モーメント I (幾何学的)	L^4
ばね定数	M/T^2
弾性テンソル C_{ijkl}	$M/(T^2L)$

流体関係

物理量	次元
流速 $\boldsymbol{v} = (u, v, w)$	L/T
速度勾配 du/dy, ひずみ速度テンソル e_{ij}	$1/T$
粘性率 μ	$M/(TL)$
動粘性率 ν	L^2/T
湧き出し密度 div $\boldsymbol{v}$	$1/T$
流れの関数 ψ, あるいは流量 Q	L^2/T (2 次元) L^3/T (3 次元)
速度ポテンシャル Φ	L^2/T
渦度 $\boldsymbol{\omega}$	$1/T$
循環 Γ	L^2/T

ギリシャ文字一覧

A	α	アルファ	H	η	エータ	N	ν	ニュー	T	τ	タウ
B	β	ベータ	Θ	θ	シータ	Ξ	ξ	クシー	Υ	υ	ウプシロン
Γ	γ	ガンマ	I	ι	イオタ	O	o	オミクロン	Φ	$\phi\varphi$	ファイ
Δ	δ	デルタ	K	κ	カッパ	Π	π	パイ	X	χ	カイ
E	$\varepsilon\epsilon$	イプシロン	Λ	λ	ラムダ	P	ρ	ロー	Ψ	ψ	プサイ
Z	ζ	ツェータ	M	μ	ミュー	Σ	σ	シグマ	Ω	ω	オメガ